U0327796

住房和城乡建设部“十四五”规划教材

全国住房和城乡建设职业教育教学指导委员会规划推荐教材

土力学与地基基础

（第四版）

（市政工程技术专业适用）

黄　健　刘映翀　主　编

姜　婷　林　煌　副主编

唐杰军　主　审

中国建筑工业出版社

图书在版编目（CIP）数据

土力学与地基基础 / 黄健，刘映翀主编；姜婷，林煌副主编. -- 4 版. -- 北京：中国建筑工业出版社，2024. 10. --（住房和城乡建设部“十四五”规划教材）（全国住房和城乡建设职业教育教学指导委员会规划推荐教材：市政工程技术专业适用）. -- ISBN 978-7-112-29964-5

Ⅰ. TU4

中国国家版本馆 CIP 数据核字第 2024VV2525 号

本书根据住房和城乡建设部、交通运输部等有关行业的最新规范编写。本书主要内容包括：绪论、土的物理性质与工程分类、土中应力、土的压缩性与地基变形计算、土的抗剪强度及地基承载力、土压力及土坡稳定、天然地基上浅基础、桩基础及其他深基础、软弱地基及区域性地基处理等。

本书可作为高等职业教育市政工程技术专业教材，也可供从事市政工程工作的技术人员参考使用。

为了更好地支持相应课程的教学，我们向采用本书作为教材的教师提供课件，有需要者可与出版社联系。建工书院：http：//edu. cabplink. com，邮箱：jckj@cabp. com. cn，2917266507@qq. com，电话：(010) 58337285。

责任编辑：聂　伟　王美玲

责任校对：张　颖

住房和城乡建设部“十四五”规划教材

全国住房和城乡建设职业教育教学指导委员会规划推荐教材

土力学与地基基础

（第四版）

（市政工程技术专业适用）

黄　健　刘映翀　主　编

姜　婷　林　煌　副主编

唐杰军　主　审

*

中国建筑工业出版社出版、发行（北京海淀三里河路 9 号）

各地新华书店、建筑书店经销

北京红光制版公司制版

北京圣夫亚美印刷有限公司印刷

*

开本：787 毫米×1092 毫米　1/16　印张：13½　字数：302 千字

2024 年 8 月第四版　2024 年 8 月第一次印刷

定价：**42.00** 元（附数字资源及赠教师课件）

ISBN 978-7-112-29964-5

（43082）

出 版 说 明

党和国家高度重视教材建设。2016年，中办国办印发了《关于加强和改进新形势下大中小学教材建设的意见》，提出要健全国家教材制度。2019年12月，教育部牵头制定了《普通高等学校教材管理办法》和《职业院校教材管理办法》，旨在全面加强党的领导，切实提高教材建设的科学化水平，打造精品教材。住房和城乡建设部历来重视土建类学科专业教材建设，从“九五”开始组织部级规划教材立项工作，经过近30年的不断建设，规划教材提升了住房和城乡建设行业教材质量和认可度，出版了一系列精品教材，有效促进了行业部门引导专业教育，推动了行业高质量发展。

为进一步加强高等教育、职业教育住房和城乡建设领域学科专业教材建设工作，提高住房和城乡建设行业人才培养质量，2020年12月，住房和城乡建设部办公厅印发《关于申报高等教育职业教育住房和城乡建设领域学科专业“十四五”规划教材的通知》（建办人函〔2020〕656号），开展了住房和城乡建设部“十四五”规划教材选题的申报工作。经过专家评审和部人事司审核，512项选题列入住房和城乡建设领域学科专业“十四五”规划教材（简称规划教材）。2021年9月，住房和城乡建设部印发了《高等教育职业教育住房和城乡建设领域学科专业“十四五”规划教材选题的通知》（建人函〔2021〕36号）。为做好“十四五”规划教材的编写、审核、出版等工作，《通知》要求：（1）规划教材的编著者应依据《住房和城乡建设领域学科专业“十四五”规划教材申请书》（简称《申请书》）中的立项目标、申报依据、工作安排及进度，按时编写出高质量的教材；（2）规划教材编著者所在单位应履行《申请书》中的学校保证计划实施的主要条件，支持编著者按计划完成书稿编写工作；（3）高等学校土建类专业课程教材与教学资源专家委员会、全国住房和城乡建设职业教育教学指导委员会、住房和城乡建设部中等职业教育专业指导委员会应做好规划教材的指导、协调和审稿等工作，保证编写质量；（4）规划教材出版单位应积极配合，做好编辑、出版、发行等工作；（5）规划教材封面和书脊应标注“住房和城乡建设部‘十四五’规划教材”字样和统一标识；（6）规划教材应在“十四五”期间完成出版，逾期不能完成的，不再作为《住房和城乡建设领域学科专业“十四五”规划教材》。

住房和城乡建设领域学科专业“十四五”规划教材的特点，一是重点以修订教育部、住房和城乡建设部“十二五”“十三五”规划教材为主；二是严格按照专业标准规范要求编写，体现新发展理念；三是系列教材具有明显特点，满足不同层次和类型的学校专业教学要求；四是配备了数字资源，适应现代化教学的要求。规划教材的出版凝聚了作者、主审及编辑的心血，得到了有关院校、出版单位的大力支持，教材建设管理过程有严格保障。希望广大院校及各专业师生在选用、使用过程中，对规划教材的编写、出版质量进行反馈，以促进规划教材建设质量不断提高。

住房和城乡建设部“十四五”规划教材办公室

2021 年 11 月

第四版序言

全国住房和城乡建设职业教育教学指导委员会市政工程专业指导委员会（以下简称“专业指导委员会”）是受教育部委托，由住房和城乡建设部牵头组建和管理，对市政工程专业职业教育和培训工作进行研究、咨询、指导和服务的专家组织，每届任期五年。专业指导委员会的主要职能包括：开展市政工程专业人才需求预测分析，提出市政工程专业技术技能人才培养的职业素质、知识和技能要求，指导职业院校教师、教材、教法改革，参与职业教育教学标准体系建设，开展产教对话活动，指导推进校企合作、职教集团建设，指导实训基地建设，指导职业院校技能竞赛，组织课题研究，实施教育教学质量评价，培育和推荐优秀教学成果，组织市政工程专业教学经验交流活动等。

专业指导委员会成立以来，在住房和城乡建设部人事司和全国住房和城乡建设职业教育教学指导委员会的领导下，组织了“市政工程技术专业”“给水排水工程技术专业”理论教材、实训教材以及市政工程类职教本科教材的编审工作。

本套教材的编审坚持贯彻以能力为本位，以实用为主导的指导思路，毕业的学生具备本专业必需的文化基础、专业理论知识、专业技能和职业素养，成为能胜任市政工程类专业设计、施工、监理、运维及物业设施管理的高素质技术技能人才；坚持以就业为导向，走产学研结合发展道路的办学方针，以提高质量为核心，以增强专业特色为重点，创新教材体系，深化教育教学改革，为我国建设行业发展提供具有爱岗敬业精神的人才支撑和智力支持。专业指导委员会在总结近几年教育教学改革与实践的基础上，通过开发新课程，更新课程内容，增加实训教材，构建了新的教材体系，充分体现了其先进性、创新性、适用性，反映了国内外最新技术和研究成果，突出高等职业教育的特点。

“市政工程技术”“给水排水工程技术”专业教材的编写工作得到了教育部、住房和城乡建设部人事司的支持，在全国住房和城乡建设职业教育教学指导委员会的领导下，专业指导委员会聘请全国各高职院校多年从事“市政工程技术”“给水排水工程技术”专业教学、研究、设计、施工的副教授以上的专家担任主编和主审，同时吸收工程一线具有丰富实践经验的工程技术人员及优秀中青年教师参加编写。该系列教材的出版凝聚了全国各高职院校“市政工程技术”“给排水工程技术”专业同行的心血，也是他们多年来教学、工作的结晶。值此教材出版之际，专业指导委员会谨向全体主编、主审及参编人员致以崇高的敬意。对大力支持这套教材出版的中国建筑工业出版社表示衷心的感谢，向在编写、审稿、出版过程中给予关心和帮助的单位和同仁致以诚挚的谢意。本套教材全部获评住房和城乡建设部“十四五”规划教材，得到了业内人士的肯定。深信本套教材将会受到高职院校师生和专业工程技术人员欢迎，必将推动市政工程类专业的建设和发展。

全国住房和城乡建设职业教育教学指导委员会
市政工程专业指导委员会

第一版序言

近年来，随着国家经济建设的迅速发展，市政工程建设已进入专业化的时代，而且市政工程建设发展规模不断扩大，建设速度不断加快，复杂性增加，因此，需要大批市政工程建设管理和技术人才。针对这一现状，近年来，不少高职高专院校开办市政工程技术专业，但适用的专业教材的匮乏，制约了市政工程技术专业的发展。

高职高专市政工程技术专业是以培养适应社会主义现代化建设需要，德、智、体、美全面发展，掌握本专业必备的基础理论知识，具备市政工程施工、管理、服务等岗位能力要求的高等技术应用性人才为目标，构建学生的知识、能力、素质结构和专业核心课程体系。全国高职高专教育土建类专业教学指导委员会是建设部受教育部委托聘任和管理的专家机构，该机构下设建筑类、土建施工类、建筑设备类、工程管理类、市政工程类五个专业指导分委员会，旨在为高等职业教育的各门学科的建设发展、专业人才的培养模式提供智力支持，因此，市政工程技术专业人才培养目标的定位、培养方案的确定、课程体系的设置、教学大纲的制订均是在市政工程类专业指导分委员会的各成员单位及相关院校的专家经广州会议、贵阳会议、成都会议反复研究制定的，具有科学性、权威性、针对性。为了满足该专业教学需要，市政工程类专业指导分委员会在全国范围内组织有关专业院校骨干教师编写了该专业与教学大纲配套的10门核心课程教材，包括：《市政工程识图与构造》《市政工程材料》《土力学与地基基础》《市政工程力学与结构》《市政工程测量》《市政桥梁工程》《市政道路工程》《市政管道工程施工》《市政工程计量与计价》《市政工程施工项目管理》。这套教材体系相互衔接，整体性强；教材内容突出理论知识的应用和实践能力的培养，具有先进性、针对性、实用性。

本次推出的市政工程技术专业10门核心课程教材，必将对市政工程技术专业的教学建设、改革与发展产生深远的影响。但是加强内涵建设、提高教学质量是一个永恒主题，教学改革是一个与时俱进的过程，教材建设也是一个吐故纳新的过程，所以希望各用书学校及时反馈教材使用信息，并对教材建设提出宝贵意见；也希望全体编写人员及时总结各院校教学建设和改革的新经验，不断积累和吸收市政工程建设的新技术、新材料、新工艺、新方法，为本套教材的长远建设、修订完善做好充分准备。

全国高职高专教育土建类专业教学指导委员会
市政工程类专业指导分委员会
2007年2月

第四版前言

本教材是全国住房和城乡建设职业教育教学指导委员会规划推荐教材、住房和城乡建设部“十四五”规划教材。

本教材编写团队既有长期从事专业教学的优秀教师，也有现场施工、检测的工程技术人员。

本教材主要内容有：绪论；土的物理性质与工程分类；土中应力；土的压缩性与地基变形计算；土的抗剪强度及地基承载力；土压力及土坡稳定；天然地基上浅基础；桩基础及其他深基础；软弱地基及区域性地基处理。

本教材是在第三版基础上进行精练和扩充，根据教育部、住房和城乡建设部对高职人才培养目标、培养规格、培养模式及与之相适应的知识、技能和素质结构的要求进行编写的，采用了最新的行业技术、标准、规范、规程，以必须够用为度，力求实效性、针对性、适应性和实用性。

本教材由广州城市职业学院黄健和刘映翀担任主编，广州城市职业学院姜婷和林煌担任副主编，参编人员还有广州市城市建设职业学校陈晓露，广州市第一市政工程有限公司吴炯晖，广州广检建设工程检测中心有限公司黄志炼，广东省建筑科学研究院集团股份有限公司李家钊，广东省有色工业建筑质量检测站有限公司吴文戈。其中教学单元1、2由刘映翀、陈晓露、林煌编写；教学单元3由黄健、刘映翀编写；教学单元4、5由黄健、姜婷、陈晓露编写；教学单元6由姜婷、刘映翀编写；教学单元7由姜婷、黄志炼编写；教学单元8由林煌、李家钊、吴文戈编写；教学单元9由黄健、吴炯晖编写。本教材由湖南交通职业技术学院唐杰军教授主审。

在编写教学单元9地基处理及区域性地基时，广州市市政工程机械施工有限公司高级工程师张挺提供了许多工程案例和工程解决措施。在试验操作拍摄过程中，得到了广州城市职业学院陈品学大力协助。本教材在修订过程中参考了许多文献，在此一并向各位表示衷心感谢。

由于编者水平有限，本教材难免存在疏漏和不足之处，恳请专家同行及各位读者批评指正。

第三版前言

《土力学与地基基础》（第三版）是教育部、建设部技能型紧缺行业市政工程专业规划教材。

本书以现行工程技术规范为依据，结合教学实践，根据职业院校土木类人才的培养目标和教学大纲编写。全书主要介绍了土的物理性质与工程分类；土工试验；土中应力；土的压缩性与地基变形计算；土的剪切试验；土的抗剪强度及地基承载力；土压力与土坡稳定；天然地基上刚性浅基础；桩基础及其他深基础；桩基检测；地基处理措施及区域性地基。

本书以必需够用为度，力求时效性、针对性、适应性和实用性，兼顾系统性和完整性，努力体现高职高专教育的特色，从而满足应用型高等专门人才培养要求的需要。同时，在地基基础工程实践中，由于客观环境的多样性、复杂性，施工技术人员除了不断吸收新的理论知识指导自己的实践外，还应不断地在实践中学习，积累丰富的处理施工现场及应急事件的知识。

本书在第二版基础上对章节内容做了精炼，同时增加了土力学相关实验及桩基检测的内容，希望本次再版能更好地满足读者需求。

本书由广州大学市政技术学院刘映翀担任主编，广州大学市政技术学院（广州市市政职业学校）林煌担任副主编，参加编写的还有广州大学市政技术学院陈晓露，黑龙江建设职业技术学院王秀兰，广州市建设工程质量安全检测中心黄志炼，广州市政工程试验检测有限公司吴文戈。其中教学单元 1、2、5、6 由刘映翀、陈晓露、林煌负责编写；教学单元 3、4 由王秀兰、陈晓露、林煌负责编写；教学单元 7、8 由刘映翀、陈晓露、黄志炼、吴文戈负责编写；教学单元 9 由刘映翀、林煌负责编写。

本书在编写过程中得到广州市市政工程机械施工有限公司高级工程师张挺的大力支持，特别是在教学单元 9 的地基处理与区域性地基中提供了许多工程案例和工程解决措施，在此表示衷心感谢。

由于编写时间仓促及限于编者水平有限，书中存在不足之处，恳请专家、同行及广大读者批评指正。

第二版前言

《土力学与地基基础》(第二版)是教育部、建设部技能型紧缺行业市政工程专业规划教材。本书的主要内容包括:土的物理性质与工程分类;土中应力;土的压缩性与地基变形计算;土的抗剪强度及地基承载力;土压力与土坡稳定;天然地基上刚性浅基础;桩基础及其他深基础;地基处理;区域性地基;土工试验指导。

《市政基础设施工程施工技术文件管理规定》(建城〔2002〕221号)规定,市政基础设施工程是指城市范围内道路、桥架、广场、隧道、公共交通、排水、供水、供气、供热、污水处理、垃圾处理处置等工程。因此本书中案例以道路、桥梁及排水管道工程为主。

全书采用有关行业的最新规范、规程和标准,根据《城市桥梁设计规范》CJJ 11—2011仍使用"荷载"等名词。

本书结合高职高专教材的特点,强调应用性、实用性和针对性。由于我国地域辽阔,各地地基情况差别较大,对区域性地基作了必要的介绍,授课时可结合本地区的特点,因地制宜地取舍。

本书由广州大学市政技术学院刘映翀担任主编,广州大学市政技术学院刘超担任副主编,其中第二章、第六章、第十章由广州大学市政技术学院刘映翀、刘超编写,第三章、第四章、第五章由黑龙江建设职业技术学院王秀兰、广州大学市政技术学院刘超编写,第七章、第八章、第九章由广州大学市政技术学院马丽琴、刘超编写,第一章、第十一章由广州大学市政技术学院朱婷婷、马丽琴编写。本书由四川建筑职业技术学院罗明远任主审。

本书在编写过程中得到广州市第一市政工程有限公司高级工程师张挺的大力支持,特别是在第九章的地基处理中提供了许多工程案例和第十章区域性地基中提供了许多工程措施,在此表示衷心感谢。

由于编写时间仓促及限于编者水平有限,书中存在不足之处,恳请专家、同行及广大读者批评指正。

第一版前言

本书的主要内容包括：土的物理性质与工程分类；土中应力；土的压缩性与地基沉降计算；土的抗剪强度及地基承载力；土压力与土坡稳定；天然地基上的浅基础；桩基础及其他深基础；地基处理；区域性地基；土的力学性质试验。

在建设部颁发的《市政基础设施工程施工技术文件管理规定》中指出，市政基础设施工程是指城市范围内道路、桥梁、广场、隧道、公共交通、排水、供水、供气、供热、污水处理、垃圾处理处置等工程。因此本书中案例以道路、桥梁及排水管道工程为主。

全书采用国家、建设部、交通部等有关行业的最新规范、规程和标准，但在使用新规范时，一些旧的规范还在使用，因此有些名词还使用老名词，如建设部颁发的《城市桥梁设计荷载标准》CJJ 77—98 是根据《公路桥涵设计通用规范》JTJ 021—85 编制的，而目前交通部已废止此规范，颁发了新的《公路桥涵设计通用规范》JTGD 60—2004，在此规范中已把荷载改为作用，荷载组合改为效应组合，但由于《城市桥梁设计荷载标准》CJJ 77—98 还在使用，故本书中其他地方仍使用“荷载”等名词。

在交通部颁发的各种规范中，把 γ 称为容重，而在建设部颁发的《城市桥梁设计荷载标准》CJJ 77—98 中则称为土的重力密度（即重度），因此本书中使用交通部规范时，把 γ 改为重度。

本书结合高职高专的特点，强调应用性、实用性和针对性。由于我国地域辽阔，各地地基情况差别较大，对区域性地基作了必要的介绍，授课时可结合本地区的特点，因地制宜地取舍。

本书第一章、第二章、第七章、第八章、第九章、第十章由广州大学市政技术学院刘映翀编写，第三章、第四章、第十一章由黑龙江建设职业技术学院王秀兰编写，第五章、第六章由广州大学市政技术学院牟洁琼编写。本书由四川建筑职业技术学院袁萍主审。

本书在编写过程中得到广州市第一市政工程有限公司张挺的大力支持，特别是在第九章的地基处理中提供了许多工程案例和第十章区域性地基中提供了许多工程措施，在此表示衷心感谢。

由于编写时间仓促及限于编者水平有限，书中存在不足之处，恳请专家、同行及广大读者批评指正。

目　录

二维码索引

教学单元 1　绪　　论

1.1　土力学与地基基础的概念

土力学与地基基础包括土力学及地基与基础两部分。土力学部分主要研究各种常见的分散土体由荷载作用所引起的力学方面的变化规律；而地基与基础部分的内容，主要研究常见的市政工程基础与地基的类型、设计计算的方法。由于一般建筑物材料强度高于地基土，所以基础的设计，既要考虑上部结构的情况，更要考虑地基土的特性。

地基与基础是两个不同的概念，如图 1-1 所示。

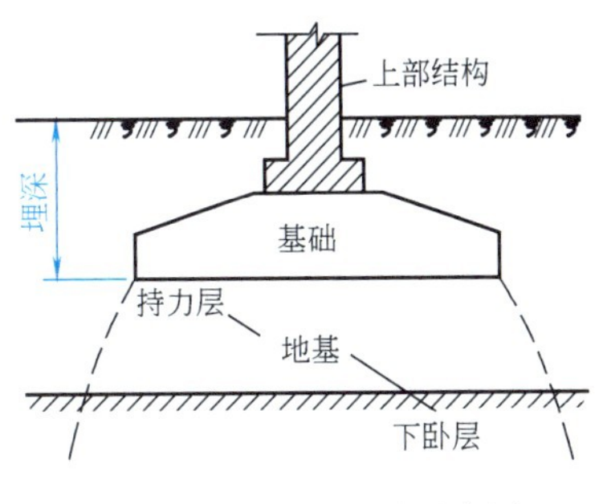

图 1-1　地基、基础示意图

当建筑物建造在地层上时，地层中的应力状态发生了改变。我们把因承受建筑物荷载而应力状态发生改变的土层称为地基；把建筑物荷载传递给地基的那部分结构称为基础。地基属于地层，是支承建筑物的那一部分地层；基础则与建筑物上部结构紧密联系，是建筑物的一部分，属于建筑物的下部承重结构。

由于结构物所承受的各种荷载通过基础传给地层，并向深处扩散，其影响逐渐减弱，直至可以把其对地层的影响忽略不计。地基中我们把直接承托基础的那层土层或岩层叫做持力层，持力层以下的各土层或岩层叫做下卧层，如图 1-1 所示。承载力低于持力层承载力的下卧层叫软弱下卧层。

基础按埋置深度和施工方法的不同，可分为浅基础和深基础两大类。通常把埋深小于等于 5m，只需经过挖槽、排水等普通施工程序，采用一般施工方法和施工机械就能施工的基础统称为浅基础；而把基础埋置深度超过 5m，需借助特殊施工方法施工的基础称为深基础，如桩基础、沉井基础、地下连续墙基础等。地基基础设计时，如果土质不良，需要经过人工加固处理才能达到使用要求的地基称为人工地基；不需要处理就可以满足使用要求的地基称为天然地基。

土力学是研究土的应力、变形、强度和稳定性等力学问题的学科，是地基基础设计的理论依据。土力学的主要内容包括土的物理性质、地基土中应力、地基的变形、土的抗剪强度与地基承载力、土压力及土坡稳定等。

1.2 学习本课程的重要性及学习要求

地基与基础是结构物的根本，由于位于地面以下，属于地下隐蔽工程。它的勘察、设计以及施工质量的好坏，直接影响结构物的安全。例如：苏州名胜虎丘塔，高 47.5m，底层直径 13.7m，全为砖砌，在建筑艺术上确是一个创举，但该塔的地基是置于倾斜基岩的地层上，基础下一边土深，另一边土浅，加之没有采取特殊措施，因此产生很大的不均匀沉降，使塔身严重倾斜，影响虎丘塔的安全。举世闻名的意大利比萨斜塔，出现倾斜的主要原因是土层强度差，大理石质的塔身非常重，因此造成塔身不均匀沉降，从 19 世纪开始人们就对其采取各种纠偏措施。上海市奉贤区贝港桥为三孔钢筋混凝土梁式桥，主桥长 52.54m，中跨 20m，边跨 16m，桥宽 16m，桥墩、桥台下的基础是钢筋混凝土灌注桩。该桥 1995 年 10 月 16 日竣工后，于同年 12 月 26 日下午 4 时 15 分突然下沉，仅几秒钟的时间，中间桥孔的西侧桥墩下陷 2.6m，东侧桥墩下陷 3.0m。桩基础的承载力严重不足是造成该桥整体下沉的主要原因。事故发生后根据现场采样分析表明：桥墩下的钻孔灌注桩桩尖未达到设计标高，仅钻至设计深度的 89%，桩身质量低劣，混凝土未按设计的配合比拌制，钻孔时土体被搅动，浇灌前没有对桩孔进行清底，因此骨料下落受阻，致使混凝土实际浇筑深度仅为设计深度的 52%。国内外现代和近代建筑物都有不少类似的例子，或因地基强度不够，基础强度不足而引起上部结构发生严重裂缝或整个建筑物严重倾斜，甚至倒塌。由于地基基础一旦出现问题，往往补救相当困难，因此，要搞好市政工程建设，必须要掌握好本课程的知识。

为保证市政工程结构的正常运行，地基应达到的基本要求是：

1. 地基应有足够的承载力，地基土具有足够的稳定性。
2. 地基不能产生过大的变形，基础不能产生过大的沉降。

针对市政工程结构的特点，对于市政工程结构，应保证在外荷载作用下，建筑物的地基具有足够的承载力，路基的稳定性能保证道路正常使用，储水、输水构筑物要求大面积基础均匀沉降。此外，地下水对市政工程结构或河水对墩台产生的巨大浮力不容忽视，应保证水池、管道、桥梁墩台等具有足够的抗浮能力。

本课程学习中应重点掌握地基土的物理性质及土力学的基本知识，能结合市政工程结构及施工技术等知识进行一般市政工程地基基础的设计，初步掌握地基的常用处理方法。

思考题与习题

1. 什么是地基？什么是基础？
2. 什么是持力层？什么是软弱下卧层？
3. 为保证市政工程结构的正常运行，地基与基础应达到什么样的基本要求？
4. 本课程学习中应重点掌握哪些基本知识？

教学单元2　土的物理性质与工程分类

2.1　土的成因

2.1.1　土的概念

土是岩石经过风化、剥蚀、搬运、沉积形成的含有固体颗粒、水和气体的松散集合体。不同的土其矿物成分和颗粒大小存在着很大的差异，固体颗粒、水和气体的相对比例也各不相同。

2.1.2　土的成因

岩石在形成过程中，经过物理风化、化学风化、生物风化等作用，形成不同性质的土。长期暴露在大气中的岩石，受到风、霜、雨、雪的侵蚀，温度、湿度变化的影响，体积经常在膨胀、收缩，使岩石逐渐崩解，破坏为大小和形状各异的碎块。这些碎块是由石英、长石、云母组成的原生矿物。这个过程叫物理风化。物理风化只改变颗粒的大小和形状，不改变矿物成分，物理风化生成砂、砾石和其他粗颗粒等无黏性土。如果岩石的碎屑与周围的氧气、二氧化碳、水等接触，并受到有机物、微生物的作用，发生化学变化，改变了原来矿物的成分，产生了与原来岩石颗粒成分不同的次生矿物，这个过程叫化学风化。化学风化生成了粉土、黏性土等细颗粒的土。动、植物和人类活动对岩体的破坏称为生物风化。生物风化使原生矿物生成了次生矿物和腐殖质。

根据土的地质成因，可将土分为残积土、坡积土、洪积土、冲积土、湖积土、海积土、风积土、冰积土。

2.2　土的组成及特点

2.2.1　土的三相组成

在一般情况下，土是由固体颗粒、液态水和气体三部分组成，即三相组成。研究土的工程性质时应先研究土的三相组成。

1. 固相——土的固体颗粒

土中的固体颗粒构成土体的骨架，其成分、形状、大小是决定土的工程性质的主要因素。

(1) 土的矿物成分

土中颗粒的矿物成分包括原生矿物、次生矿物和有机质。原生矿物是岩石经物理风化而形成的碎屑矿物，如石英、长石、云母等。原生矿物经化学风化作用后发生化学变化而形成了次生矿物，如铝铁氧化物、氢氧化物、黏性矿物等。在风化过程中，往往有微生物的参与，在土中产生如腐殖质矿物等有机质成分。此外，在土中还会有动、植物残骸体等有机残余物，如泥炭等。

根据土中有机质含量可将土分为无机质土、有机质土、泥炭质土和泥炭。

(2) 粒径与粒组

土粒的大小称为粒径。土粒由粗到细逐渐变化时，土的工程性质也随之变化，因此，将土中不同粒径的土粒按适当的粒径范围分为若干组，即粒组。划分粒组的分界尺寸称为界限粒径，按《土的工程分类标准》GB/T 50145—2007 的规定，把土划分为 6 个粒组，见表 2-1。

土粒粒组划分 表 2-1

粒组统称	粒组划分		粒径(d)的范围(mm)
巨粒	漂石(块石)		$d>200$
	卵石(碎石)		$60<d\leqslant 200$
粗砾	砾粒	粗砾	$20<d\leqslant 60$
		中砾	$5<d\leqslant 20$
		细砾	$2<d\leqslant 5$
	砂粒	粗砂	$0.5<d\leqslant 2$
		中砂	$0.25<d\leqslant 0.5$
		细砂	$0.075<d\leqslant 0.25$
细粒	粉粒		$0.005<d\leqslant 0.075$
	黏粒		$d\leqslant 0.005$

土中各粒组相对含量百分数称为土的颗粒级配。

土的颗粒级配，是通过土的颗粒分析试验测定的，对于粒径 0.075～60mm 的土可用筛分法，对于粒径小于 0.075mm 的土可用密度计法。

根据颗粒大小分析试验结果，可以绘制颗粒级配曲线，如图 2-1 所示。其横坐标表示土粒粒径，由于土粒粒径相差悬殊，常在百倍、千倍以上，所以采用对数坐标表示；纵坐标则表示小于（大于）某粒径的土的质量分数，根据曲线的坡度和曲率可以大致判断土的级配状况。图 2-1 中曲线 a 平缓，则表示颗粒大小相差较大，土粒不均匀，即为级配良好；反之，曲线 b 较陡，则表示粒径的大小相差不大，土粒较均匀，即为级配不良。

工程上常用不均匀系数 C_u 来反映颗粒级配的不均匀程度。

$$C_u = d_{60}/d_{10} \tag{2-1}$$

式中 d_{60}——土的粒径分布曲线上的某粒径，小于该粒径的土粒质量占总土粒质量的 60%，称为限制粒径。

d_{10}——土的粒径分布曲线上的某粒径，小于该粒径的土粒质量占土粒总质量的 10%，称为有效粒径。

不均匀系数 C_u 反映大小不同粒组的分布情况，C_u 越大表示土粒大小的分布范围越大，其级配越良好，作为填方工程的土料时，比较容易获得较大的密实

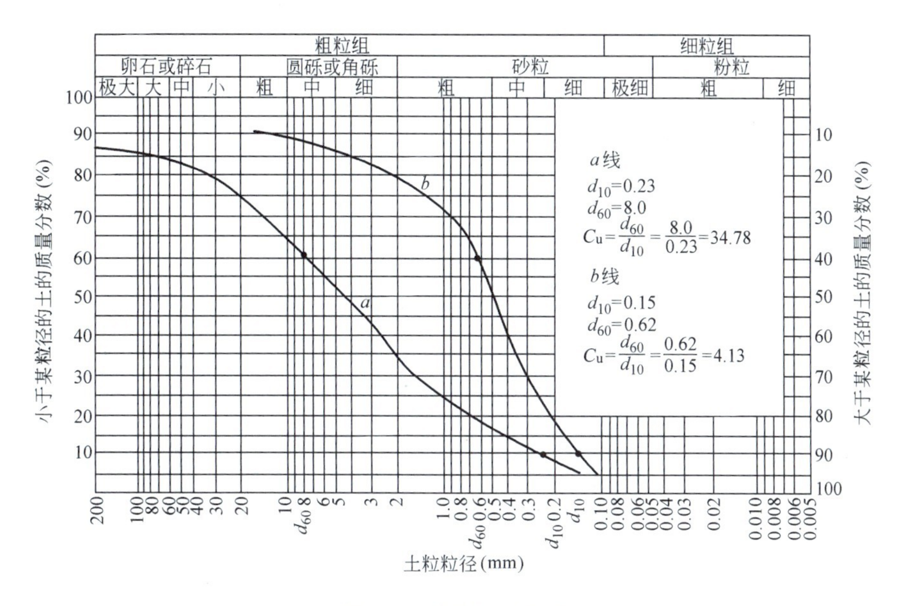

图 2-1　颗粒级配曲线

度。工程上一般把 $C_u \leqslant 5$ 的土称为级配不良好的土；$C_u > 10$ 的土则称为级配良好的土。

2. 液相——土中水

土中水按存在状态可分为固态水、液态水和气态水。

3. 气相——土中空气

气相是指土孔隙中充满的空气，土中气体可分为自由气体和封闭气体。与大气相通的气体为自由气体，在外力作用下，这种气体能很快地从孔隙中被挤出，对土的工程性质影响不大。与大气不相通的气体为封闭气体，这种气体存在于细粒土中，在外力的作用下，使土的弹性变形增加，可在车辆碾压时，形成有弹性的橡皮土。

2.2.2　土的结构与构造

1. 土的结构

土颗粒的大小、形状、表面特征、相互排列及其联结关系的综合特征称为土的结构。一般分为单粒结构、蜂窝结构和絮状结构。

（1）单粒结构

如图 2-2(a)（b）所示，这是碎石类土和砂土的结构特征，单粒结构的土粒间没有联结存在。按土粒的相互排列，单粒结构可分为疏松的和紧密的。呈紧密状态单粒结构的土，由于其土粒排列紧密，在荷载作用下都不会产生较大的沉降，所以，承载力较大，压缩性较小，是良好的天然地基。而具有疏松单粒结构的土，其骨架不稳定，当受到振动或其他外力作用时，土粒容易发生移动，土中孔隙剧烈减少，引起土体较大的变形，因此，这种土层如未经处理一般不宜作为结构物的地基。

(2) 蜂窝结构

如图 2-2(c) 所示，这是由粉粒组成的土的结构形式，粉粒在水中沉积时，以单个颗粒下沉，当碰上已沉积的颗粒时，由于它们之间的相互引力大于自重力，因此土粒停留在最初的接触点上不能再下沉，形成的结构像蜂窝一样，具有较大的孔隙。

(3) 絮状结构

如图 2-2(d) 所示，这是由黏粒集合体组成的结构形式。黏粒在水中处于悬浮状态，不能靠自重下沉。当这些悬浮在水中的颗粒被带到电解质浓度较大的环境中，黏粒间的排斥力因电荷中和而破坏聚集成絮状的黏粒集合体，因自重增大而下沉，与已下沉的絮状集合体相接触，形成孔隙很大的絮状结构。

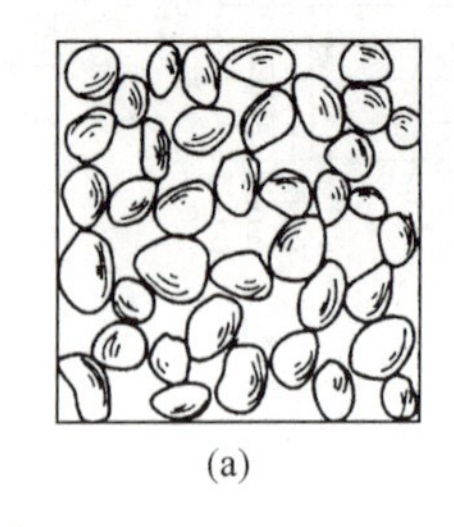
(a)

(b)

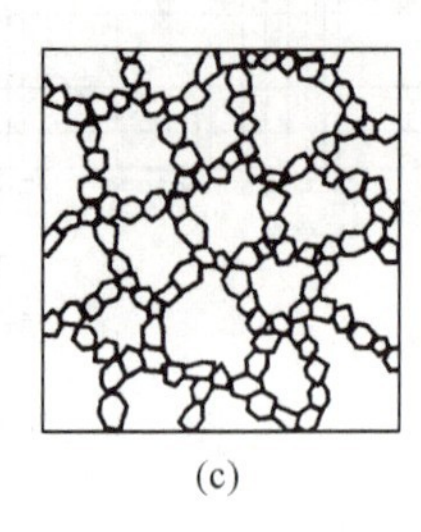
(c)

(d)

图 2-2　土的结构

(a)、(b) 单粒结构；(c) 蜂窝结构；(d) 絮状结构

2. 土的构造

在同一土层中，物质成分和颗粒大小等都相近的各部分之间的相互关系的特征称为土的构造，土的构造常见的有以下几种：

(1) 层状构造

由不同颜色或不同粒径的土组成的层理，一层一层互相平行，这种层状构造反映不同年代不同搬运条件形成的土层，为细粒土的一个主要特征。

(2) 分散构造

砂和卵石层常为分散构造。这类土层中土粒分布均匀，性质相近。

(3) 裂隙构造

某些硬塑坚硬状态的黏土常为裂隙构造。裂隙构造的土体被许多不连续的小裂隙所分割。

通常分散构造的土工程性质最好，裂隙构造的土因裂隙的存在大大降低了土体的强度和稳定性，增大了透水性，工程性质最差。

2.2.3　土的特征

土与钢材、混凝土等连续介质相比，具有下列工程特征：

1. 压缩性高

反映土的压缩性高低的指标为压缩模量，而其他材料则以弹性模量来衡量，通过试验测定可知土的压缩性远远高于钢筋和混凝土。这是因为土是一种松散的集合体，受压后孔隙显著减少。而钢筋属于晶体，混凝土属于胶结体，不存在孔隙被压缩的条件。土的压缩性高低决定了基础沉降量的大小。

2. 强度低

由于土是一种松散颗粒的集合体，在外力作用下土颗粒之间具有较大的相对移动性，这说明土的强度较低。而土的强度指标是抗剪强度，而非抗压强度或抗拉强度。

3. 透水性大

由于土体固体颗粒之间具有无数的孔隙，因此土的透水性比木材、混凝土都大，特别是粗粒土具有很强的渗透性。土的透水性大小决定基础沉降的快慢程度。

2.3　土的物理性质指标

土的物理性质反映土的工程性质，即反映土的干湿、松密、软硬等物理状态，而土的物理性质指标取决于土体三相组成在体积和质量方面的比例关系（图 2-3）。

2.3.1　土的基本物理性质指标

土的基本物理性质指标是指可以直接用土样进行试验测定的指标，也称为试验指标。

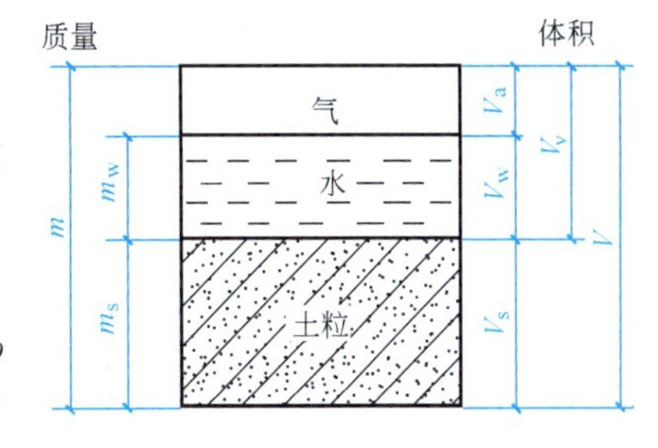

图 2-3　土的三相关系示意图

V—土的总体积；V_v—土的孔隙体积；V_s—土粒的体积；V_w—水的体积；V_a—气体的体积；m—土的总质量；m_s—土粒的质量；m_w—水的质量

1. 土的天然密度 ρ

单位体积土的质量称为土的天然密度 ρ（单位为 g/cm^3 或 t/m^3）；单位体积内土的重量称为土的重度（单位为 kN/m^3），即

$$\rho=\frac{m}{V} \tag{2-2}$$

$$\gamma=\rho g \tag{2-3}$$

式中　g——重力加速度，工程计算中可近似取 $g=10m/s^2$，密度单位为 g/cm^3，重度单位为 kN/m^3。

天然状态下土的密度变化范围较大，一般为 $1.6\sim2.0g/cm^3$，一般采用“环刀法”测定。

2. 土的相对密度 d_s

土的固体颗粒质量与同体积 4℃时纯水质量之比，称为土的相对密度，即

$$d_s=\frac{m_s}{m_{w1}}=\frac{m_s}{V_s\rho_{w1}}=\frac{\rho_s}{\rho_{w1}} \tag{2-4}$$

式中　ρ_s——土的密度，即土单位体积的质量，g/cm^3；

ρ_{w1}——纯水在 4℃时的密度，等于 $1g/cm^3$ 或 $1\times10^3kg/m^3$。

土的相对密度一般为 2.65～2.75，常用“比重瓶法”测定。

3. 土的含水率 w

土中水的质量与土粒质量之比（用百分数表示）称为土的含水率，用 w 表示

$$w=\frac{m_w}{m_s}\times100\% \tag{2-5}$$

土的含水率一般可采用“烘干法”或“酒精燃烧法”测定。含水率是表示土的湿度的一个重要指标。

2.3.2 土的其他物理指标

工程上除上述三项基本指标外，还常用下列指标表示土的物理性质。

1. 土的干密度 ρ_d

单位体积土中固体颗粒的质量称为土的干密度，用 ρ_d 表示：

$$\rho_d=\frac{m_s}{V} \tag{2-6}$$

干密度 ρ_d 可用来评价土的密实程度，工程上常用它作为路基填筑土压实质量的控制指标。土的干密度一般为 1.3～1.8g/cm³。

2. 土的饱和密度 ρ_{sat} 和饱和重度 γ_{sat}

孔隙中充满水时土的密度称为土的饱和密度，用 ρ_{sat} 表示：

$$\rho_{sat}=\frac{m_s+V_v\rho_w}{V} \tag{2-7}$$

式中　ρ_w——水的密度，取 $\rho_w=1g/cm^3$。

土中孔隙完全被水充满时土的重度称为土的饱和重度，用 γ_{sat} 表示：

$$\gamma_{sat}=\frac{m_s g+V_v\gamma_w}{V} \tag{2-8}$$

3. 土的有效重度（浮重度）

在地下水位以下，土体受到水的浮力作用时土的重度称为土的有效重度，用 γ' 表示：

$$\gamma'=\frac{m_s g+V_v\gamma_w-V\gamma_w}{V}=\gamma_{sat}-\gamma_w \tag{2-9}$$

4. 土的孔隙比 e 和孔隙率 n

土中孔隙体积与土粒体积之比称为孔隙比，用 e 表示：

$$e=\frac{V_v}{V_s} \tag{2-10}$$

土中孔隙体积与土的总体积的比值称为孔隙率，用 n 表示：

$$n=\frac{V_v}{V}\times100\% \tag{2-11}$$

土的孔隙比 e 和孔隙率 n 都是反映土的密实程度的一个主要指标，一般天然状态的土，e 和 n 越大，土越疏松，反之土越密实。若 $e<0.6$，土是密实的，可作为建筑物的良好地基；若 $e>1$，土是疏松的，这种土的工程性质较差。

5. 土的饱和度 S_r

土中水的体积与孔隙体积之比称为饱和度，用 S_r 表示：

$$S_r=\frac{V_w}{V_v}\times100\% \tag{2-12}$$

饱和度说明土的潮湿程度，如 $S_r=100\%$ 时，表明土孔隙全部充满水，土是完全饱和的；$S_r=0$ 时，土是完全干燥的。

2.4　土的物理状态指标

土的物理状态是指地基土系统的状态，对无黏性土指的是密实度，对黏性土则指的是土的软硬程度。

2.4.1　无黏性土的密实度

无黏性土指的是砂土、碎石土。无黏性土的密实度与其工程性质有着密切的关系。无黏性土呈密实状态时，强度较大，属于良好的天然地基。呈松散状态时，强度较低，则属不良地基。

判断砂土密实状态的指标通常有下列三种。

1. 孔隙比 e

当 $e<0.6$ 时，属密实砂土，强度高，是良好的天然地基，但对砂土，取原状土来测定孔隙比存在困难，因此在工程中常引进相对密实度的概念。

2. 相对密实度 D_r

当砂土处于最疏松状态时的孔隙比称为最大孔隙比 e_{max}；当砂土处于最密实状态时的孔隙比称为最小孔隙比 e_{min}；砂土在天然状态下的孔隙比为 e。

$$D_r=\frac{e_{max}-e}{e_{max}-e_{min}} \tag{2-13}$$

显然，当 $D_r=0$ 时，即 $e=e_{max}$，表示砂土处于最疏松状态；当 $D_r=1$ 时，即$e=e_{min}$，表示砂土处于最密实状态。因此，可把砂土的密实度状态分为下列三种：

$0<D_r\leqslant 0.33$　　松散的

$0.33<D_r\leqslant 0.67$　　中密的

$0.67<D_r\leqslant 1$　　密实的

虽然相对密实度从理论上能反映颗粒级配、形状等因素，但由于 e、e_{max}、e_{min}值难以确定，因此，在实际工程中，我国常采用标准贯入锤击数 N 来评价砂土的密实度。

3. 标准贯入锤击数 N

天然砂土的密实度可根据标准贯入试验锤击数 N 进行评定，这项试验方法是：将质量为 63.5kg 的钢锤，提升 76cm 高度，让钢锤自由下落，打击贯入器，使贯入器贯入土中深为 30cm 所需的锤击数 N。

根据锤击数 N 可将砂土分为：松散、稍密、中密和密实，其划分标准见表 2-2。

按锤击数 N 划分砂土密实度　　　　**表 2-2**

密实度	松散	稍密	中密	密实
标准贯入锤击数 N	$N\leqslant 10$	$10<N\leqslant 15$	$15<N\leqslant 30$	$N>30$

2.4.2　黏性土的物理特性

黏性土是指具有可塑状态的土。含水量对黏性土的工程性质有较大的影响。

随着含水量的增加，黏性土逐渐变软，最终形成会流动的泥浆，土的承载力也逐渐降低。

1. 黏性土的界限含水率

黏性土从一种状态转变为另一种状态的分界含水率称为界限含水率，如图 2-4所示。

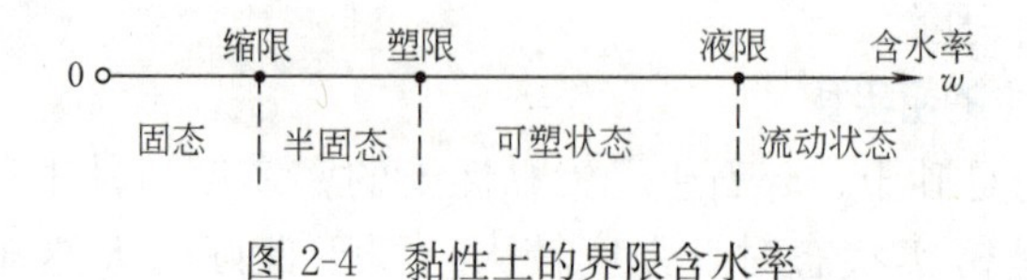

图 2-4　黏性土的界限含水率

土由可塑状态转变到流动状态的界限含水率称为液限，用 w_L 表示；土由半固态转到可塑状态的界限含水率称为塑限，用 w_P 表示；黏性土的液限、塑限的测定详见 2.12 节。

2. 黏性土的塑性指数和液性指数

塑性指数是指液限和塑限之差（省略%符号），用 I_P 表示：

$$I_P = w_L - w_P \tag{2-14}$$

I_P 表示土的可塑性范围，I_P 越大，土中黏粒越多，含水率变化范围越大，土的黏性和可塑性越好，工程上常以 I_P 作为黏性土分类的依据，$I_P>17$ 的土为黏土；$10<I_P\leqslant17$ 的土为粉质黏土；$3<I_P\leqslant10$ 的土为粉土。

液性指数是表示黏性土软硬程度的指标，用 I_L 表示

$$I_L = \frac{w - w_P}{I_P} \tag{2-15}$$

根据《建筑地基基础设计规范》GB 50007—2011 规定：黏性土根据 I_L 可划分为坚硬、硬塑、可塑、软塑及流塑状态，见表 2-3。

黏性土的状态　　表 2-3

状态	坚硬	硬塑	可塑	软塑	流塑
液性指数 I_L	$I_L\leqslant0$	$0<I_L\leqslant0.25$	$0.25<I_L\leqslant0.75$	$0.75<I_L\leqslant1.0$	$I_L>1.0$

【例 2-1】 某工程的土工试验成果见表 2-4，表中给出了同一土层三个土样的各项物理指标，试分别求出三个土样的液性指数，以判别土所处的物理状态。

土工试验成果表　　表 2-4

土样编号	土的含水率 w(%)	密度 ρ (g/cm³)	相对密实度 D_r	孔隙比 e	饱和度 S_r(%)	液限 w_L(%)	塑限 w_P(%)
1-1	29.5	1.97	2.73	0.79	100	34.8	20.9
2-1	30.1	2.01	2.74	0.78	100	37.3	25.8
3-1	27.5	2.00	2.74	0.75	100	35.6	23.8

【解】(1) 土样 1-1：$I_P=w_L-w_P=34.8-20.9=13.9$

$$I_L=(w-w_P)/I_P=(29.5-20.9)/13.9=0.62$$

由表2-3可知，土处于可塑状态。

（2）土样2-1：$I_P=w_L-w_P=37.3-25.8=11.5$

$$I_L=(w-w_P)/I_P=(30.1-25.8)/11.5=0.37$$

由表2-3可知，土处于可塑状态。

（3）土样3-1：$I_P=w_L-w_P=35.6-23.8=11.8$

$$I_L=(w-w_P)/I_P=(27.5-23.8)/11.8=0.31$$

由表2-3可知，土处于可塑状态。

综上可知，该土层处于可塑状态。

2.5　土的工程分类

对地基土进行工程分类的目的是根据用途和土的各种性质的差异将其划分为一定的类别，以便在勘察、设计、施工中，对不同的地基土进行分析、计算、评价，从而作出正确判断。

土的分类方法很多，各部门根据其用途采用不同的分类方法。一般地，粗粒土按粒度成分及级配特征分类，细粒土按塑性指数和液限分类，有机土和特殊土则分别单独各列为一类。下面分别介绍建筑地基土、公路地基土的分类方法。

2.5.1　建筑地基土的分类

国家标准《建筑地基基础设计规范》GB 50007—2011和《岩土工程勘察规范（2009年版）》GB 50021—2001分类体系的主要特点是，在考虑划分标准时，注重土的天然结构特性和承载力，并始终与土的主要工程特性——变形和承载力特征紧密联系。因此，首先考虑了按沉积年代和地质成因的划分，同时将某些特殊形成条件和特殊工程性质的区域性特殊土与普通土区别开来。

1. 按沉积年代划分

地基土按沉积年代可划分为：①老沉积土：第四纪晚更新世Q_3及其以前沉积的土一般呈超固结状态，具有较高的结构承载力；②新近沉积土：第四纪全新世近期沉积的土，一般呈欠固结状态，结构承载力较低。

2. 按粒组含量和塑性指数划分

土按粒组含量和塑性指数分为碎石土、砂土、粉土和黏性土四大类。

（1）碎石土

粒径大于2mm的颗粒含量超过全重的50%的土称为碎石土。根据颗粒形状、粒组含量分为漂石、块石、卵石、碎石、圆砾和角砾，见表2-5。

碎石土的分类　　表2-5

土的名称	颗粒形状	粒组含量
漂石	圆形及亚圆形为主	粒径大于200mm的颗粒含量超过全重50%
块石	棱角形为主	

续表

土的名称	颗粒形状	粒组含量
卵石	圆形及亚圆形为主	粒径大于 20mm 的颗粒含量超过全重 50%
碎石	棱角形为主	
圆砾	圆形及亚圆形为主	粒径大于 2mm 的颗粒含量超过全重 50%
角砾	棱角形为主	

（2）砂土

粒径大于 2mm 的颗粒含量不超过全重 50%，且粒径大于 0.075mm 的颗粒含量超过全重 50%的土称为砂土。根据粒组含量分为砾砂、粗砂、中砂、细砂和粉砂，见表 2-6。

砂土的分类　　表 2-6

土的名称	粒组含量
砾砂	粒径大于 2mm 的颗粒含量占全重的 25%～50%
粗砂	粒径大于 0.5mm 的颗粒含量超过全重的 50%
中砂	粒径大于 0.25mm 的颗粒含量超过全重的 50%
细砂	粒径大于 0.075mm 的颗粒含量超过全重的 85%
粉砂	粒径大于 0.075mm 的颗粒含量超过全重的 50%

注：分类时应根据粒组含量栏从上到下以最先符合者确定。

（3）粉土

粉土介于砂土与黏性土之间，指塑性指数 $I_P \leqslant 10$，粒径大于 0.075mm 的颗粒含量不超过全重的 50%的土。

（4）黏性土

塑性指数 I_P 大于 10 的土称为黏性土。根据塑性指数 I_P 分为粉质黏土和黏土，见表 2-7。

黏性土的分类　　表 2-7

塑性指数 I_P	土的名称
$I_P > 17$	黏土
$10 < I_P \leqslant 17$	粉质黏土

注：塑性指数由 76g 圆锥体入土样中深度 10mm 时测定的液限计算而得。

3. 其他

具有一定分布区域或工程意义，具有特殊成分、状态和结构特征的土称为特殊土，它分为湿陷性土、红黏土、软土（包括淤泥、淤泥质土、泥炭质土、泥炭等）、混合土、填土、冻土、膨胀岩土、盐渍土、风化岩与残积土、污染土，详见国家标准《岩土工程勘察规范（2009 年版）》GB 50021—2001。

2.5.2 公路地基土的分类

《公路土工试验规程》JTG 3430—2020 中提出了公路用土的分类标准，其分类体系参照《土的工程分类标准》GB/T 50145—2007，将土分为巨粒土、粗粒土、细粒土和特殊土详见表 2-8，分类总体系如图 2-5 所示。

土颗粒粒组划分表　　　　　　　　　　　　　　　　　　　　　　表 2-8

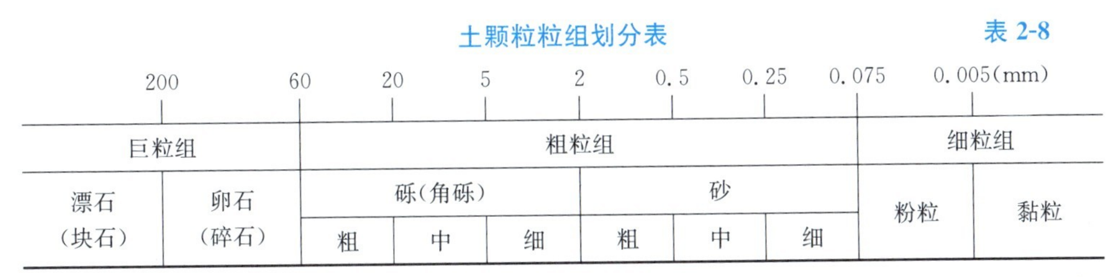

200	60	20	5	2	0.5	0.25	0.075	0.005(mm)	
巨粒组		粗粒组						细粒组	
漂石（块石）	卵石（碎石）	砾（角砾）			砂			粉粒	黏粒
		粗	中	细	粗	中	细		

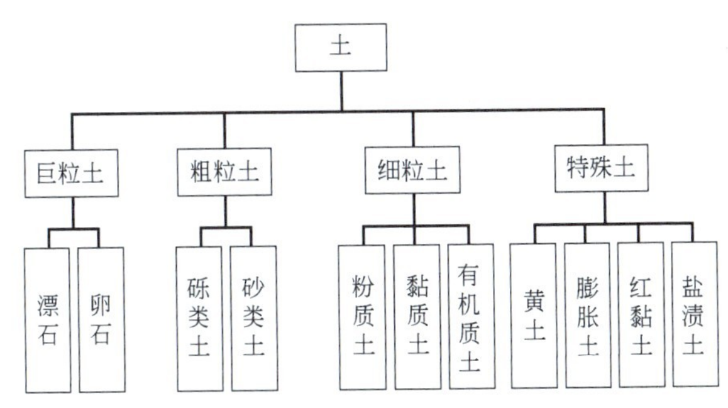

图 2-5　土的分类总体系

2.6　土的颗粒分析试验（筛析法）

1. 试验目的和适用范围

本试验的目的是获得粗粒土的颗粒级配，适用于分析土粒粒径 0.075～60mm 的土粒粒组含量和级配组成。

2. 主要仪器设备

（1）标准筛：

粗筛（圆孔）：孔径为 60mm、40mm、20mm、10mm、5mm、2mm。

细筛：孔径为 2mm、1.0mm、0.5mm、0.25mm、0.1mm、0.075mm。

（2）天平：称量 5000g，感量 1g；称量 1000g，感量 0.01g。

（3）振筛机：筛析过程中应能上下振动。

（4）其他：烘箱、瓷盘、毛刷等。

码2-1　土的颗粒分析试验(筛析法)

3. 试样制备和试验准备

从风干、松散的土样中，用四分法按照表 2-9 规定取出具有代表性的试样。

取样数量　　　　　　　　　　　　　　　　　　　　　　表 2-9

颗粒尺寸(mm)	取样数量(g)
最大粒径 $d<2$	100～300
最大粒径 $d<10$	300～1000
最大粒径 $d<20$	1000～2000
最大粒径 $d<40$	2000～4000
最大粒径 $d>40$	4000 以上

4. 试验过程

（1）按表2-9中规定称取试样，精确至0.1g，试样数量超过500g时，精确至1g。

（2）将试样过2mm筛，称筛上和筛下的试样质量。当筛下的试样质量小于试样总质量的10%时，不作细筛分析，筛上的试样质量小于试样总质量的10%时，不作粗筛分析。视情况选择套筛。

（3）将筛上的试样倒入按从大到小顺序叠好的粗筛中，将筛下的试样倒入按从大到小顺序叠好的细筛中，盖好盖后，将筛置于振筛机上振筛，时间宜为10～15min。再按从上而下的顺序将各筛取下，称各级筛上及底盘内的试样质量，精准至0.1g。

（4）筛后各级筛上和筛底的试样质量总和与筛前试样总质量的差值，不得大于试样总质量的1%。

（5）含有细粒土颗粒砂土的筛分应在制备悬液进行分离后进行。

5. 试验数据的处理

小于某粒径的试样质量占试样总质量的百分比，应按下式计算：

$$X=\frac{M_{\mathrm{A}}}{M_{\mathrm{B}}}\times d_{\mathrm{x}} \tag{2-16}$$

式中 X——小于某粒径的试样质量占试样总质量的百分比（%）；

M_{A}——小于某粒径的试样质量（g）；

M_{B}——细筛分析时为所取的试样质量；粗筛分析时为试样总质量（g）；

d_{x}——粒径小于2mm的试样质量占试样总质量的百分比（%）。

不均匀系数的计算见式（2-1）。

筛析法试验的记录格式见表2-10。

根据图2-1绘制试样的颗粒级配曲线，分析试样的级配情况。

土的颗粒大小分析试验记录（筛析法） **表2-10**

工程名称＿＿＿＿＿＿＿＿＿＿ 试验编号＿＿＿＿＿＿＿＿＿＿

取样部位＿＿＿＿＿＿＿＿＿＿ 试验日期＿＿＿＿＿＿＿＿＿＿

风干土样质量（g）			小于0.075mm的土占总土质量的百分数（%）		
2mm筛上土的质量			小于2mm的土占总土质量的百分数 d_{x}（%）		
2mm筛下土的质量			细筛分析时所取试样质量（g）		
筛号	孔径（mm）	筛上试样质量（g）	小于该孔径的土质量（g）	小于该孔径的土质量百分数（%）	小于该孔径的总土质量百分数（%）
底盘总计					

2.7　土的简易鉴别、分类

1. 试验目的和适用范围

通过目测的方法鉴别细粒类土的类别并对其定名。

2. 试验准备

将研散的风干试样摊成一薄层，估计土中巨、粗细粒组所占的比例，确定土的分类。

3. 试验方式及过程

(1) 干强度试验：将一小块土捏成土团，风干后用手指捏碎、掰断及捻碎，并根据用力的大小进行下列区分：

1) 很难或用力才能捏碎或掰断为干强度高。

2) 稍用力即可捏碎或掰断为干强度中等。

3) 易于捏碎或捻成粉末者为干强度低。

注：当土中含碳酸盐、氧化铁等成分时会使土的干强度增大，其干强度宜再将湿土作手捻试验予以校核。

(2) 手捻试验：将稍湿或硬塑的小土块在手中捻捏，然后用拇指和食指将土捏成片状，并应根据手感和土片光滑度进行下列区分：

1) 手滑腻，无砂，捻面光滑为塑性高。

2) 稍有滑腻，有砂粒，捻面稍有光滑者为塑性中等。

3) 稍有黏性，砂感强，捻面粗糙为塑性低。

(3) 搓条试验：将含水率略大于塑限的湿土块在手中揉捏均匀，再在手掌上搓成土条，并应根据土条不断裂而能达到的最小直径进行下列区分：

1) 能搓成直径小于 1mm 土条为塑性高。

2) 能搓成直径为 1～3mm 土条为塑性中等。

3) 能搓成直径大于 3mm 土条为塑性低。

(4) 韧性试验：将含水率略大于塑限的土块在手中揉捏均匀，并在手掌中搓成直径为 3mm 的土条，并根据再揉成土团和搓条的可能性进行区分：

1) 能揉成土团，再搓成条，揉而不碎者为韧性高。

2) 可再揉成团，捏而不易碎者为韧性中等。

3) 勉强或不能再揉成团，稍捏或不捏即碎者为韧性低。

(5) 摇震反应试验：将软塑或流动的小土块捏成土球，放在手上反复摇晃，并以另一手掌击此手掌。土中自由水将渗出，球面呈现光泽；用两根手指捏土球，放松后水又被吸入，光泽消失。应根据渗水和吸水反应快慢，进行下列区分：

1) 立即渗水及吸水者为反应快。

2) 渗水及吸水中等者为反应中等。

3) 渗水、吸水慢者为反应慢。

4) 不渗水、不吸水者为无反应。

4. 试验结果处理

(1) 根据试验目测结果，对比表2-11进行土的分类。

细粒土的简易分类　　表2-11

干强度	手捻试验	搓条试验		摇震反应	土类及代号
		可搓成土条的最小直径（mm）	韧性		
低-中	粉粒为主，有砂感，稍有黏性，捻面较粗糙，无光泽	2～3	低-中	快-中	低液限粉土（ML）
中-高	含砂粒，有黏性，稍有滑感，捻面较光滑，稍有光泽	1～2	中	慢-无	低液限黏土（CL）
中-高	粉粒较多，有黏性，稍有滑腻感，捻面较光滑，稍有光泽	1～2	中-高	慢-无	高液限粉土（MH）
高-很高	无砂感，黏性大滑腻感强，捻面光滑，有光泽	<1	高	无	高液限黏土 CH

注：表中所列各类土凡呈灰色或暗色且有特殊气味的，应在相应土类代号后加代号O，如MLO、CLO、MHO、CHO。

(2) 土中有机质系未完全分解的动、植物残骸和无定形物质，可采用目测、手摸或嗅感判别，有机质一般呈灰色或暗色，有特殊气味，有弹性和海绵感。

2.8 土的相对密度试验（比重瓶法）

1. 试样目的和适用范围：

本试验方法适用于测定粒径小于5mm的各类土的相对密度。

2. 仪器设备：

(1) 比重瓶：容积100mL和50mL，分长颈和短颈两种；

(2) 恒温水槽：准确度应为±1℃；

(3) 砂浴：应能调节温度；

(4) 天平：称量200g，感量0.001g；

(5) 温度计：刻度为0～50℃，最小分度值为0.5℃。

3. 试样制备和试验准备

(1) 对比重瓶进行校准：将比重瓶洗净、烘干后冷却称量出其质量。将煮沸冷却后的纯水注入比重瓶，塞紧瓶塞，放入恒温水箱至瓶内水温稳定后，测定水温，称出水、瓶的总质量。多次调节恒温水箱内的温度（每次间隔5℃为宜），重复前述操作，得出多个温度与质量数据，绘制温度与瓶、水质量关系曲线，如图2-6所示。每档温度和质量均应进行两次平行测定，取两次测定的平均值作为测定结果。

(2) 试样的制备：将试样土进行烘干后取用。

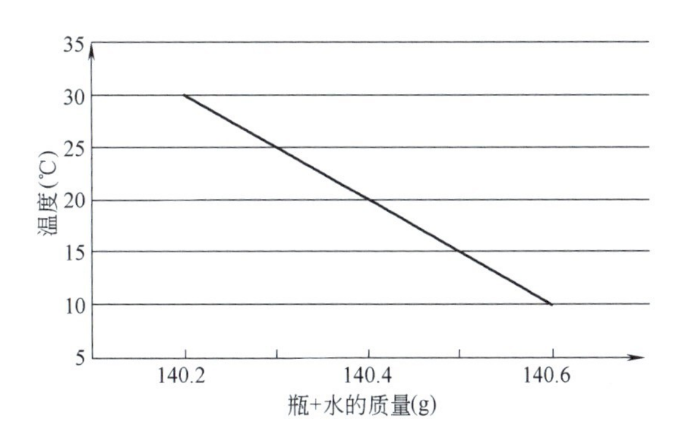

图 2-6　温度和瓶、水质量关系曲线

4. 试验步骤

（1）将瓶烘干，称 15g 烘干土装入 100mL 瓶内（若用 50mL 瓶，装烘干土约 10g），称量。

（2）向装有干土的瓶内注入蒸馏水至瓶身一半处，摇动瓶，将瓶放在砂浴中煮沸，煮沸时间自悬液沸腾时算起砂土不少于 30min，粉土、黏土不少于 1h，使土粒分散。注意沸腾后调节砂浴温度，不使土液溢出瓶外。

（3）如是长颈瓶，用滴管调整液面恰至刻度处（以弯月面下缘为准），擦干瓶外及瓶内壁刻度以上部分的水，称瓶、水、土总质量。如是短颈瓶，将纯水注满，使多余水分自瓶塞毛细管中溢出，将瓶外水分擦干后，称瓶、水、土总质量，称量后立即测出瓶内水的温度。

（4）根据测得的温度，从已绘制的温度与瓶、水总质量关系曲线中查得瓶水总质量。

（5）如是砂土，煮沸时砂粒易跳出，允许用真空抽气法代替煮沸法排出土中空气，其余步骤与本试验第（3）（4）步相同。

（6）对含有某一定量的可溶盐、不亲性胶体或有机质的土，必须用中性液体（如煤油）测定，并用真空抽气法排出土中气体。真空压力表读数宜为 100kPa，抽气时间 1～2h（直至悬液内无气泡为止），其余步骤同本实验第（3）（4）步相同。

（7）本试验称量应准确至 0.001g，温度应精确至 0.5℃。

5. 试验数据的处理

用蒸馏水测定时，土的相对密度按式（2-17）计算：

$$G_S = \frac{m_d}{m_{bw} + m_d - m_{bws}} \times G_{iT} \tag{2-17}$$

式中　m_{bw}——瓶、水总质量（g）；

m_{bws}——瓶、水、试样总质量（g）；

G_{iT}——T℃时纯水的相对密度（水的相对密度可查物理手册），精确至 0.001。

比重瓶法试验的记录格式见表 2-12。

相对密度试验记录（比重瓶法） **表 2-12**

工程名称＿＿＿＿＿＿＿＿ 试验编号＿＿＿＿＿＿＿＿

取样部位＿＿＿＿＿＿＿＿ 试验日期＿＿＿＿＿＿＿＿

试样编号	比重瓶号	温度（℃）	液体相对密度查表	比重瓶质量（g）	干土质量（g）	瓶加液体质量（g）	瓶加液体加干土总质量（g）	与干土同体积的液体质量（g）	相对密度	平均值
		(1)	(2)	(3)	(4)	(5)	(6)	(7)＝(4)＋(5)－(6)	(8)＝$\frac{(4)}{(7)}\times(2)$	(9)

2.9 土的含水率试验

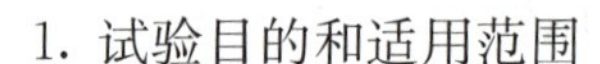

1. 试验目的和适用范围

测定原状土的天然含水率。

码2-2 土的含水率试验(烘箱法)

2. 仪器设备

（1）烘箱：电热恒温烘箱或温度能保持在 105～110℃的其他能源烘箱。

（2）天平：称量 200g，感量 0.01g；称量 5000g，感量 1g。

（3）其他：干燥器、称量盒等。

3. 操作步骤

（1）称取空盒的质量 m_0，精确至 0.01g。

（2）从原状土样中，选取有代表性的试样，黏性土取 15～20g，粉土、砂土或有机质土约取 50g，放入称量盒内盖好盒盖，称湿土加盒总质量 m_1，精确至 0.01g。

（3）打开盒盖，放入烘箱内，在 105～110℃的恒温下烘干（烘干时间：黏性土不少于 8h，粉土、砂土不少于 6h）。

（4）将烘干后的试样和盒取出，盖好盒盖，放入干燥器内冷却至室温，称干土加盒总质量 m_2，精确至 0.01g。

4. 试验数据的处理

（1）本试验必须对两个试样进行平行测定，测定的允许平行差值：当含水率为 40%以下时，小于等于 1%；当含水率为 40%以上时，小于等于 2%，对层状和网状构造的冻土小于 3%。取两个测值的平均值，以百分数表示。

（2）计算含水率 w：

$$w=\frac{m_w}{m_s}\times100\%=\frac{m_1-m_2}{m_2-m_0}\times100\% \tag{2-18}$$

式中 m_w——试样中水质量（g）；

m_s——试样中土粒质量（即干土质量）(g)；

m_0——称量盒质量（g）；

m_1——湿土加盒总质量（g）；

m_2——干土加盒总质量（g）。

含水率试验的记录格式见表 2-13。

含水率试验记录　　表 2-13

工程名称______　试验编号______

取样部位______　试验日期______

盒号	称量盒质量（g）	湿土加盒总质量（g）	干土加盒总质量（g）	含水率（%）	平均含水率（%）

5. 若无烘箱设备或要求快速测定含水率，可用酒精燃烧法。取 15～20g 试样，装入称量盒内，称湿土加盒总质量 m_1，将无水酒精注入放有试样的称量盒中，至出现自由液面为止，点燃盒中酒精，烧至火焰熄灭。一般烧 2～3 次，待冷却至室温后称干土加盒总质量 m_2，计算其含水率。

2.10　土的天然密度试验（环刀法）

1. 试验目的和适用范围

本试验方法适用于细粒土。

2. 仪器设备

码2-3　土的天然密度试验(环刀法)

（1）环刀：内径 61.8mm ± 0.15mm 或 79.8mm ± 0.15mm，高 20mm + 0.016mm；

（2）天平：称量 500g，感量 0.1g；或称量 200g，感量 0.01g；

（3）其他：削土刀、钢丝锯、凡士林等。

3. 试验准备

测出环刀内净体积 V，在天平上称出环刀质量 m_1，精确至 0.01g。

4. 试验步骤

按工程需要取原状土或制备所需状态的扰动土样，整平两端。

环刀内壁涂抹一薄层凡士林，刃口向下放在土样上，将环刀垂直下压，并用切土刀沿环刀外侧切削土样，边压边削土至土样高出环刀，根据试样的软硬采用钢丝锯或削土刀整平环刀两端土样，擦净环刀外壁，称环刀和土的总质量 m_2。

本试验应进行两次平行测定，要求平行差值小于等于 0.03g/cm³，取其两次试验结果的平均值，精确至 0.01g/cm³。

5. 试验数据的处理

（1）湿密度的计算

$$\rho_0=\frac{m_2-m_1}{V} \tag{2-19}$$

式中 ρ_0——试样土的密度（g/cm³）；

V——试样体积（即环刀内净体积）（cm³）；

m_1——环刀质量（g）；

m_2——环刀加试样总质量（g）。

（2）干密度的计算

$$\rho_d = \frac{\rho_0}{1+0.01w} \tag{2-20}$$

式中 ρ_d——干土的密度（g/cm³）；

ρ_0——湿土的密度（g/cm³），精确到 0.01g/cm³；

w——土的含水率（%）。

环刀法测土的密度试验的记录格式见表 2-14。

密度试验记录 **表 2-14**

工程名称________ 试验编号________

取样部位________ 试验日期________

土样编号				1		2	
环刀号				1	2	1	2
环刀内净体积	(cm³)	①					
环刀质量	(g)	②					
土+环刀质量	(g)	③					
土样质量	(g)	④	③－②				
湿密度	(g/cm³)	⑤	④/①				
含水率	(%)	⑥					
干密度	(g/cm³)	⑦	⑤/1+0.01w				
平均干密度	(g/cm³)	⑧					

注：w—土的含水率。

码2-4 灌砂法测土的密度试验

2.11 灌砂法测土的密度试验

1. 试验目的和适用范围

本试验适用于现场测定路基土的密度，试样最大粒径不得超过 60mm，测定密度层的厚度为 150～200mm。

注：①在测定细粒土的密度时，可以采用直径 100mm 的小型灌砂筒。②如最大粒径超过 15mm，则灌砂筒和现场试调的直径应为 150～200mm，灌砂筒的直径宜大于最大粒径的 3 倍。

2. 仪器设备

（1）灌砂筒：主要分两部分：上部分为储砂筒，筒深 270mm（容积约 2120cm³），筒底中心有一个直径 10mm 的圆孔；下部装一倒置的圆锥形漏斗，漏斗上端开口直径为 10mm，并焊接在一块直径 100mm 的铁板上，铁板中心有一直径10mm的圆孔与漏斗上开口相接。在储砂筒筒底与漏斗顶端铁板之间设有开关，开关铁板上也有一个直径10mm的圆孔。将开关向左移动时，开关铁板上的圆孔恰好与筒底圆孔及漏斗上开口相对，即3个圆孔在平面上重叠在一起，砂就可以通过圆孔自由落下。将开关向右移动时，开关将筒底圆孔堵住，砂停止下落。灌砂筒的形式和主要尺寸如图2-7所示。

（2）金属标定罐：内径100mm，高150mm或200mm的金属罐一个，上端周围有一罐缘，如图2-8所示。

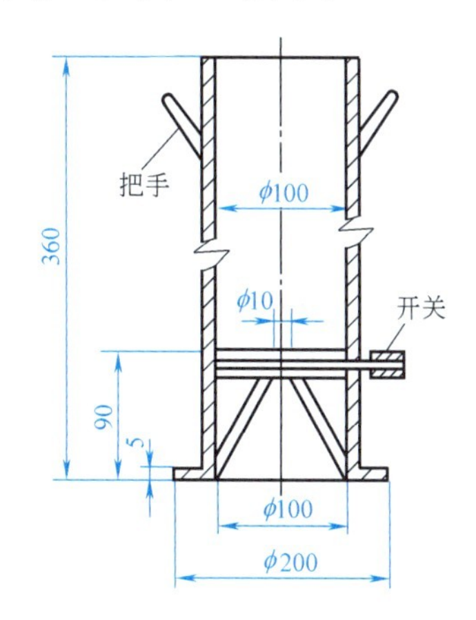

图2-7 灌砂筒（尺寸单位：mm）

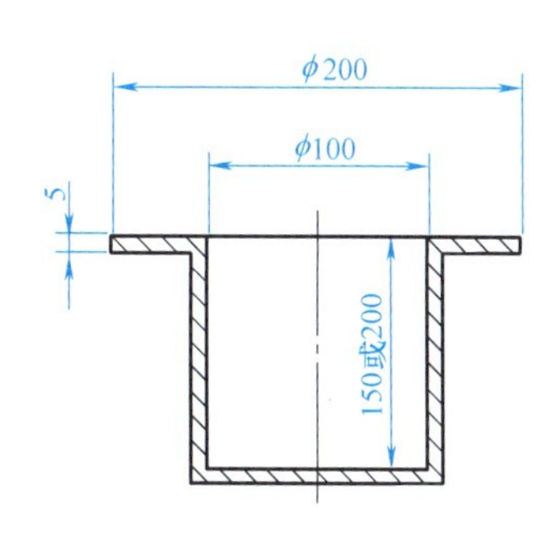

图2-8 金属标定罐（尺寸单位：mm）

（3）基板：一个边长350mm，深40mm的金属方盘，盘中心有一直径100mm的圆孔。

（4）打洞及从洞中取料的合适工具，如凿子、铁锤、长把勺、毛刷等。

（5）白瓷浅盘若干。

（6）台秤：称量15kg，感量1g；称量1000g，感量0.01g。

（7）其他：铝盒、天平、烘箱等。

3. 试验准备

（1）量砂：粒径0.25～0.50mm清洁干燥的砂20～40kg，应先烘干，并放置足够的时间，使其与空气的湿度达到平衡。

（2）测出灌砂筒下部圆锥体内砂的质量

1）关闭灌砂筒并称取空筒的质量m_0，向筒内装砂至距筒顶15mm左右，称取装入筒内砂的质量m_1。以后每次标定及试验都应该维持装砂质量不变。

2）轻轻地将灌砂筒移至玻璃板上，将开关打开，让砂流出，直到筒内砂面不再下降时，将开关关上，收集并称量留在玻璃板上的砂，此为砂堆的质量，记为m_2。

3）重复上述测量3次，取平均值。

（3）用水确定量砂的密度ρ_1（g/cm^3）

1）称取空标定罐和玻璃板的质量，记为m_3。向标定罐中注水，当罐中水面快要接近标定灌口时，一手持玻璃板轻推欲盖住标定罐，同时用滴管往罐中加水，直到水面与玻璃板之间没有气泡为止。擦干标定罐周围的水，读记罐、玻璃

板和水的总质量 m_4。重复测量 3 次取平均值，水的密度取 1.0g/cm³，则标定罐的体积按下式计算：$V_1 = (m_4 - m_3)/1.0$。

2）将灌砂筒置于标定罐上，打开开关，让砂流出，至筒内的砂不再下流时，关闭开关。取下灌砂筒，称取标定罐和砂的质量 m_5（含罐内的砂和砂锥），倒掉罐内砂以后称取空罐质量 m_6，标定罐内砂的质量 $m_7 = m_5 - m_6 - m_2$。

3）按下式计算量砂的密度 ρ_1（g/cm³）：

$$\rho_1 = \frac{m_7}{V_1}$$

式中 m_7——标定罐的内砂的质量（g）。

V_1——标定罐的体积（cm³）。

4. 试验步骤

（1）在试验地点，选一块约 40cm×40cm 的平坦地面，并将其清扫干净，将基板放在平坦地表上。沿基板中孔凿洞，洞的直径 100mm。在凿洞过程中，应注意不使凿出的试样丢失，并随时将凿松的材料取出，放在已知质量的塑料袋内，密封。试洞的深度应符合取样的要求，或等于一个碾压层厚度。凿洞毕，称此塑料袋中湿土质量，记为 m_8。

（2）将盛有质量为 m_1 的灌砂筒放在基板中间的圆孔上，打开灌砂筒开关，让砂流入基板的孔内，直到储砂筒内的砂不再下流时关闭开关。取下灌砂筒，并称筒内砂的质量 m_9。

（3）从挖出的全部试样中取出有代表性的样品，放入铝盒中，测定其含水量 w。样品数量对于细粒土，不少于 100g；对于粗粒土，不少于 500g。

（4）若试洞内的量砂干净无杂质，可取出直接利用；若湿度已发生变化或量砂中混有杂质，应重新烘干，过筛，并放置一段时间，使其与空气的湿度达到平衡后再用。

（5）如试洞中有较大孔隙，量砂可能进入孔隙时，则按试洞外形，松弛地放入一层薄塑料袋，然后再进行灌砂工作。

5. 试验数据处理

（1）计算填满试洞所需砂的质量 m_{10}（g）：

$$m_{10} = m_1 - m_2 - m_9$$

（2）计算试坑的体积 V_2（cm³）：

$$V_2 = \frac{m_{10}}{\rho_1}$$

（3）计算土的湿密度 ρ_2（g/cm³）：

$$\rho_2 = \frac{m_8}{V_2}$$

（4）按下式计算土的干密度 ρ_3（g/cm³）：

$$\rho_3 = \frac{\rho_2}{1 + 0.01w}$$

（5）试验中质量要求精确至 1g，体积要求精确至 $1cm^3$，密度要求精确至 $0.01g/cm^3$。

（6）本试验的记录格式见表 2-15。

灌砂法测土的密度试验记录　　　　表 2-15

工程名称________________　　试验编号________________

取样部位________________　　试验日期________________

序号	项目内容	单位	计算方式	试坑编号	
				1	2
(1)	罐砂筒内砂的质量 m_1	g			
(2)	砂锥的质量 m_2	g			
(3)	标定罐的体积 V_1	cm^3			
(4)	标定罐内砂的质量 m_7	g			
(5)	量砂的密度 ρ_1	g/cm^3	(5)=(4)/(3)		
(6)	试坑内湿土的质量 m_2	g			
(7)	灌完砂后灌砂筒内剩余砂的质量 m_9	g			
(8)	填满试洞所需砂的质量 m_{10}	g	(8)=(1)−(2)−(7)		
(9)	试坑的体积 V_2	cm^3	(9)=(8)/(5)		
(10)	取样盒的编号				
(11)	取样盒的质量 m_{11}	g			
(12)	盒+湿土的质量 m_{12}	g			
(13)	盒+干土的质量 m_{13}	g			
(14)	水的质量 m_{14}	g	(14)=(12)−(13)		
(15)	含水率 w	%	(15)=[(14)/(13)−(11)]×100%		
(16)	平均含水率 $\overline{w}$	%			
(17)	试样土的湿密度 ρ_2	g/cm^3	(17)=(6)/(9)		
(18)	试样土的干密度 ρ_3	g/cm^3	(18)=(17)/[(1)+(16)]		
(19)	平均干密度 ρ	g/cm^3			

2.12　界限含水率试验

码2-5 界限含水率试验

2.12.1　试验目的和适用范围

试验目的是测定黏性土（粒径小于 0.5mm）的液限 w_L、塑限 w_P，并由此计算土的塑性指数 I_P，进行黏性土的定名，判别黏性土的软硬程度。常用试验方法有两种：使用圆锥仪时，用液塑限联合测定法测定液塑限；使用蝶式仪时，用蝶式仪和滚搓法相结合测定液塑限。

2.12.2 液塑限联合测定法

1. 仪器设备

（1）液塑限联合测定仪：包括圆锥仪、电磁铁、显示屏、控制开关和试样杯。圆锥仪质量为76g，锥角为30°；试杯内径为40mm，高度为30mm。

（2）天平：称量200g，感量0.01g。

（3）白瓷浅盘、毛刷、凡士林、铝盒等。

2. 试验准备

（1）本试验宜采用天然含水率试样，当土样不均匀时，风干后过0.5mm筛。当采用天然含水率土样时，取代表性土样250g，采用风干后试样时取过筛后试样200g，多份，将每份试样放入小盆内，加入不等的纯水拌合均匀，覆盖后浸润24h。

（2）将仪器接通电源、调平，试杯内壁均匀涂抹一薄层凡士林。

3. 试验步骤

（1）将试样土充分调拌均匀，填入试杯中，注意不留空隙，刮平表面。

（2）将试杯放入升降台上，调整升降台高度，使杯内土样面刚好接触到锥尖，接触指示灯亮后，圆锥自动下沉入试样，5s后读取下沉深度数据。当圆锥的下沉深度为3～4mm、7～9mm、15～17mm时，试样有效，可取部分土样测定对应的含水率，并记录。

（3）其余试样重复（1）、（2）步骤，测出有效的下沉深度和对应含水率。

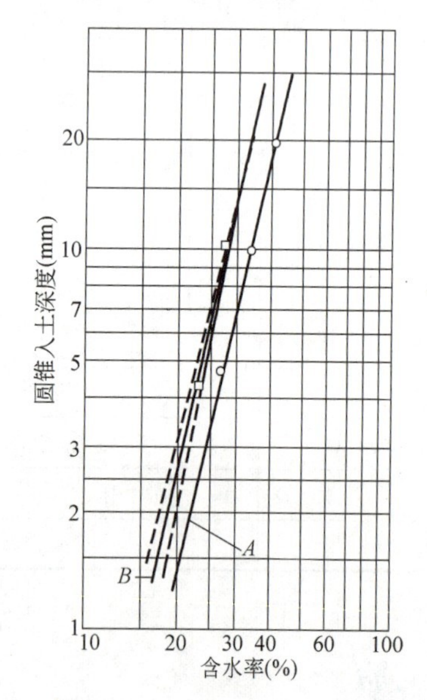

图2-9　含水率与圆锥入土深度关系

4. 试验数据的处理

（1）以含水率为横坐标，圆锥入土深度为纵坐标，在双对数坐标纸上绘制关系曲线，如图2-9所示，三点在一条直线上时如图2-9中A线。当三点不在一条直线上时，通过高含水率点和其余两点连成两条直线，在下沉深度为2mm处，查得相应的两个含水率，当两个含水率的差值小于2%时，应以两点含水率的平均值与高含水率的点连成一直线，如图2-9中B线所示。当两个含水率的差值大于等于2%时，应重做试验。

（2）在含水率与圆锥下沉深度的关系图上查得下沉深度为17mm所对应的含水率为17mm液限，查得下沉深度为10mm对应的含水率为10mm液限，查得下沉深度为2mm所对应的含水率为塑限，取值以百分数表示，准确至0.1%。我国自20世纪50年代开始使用10mm液限的标准，经过不断的试验论证、改进，逐渐形成了17mm液限的概念，根据不同的使用目的，两种液限都可使用。

（3）根据查出的液限和塑限，计算塑性指数和液性指数。

（4）本试验的记录格式见表2-16。

界限含水率试验记录（液、塑限联合测定法） 表 2-16

工程名称＿＿＿＿＿＿＿＿ 试验编号＿＿＿＿＿＿＿＿

取样部位＿＿＿＿＿＿＿＿ 试验日期＿＿＿＿＿＿＿＿

试样编号	圆锥下沉深度（mm）	盒号	湿土质量（g）	干土质量（g）	含水率（%）	液限	塑限	塑性指数	液性指数
			(1)	(2)	$(3)=\left[\frac{(1)}{(2)}-1\right]\times100$	(4)	(5)	(6)=(4)−(5)	$(7)=\frac{w-(5)}{(6)}$

注：本试验参照《土工试验方法标准》GB/T 50123—1999，在《土工试验方法标准》GB/T 50123—2019 中删除了“圆锥入土深度宜为 3～4mm、7～9mm、15～17mm”的推荐，改为“按接近液限、塑限和二者的中间状态制备不同稠度的土膏”。为便于组织试验教学，本试验仍按 1999 年版标准设置圆锥入土参考深度。实际工作中可先用蝶式仪法、搓土条法相结合测得液限、塑限参考值。也可根据选择《公路土工试验规程》JTG 3430—2020 中的控制标准。

2.12.3 搓土条法测塑限试验

1. 仪器设备

（1）毛玻璃板：尺寸宜为 200mm×300mm。

（2）游标卡尺：分度值为 0.02mm。

（3）其他：天平、称量盒、滴管、蒸馏水、吹风机、烘箱等。

2. 操作步骤

（1）取过 0.5mm 筛的代表性试样约 100g，加纯水拌合，浸润静置 24h。

（2）将试样在手中捏揉至不粘手捏扁，当出现裂缝时，表示接近塑限。

（3）取出一小块土团，捏成手指大小的椭圆形，放在毛玻璃板上，用手掌轻轻搓滚。搓滚时注意手掌应均匀施加压力于土条上，不得无压滚动。在任何情况下，土条都不允许产生中空现象。土条的长度不宜超过手掌宽度。

（4）若土条搓成直径 3mm 时，产生纵向裂缝并开始断裂，这时试样的含水量即为塑限；若土条搓成直径 3mm 时未产生裂缝及断裂，表示这时试样的含水量高于塑限；若土条大于 3mm 时就断裂，表示这时试样的含水量低于塑限，应重新取土搓滚。

（5）取直径 3mm 有裂缝的土条 3～5g，测定土的含水率。

（6）本试验应进行两次平行测定，两次测定的差值应符合的规范要求，取两次测定的平均值。

3. 试验数据的处理见表 2-16。

2.13 土的击实试验

码2-6 土的击实试验

1. 试验目的和适用范围

本试验用于测定土的最大干密度和最佳含水量，分轻型击实和重型击实两种。轻型击实试验适用于测定粒径小于 5mm 的黏性土，重型击实试验适用于粒径不大于 20mm 的各类土。轻型击实试验的单位体积击实功约 592.2kJ/m³，重型击实试验的单位体积击实功约为 2684.9kJ/m³。

2. 试验仪器

(1) 击实仪和击实筒：当采用电动击实时需配有如图 2-10 所示的电动击实仪，当采用手动击实时需配备如图 2-11 所示手动击实锤和击实筒。击实锤和击实筒的尺寸见表 2-17。

图 2-10 电动击实仪

图 2-11 手动击实锤和击实筒

击实锤和击实筒规格表　　表 2-17

试验方法	锤底直径(mm)	锤质量(kg)	落高(mm)	击实筒			护筒高度(mm)
				内径(mm)	筒高(mm)	容积(mm³)	
轻型	51	2.5	305	102	116	947.4	50
重型	51	4.5	457	152	116	2103.9	50

(2) 天平：称量 200g，最小分度值 0.01g。

(3) 台秤：称量 10kg，最小分度值 5g。

(4) 土壤标准筛：孔径为 20mm 和 5mm。

(5) 其他：推土器，也可以用削土刀、刮刀，凡士林、烘箱、洒水壶、铝盒、塑料盆等。

3. 试验准备

(1) 根据土的类型和粒径，选择轻型或重型试验方法。

(2) 试样制备可分为干法和湿法两种，干法时按四分法取土样，轻型 20kg(重型 50kg)，风干或低温烘干，碾碎过筛，测含水量后分成五份。根据土的塑限值预估最佳含水率，按 2%差值递进加水，其中一个接近塑限，两个大于塑限，另两个小于塑限。当塑限值不确定时，也可以根据经验黏性土取 18%～20%的含水率，粉土取 14%～16%的含水率。湿法时则先测定天然含水率，再确定是否烘干或加湿，其余步骤与干法一致。

(3) 制备试样时，应洒水均匀，土样应放在不吸水的容器上，盖上润湿布或塑料布，润湿一昼夜。

4. 试验步骤

(1) 称取击实筒的质量（不含底板、护筒和螺杆等），精确至1g。

(2) 将击实筒内壁和筒底均匀涂抹一薄层凡士林，放在坚硬的地面上，取制备好的一组土样分3或5次倒入筒内。轻型击实法按3层放入，每层约800～900g，每层击25次。重型击实法可按3层或5层放入，每层击94或56次。每次加土后应先整平表面，并稍加压紧，然后按规定的击数进行击实，击锤应自由垂直落下，锤迹必须均匀分布于试样面。第1、2层击实完后，应将试样表面“拉毛”后再加土。击实完成后，超出击实筒顶的试样高度应小于6mm。

(3) 卸下护筒后，用削土刀沿套筒内壁削刮，使试样与套筒脱离后，扭动并取下套筒，齐筒顶细心削平试样，拆除底板，擦净筒外壁，称量准确至1g。扣减护筒本身质量，得出筒内湿土的质量和湿密度。

(4) 取击实筒内中部的土样若干，测定其含水率，计算试样的干密度。

(5) 对不同含水率的试样依次进行击实测定，土样不宜重复使用。

5. 试验数据的处理

本试验的记录格式见表2-18。

击实试验记录表　　　　表2-18

工程名称______________　　试验编号______________

取样部位______________　　试验日期______________

<table>
<tr><td>试验序号</td><td></td><td colspan="2"></td><td colspan="2"></td><td colspan="2"></td><td colspan="2"></td><td colspan="2"></td></tr>
<tr><td>筒质量（g）</td><td>(1)</td><td colspan="2"></td><td colspan="2"></td><td colspan="2"></td><td colspan="2"></td><td colspan="2"></td></tr>
<tr><td>筒体积（cm³）</td><td>(2)</td><td colspan="2"></td><td colspan="2"></td><td colspan="2"></td><td colspan="2"></td><td colspan="2"></td></tr>
<tr><td>筒+试样质量（g）</td><td>(3)</td><td colspan="2"></td><td colspan="2"></td><td colspan="2"></td><td colspan="2"></td><td colspan="2"></td></tr>
<tr><td>试样质量（g）</td><td>(4)=(3)−(1)</td><td colspan="2"></td><td colspan="2"></td><td colspan="2"></td><td colspan="2"></td><td colspan="2"></td></tr>
<tr><td>湿密度（g/cm³）</td><td>(5)=(4)/(2)</td><td colspan="2"></td><td colspan="2"></td><td colspan="2"></td><td colspan="2"></td><td colspan="2"></td></tr>
<tr><td>盒号</td><td></td><td></td><td></td><td></td><td></td><td></td><td></td><td></td><td></td><td></td><td></td></tr>
<tr><td>盒质量（g）</td><td>(6)</td><td></td><td></td><td></td><td></td><td></td><td></td><td></td><td></td><td></td><td></td></tr>
<tr><td>盒+湿土质量（g）</td><td>(7)</td><td></td><td></td><td></td><td></td><td></td><td></td><td></td><td></td><td></td><td></td></tr>
<tr><td>盒+干土质量（g）</td><td>(8)</td><td></td><td></td><td></td><td></td><td></td><td></td><td></td><td></td><td></td><td></td></tr>
<tr><td>水的质量（g）</td><td>(9)=(7)−(8)</td><td></td><td></td><td></td><td></td><td></td><td></td><td></td><td></td><td></td><td></td></tr>
<tr><td>干土的质量（g）</td><td>(10)=(8)−(6)</td><td></td><td></td><td></td><td></td><td></td><td></td><td></td><td></td><td></td><td></td></tr>
<tr><td>含水率（%）</td><td>(11)=(9)/(10)</td><td></td><td></td><td></td><td></td><td></td><td></td><td></td><td></td><td></td><td></td></tr>
<tr><td>平均含水率（%）</td><td>(12)</td><td colspan="2"></td><td colspan="2"></td><td colspan="2"></td><td colspan="2"></td><td colspan="2"></td></tr>
<tr><td>干密度（g/cm³）</td><td>$(13)=\frac{(5)}{1+0.01(12)}$</td><td colspan="2"></td><td colspan="2"></td><td colspan="2"></td><td colspan="2"></td><td colspan="2"></td></tr>
<tr><td colspan="2">最佳含水率（%）</td><td colspan="2"></td><td colspan="6">最大干密度（g/cm³）</td><td colspan="2"></td></tr>
</table>

取含水率为横坐标，干密度为纵坐标，绘制干密度与含水率的关系曲线，并取曲线峰值点对应的纵坐标为击实试样的最大干密度，相应的横坐标为击实试样的最佳含水率，当关系曲线不能绘出峰值点时，应进行补点。

思考题与习题

1. 土是怎样形成的？土经风化作用后，其矿物成分有何变化？

2. 土由哪三相组成？封闭的气体对工程有何影响？

3. 什么是土的结构，土的结构有哪几种？试比较土的结构与构造有何不同？

4. 如何用土的颗粒级配曲线形状和不均匀系数来判断土级配状况？

5. 土的物理性质指标有哪些？其中有哪几个可以直接测定？常用测定方法是什么？判断黏性土的密实度指标有哪几种？

6. 判断无黏性土密实度的指标有哪几种？

7. 塑性指数的定义和物理意义是什么？

8. 什么是液性指数？如何应用液性指数 I_L 来评价土的工程性质？

9. 地基土分哪几类？各类土划分的依据是什么？

10. 某土工试验中，用净体积 $60cm^3$ 的环刀取样，经测定，土样的质量为 112.3g，放入烘箱烘干后质量为 95.6g。求该土的湿密度和含水率。

教学单元 3　土　中　应　力

为了对建筑物地基基础进行沉降观测、承载力分析，必须掌握建筑施工前后土中应力的分布和变化情况。土中应力按其产生的原因和作用效果不同，可分为自重应力和附加应力两种。土的自身有效重力在土体中引起的应力称为自重应力；附加应力是由于建筑物荷载等新增外加荷载作用所引起的应力。

目前计算土中应力的方法，主要是采用弹性理论公式，假设地基土为均匀的、各向同性的半无限空间弹性体，虽与土体的实际情况有出入，但实践证明，在建筑物荷载作用下基底压力变化范围不大时，用弹性理论的计算结果能满足实际工程的要求。

3.1　自重应力的计算

3.1.1　竖向自重应力的计算

在计算土中自重应力时，一般情况下假定天然地面为一无限大的水平面，所以可将土的自重应力看作分布面积无限大的荷载，土体在深度 z 处水平面上的各点自重压力相等且均匀的无限分布；任何垂直面上没有侧向变形和剪切变形，则均质土体中所有垂直面上和水平面上均无剪应力存在，故作用在地基中任意深度 z 处的自重应力就等于单位面积上土柱的重力，如图 3-1 所示。假设地面下 z 深度内均质土的重度为 γ，则单位面积上土的竖向自重应力为：

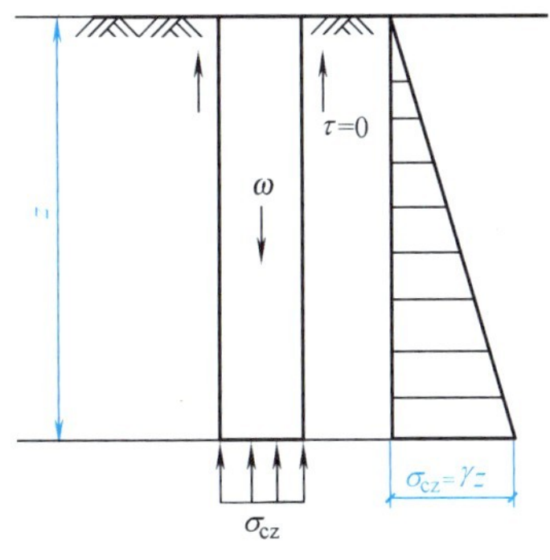

图 3-1　匀质地基土中竖向自重应力

$$\sigma_{cz}=\frac{\omega}{A}=\frac{\gamma \cdot A \cdot z}{A}=\gamma \cdot z \tag{3-1}$$

式中　σ_{cz}——天然地面以下深度 z 处的自重应力（kPa）；

ω——单位土柱的重力（kN）；

A——土柱的底面积（m^2）；

γ——土的天然重度（kN/m^3）。

匀质地基中竖向自重应力沿地基深度呈直角三角形分布，如图 3-1 所示。它的数值大小是与深度 z 成正比，而沿水平面则呈均匀分布。

天然地基土在形成的过程中，沉积环境及地理条件改变，导致地基土是由不同性质的成层土组成。例如由 n 层土组成时，土的竖向自重应力随地基深度而增加，则天然地面以下任意深度处土的竖向自重应力为：

$$\sigma_{cz}=\gamma_1 h_1+\gamma_2 h_2+\gamma_3 h_3+\cdots+\gamma_n h_n=\sum_{i=1}^{n}\gamma_i h_i \tag{3-2}$$

式中　n——从天然地面至深度 z 范围内的土层数；

h_i——第 i 层土的厚度（m）；

γ_i——第 i 层土的天然重度（kN/m^3）。

3.1.2　地下水对自重应力的影响

当地基土中含有地下水时，在地下水位以下的土因受到水的浮力作用，使土的自重减轻，自重应力减少。因此计算水位以下土的自重应力时，透水性土应采用土的有效重度 γ' 计算。如果在地下水位以下的土层中埋藏有不透水层（指岩石或致密的黏土层，如图 3-2 所示）时，由于不透水层顶面上静水压力的作用使其自重应力增加，相应的自重应力也随之增加。则不透水层顶面处的自重应力为：

$$\sigma_{cz}=\gamma_1 h_1+\gamma_2 h_2+\gamma_3' h_3+\gamma_4' h_4+\gamma_w(h_3+h_4) \tag{3-3}$$

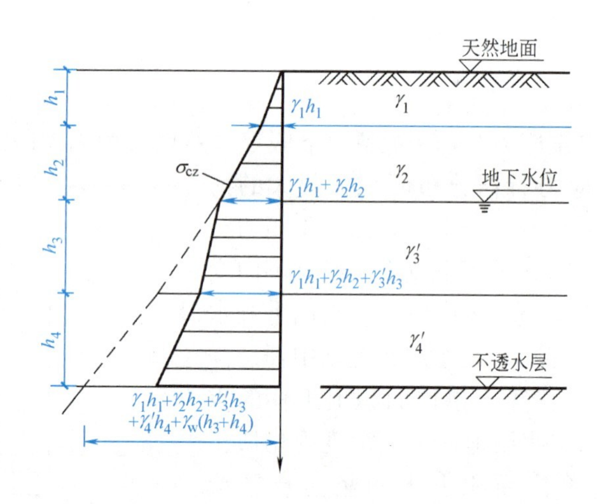

图 3-2　土中有地下水及不透水层时自重应力的分布

地下水位的变化对自重应力有一定影响，一般情况下地下水位是随季节变化的，只是变化的幅度有所不同。如果由于某种原因或施工需要使得地下水位大幅度的下降，必须考虑其不利影响。如图 3-3 所示，地下水位从原水位降至现水位，其下降高度为 h_2，由于地下水位突然大幅度下降，使该土层浮力消失，自重应力增加。但是新增加的这部分自重应力，相当于大面积附加均布荷载，能引起下部土层产生新的压密变形，因此属于附加应力。

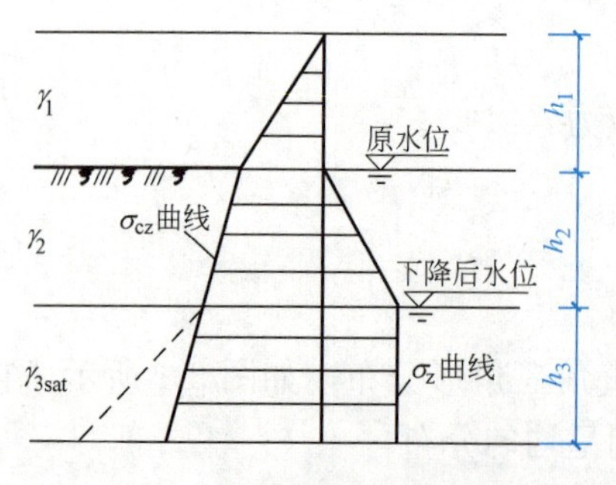

图 3-3　地下水位下降对自重应力的影响

【例 3-1】 某建筑物场地工程地质剖面如图 3-4 所示，在天然地面下第一层为 3m 厚黏土层，$\gamma_1=18\text{kN/m}^3$；第二层为 2m 厚粉质黏土层，$\gamma_2=18.5\text{kN/m}^3$；第三层为 4m 厚并含有地下水的黏土层，$\gamma_{3sat}=19.2\text{kN/m}^3$，第四层为基岩层。试计算各土层界面处及地下水位标高处的自重应力，并绘出应力分布图形。

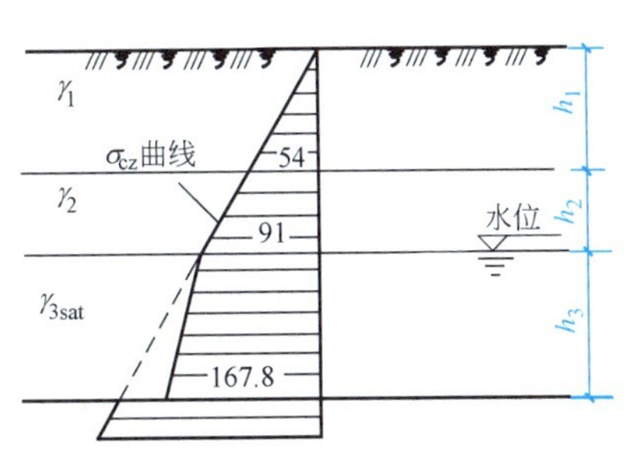

图 3-4　例 3-1 附图（应力单位：kPa）

【解】 黏土层底面

$$\sigma_{cz1}=\gamma_1 h_1=18\times3=54\text{kPa}$$

地下水位处　$\sigma_{cz2}=\sigma_{cz1}+\gamma_2 h_2=54+18.5\times2=91\text{ kPa}$

黏土层底面　$\sigma_{cz3}=\sigma_{cz2}+\gamma'_3 h_3=91+(19.2-9.8)\times4=128.6\text{kPa}$

基岩层顶　$\sigma_{cz}=\sigma_{cz3}+\gamma_w h_3=128.6+9.8\times4=167.8\text{kPa}$

3.2　基底压力的计算

3.2.1　中心荷载作用下基底压力的分布与计算

1. 基底压力的分布

基底压力是指由建筑物荷载及其他外荷载在基础与地基之间接触面积上所产生的压力。同时地基对基础作用大小相等、方向相反的反作用力，称为地基反力。

基底压力的分布与基础刚度、地基土的性质、基础埋深、基底形状与尺寸及荷载大小等因素有关。刚性基础本身的刚度远远超过土的刚度，可以看作绝对刚度的基础。一般块式整体基础、桥梁墩台基础常采用刚性实体结构，如图 3-5 所示，属于同一类基础，它的刚度基本趋向于无穷大，受力后不会发生挠曲变形，在中心荷载作用下基底各点的沉降是相同的，基底压力的分布呈马鞍形，如图 3-5(a) 所示；随着荷载增加，基底边缘的应力增加得很大而发生塑性变形，这时基础边缘的压力不再增大而中部应力继续增大，其压力图形呈抛物线形分布，如图 3-5（b）所示；若荷载继续增大，则基底压力将发展，呈钟形分布，如图 3-5（c）所示。

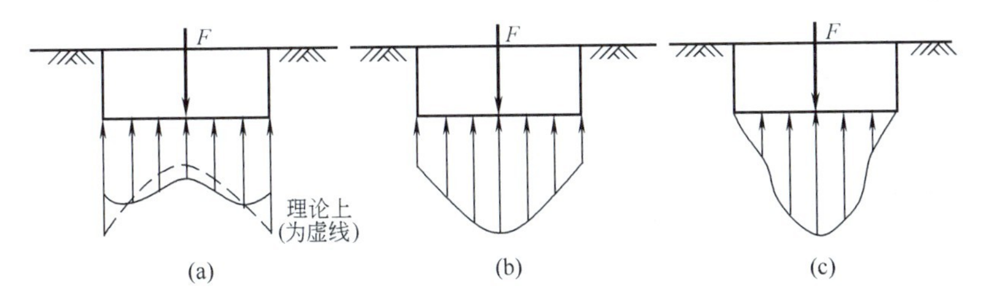

图 3-5　刚性基础底面的压力分布

（a）马鞍形；（b）抛物线形；（c）钟形分布

柔性基础是指基础刚度极小的基础。例如由填土筑成的土坝、路堤，可以近似地认为路堤不传递剪力，它相当于一种柔性基础。在自重压力作用下没有抵抗弯曲变形的能力，只能随着地面一起变形，其底面压力的分布图形与其上部荷载分布的形状相同。因为一般由土筑成的土坝和路堤多为梯形断面，它自身重力对地面的作用就是附加的外荷载；如果填土的重度为 γ，路堤的高度为 h，这时引起路堤底面最大的压力为 γh，路堤底面压力分布图形呈梯形分布，如图 3-6 所示。由钢筋混凝土筑成的基础，有时也称为柔性基础，在外荷载作用下基础底面将发生弯曲变形，这种基础实际上是一种有限刚度的基础，应该考虑基础的实际刚度，一般按弹性地基梁或板的方法计算。

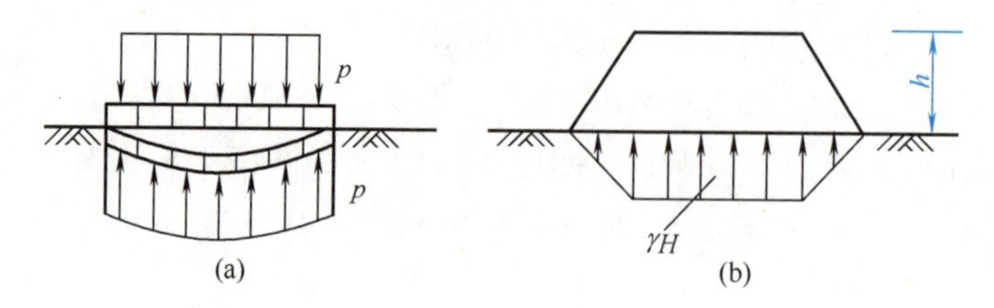

图 3-6　柔性基础底面的压力分布

（a）绝对柔性基础；（b）路堤底面压力分布

2. 基底压力的简化计算

综上分析，基底压力的分布比较复杂，但由于基底压力的分布形式对地基应力的影响是随着地基深度的增加而逐渐减少，并取决于荷载的合力大小及位置。因此，在工程实践中对一般基础均采用简化方法计算：即假定基底压力按直线分布的材料力学公式计算。

在中心荷载作用下，基底压力呈均匀分布，如图 3-7 所示，其数值按下列公式计算：

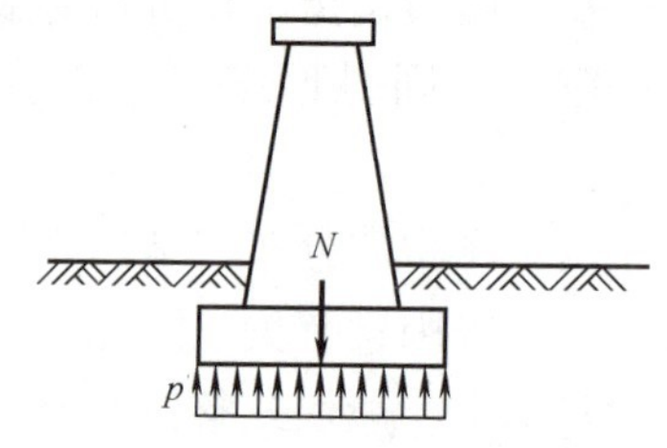

图 3-7　中心荷载基底压力的分布

$$p=\frac{N}{A} \tag{3-4}$$

式中　p——基础底面压力（kPa）；

N——作用于基底中心处竖向荷载的合力（kN）；

A——基础底面积（m^2）。

对于荷载沿长度方向分布的条形基础，则截取沿长度方向 1m 的基底面积来计算。此时用基础宽度取代基础底面积 A，而荷载 N 则为沿基础延伸方向取 1m 计算单元的相应值（kN/m）。

3.2.2　偏心荷载作用下基底压力的分布与计算

在偏心荷载作用下基底压力的分布，主要与截面形状、大小、荷载作用位置、偏心距大小有关。对于偏心荷载作用下的矩形基础，通常将偏心荷载作用于矩形基底某一主轴上，使基础处于单向偏心，并假设基底压力为线性分布。当偏心荷载作用在矩形基础底面的长边方向中轴上时，基底边缘的最大和最小压力可按材料力学的偏心受压公式计算，即

$$p_{\substack{max\\min}}=\frac{N}{A}\pm\frac{M}{W}=\frac{N}{a\cdot b}\pm\frac{Ne}{W} \tag{3-5}$$

式中　$p_{\substack{max\\min}}$——基底边缘的最大和最小压力（kPa）；

M——偏心荷载对基底形心的力矩（kN·m）；

e——荷载偏心距，$e=\frac{M}{N}$（m）；

a——垂直力矩作用方向的基础底面边长（m）；

b——力矩作用方向的基础底面边长（m）；

W——基础底面的截面抵抗矩，对于矩形基础 $W=\frac{ab^2}{6}$（m^3）。

对于矩形基础，当合力的偏心距 $e<\frac{b}{6}$ 时，基底压力为梯形分布，则基底边缘的压力也可写成：

$$p_{\substack{max\\min}}=\frac{N}{a\cdot b}\left(1\pm\frac{6e}{b}\right) \tag{3-6}$$

当合力的偏心距 $e=\frac{b}{6}$ 时，基底压力为三角形分布；当合力的偏心距 $e>\frac{b}{6}$ 时，基底截面将出现拉应力，如图3-8所示。实际上由于基础与地基之间不能出现拉应力，于是基底压力产生重新分布，基底压力图形实际上按三角形分布考虑，不能采用式（3-5）和式（3-6）计算。在这种情况下根据静力平衡条件，基底三角形压力的合力（通过三角形形心）必定与外荷载 N 大小相等、方向相反而相互平衡，即 $N=\frac{1}{2}p_{max}\cdot 3d\cdot a$；这里 d 为偏心荷载作用点至最大压力 p_{max} 作用边缘的距离，$d=\left(\frac{b}{2}-e\right)$，从而可求得基底边缘最大压力 p_{max} 的计算公式为：

$$p_{max}=\frac{2N}{3\left(\frac{b}{2}-e\right)\cdot a} \tag{3-7}$$

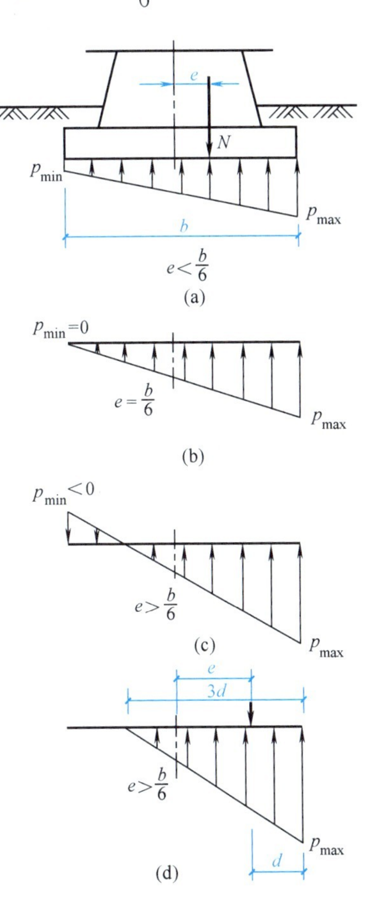

图3-8　偏心荷载基底压力的分布情况

3.2.3　基底附加压力的计算

在建造建筑物之前，基础底面处就有自重应力的作用。在建造建筑物之后，基础底面处将有基底压力作用，与开挖基坑之前相比基础底面的应力增加，其增加的应力即为基底附加压力。基底附加压力向地基传递，将引起地基变形。

由于建筑物基础需要有一定的埋置深度，因此在基础施工时要把基底标高以上的土挖除，基底处原来存在的自重应力消失。如果基坑开挖后施加在基底的压力 p，则基底附加压力 p_0 在数值上应等于基底压力 p 减去基底处土的自重应力 σ_{cd}，即

$$p_0 = p - \sigma_{cd} = p - \gamma_m d \tag{3-8}$$

$$\gamma_m = \frac{\sum_{i=1}^{n} \gamma_i z_i}{d} \tag{3-9}$$

式中 p_0——基础底面处平均附加压力（kPa）；

σ_{cd}——基础底面处的自重应力（kPa）；

γ_m——基础底面以上天然土层的加权平均重度（kN/m^3）；对地下水位以下的土取有效重度，见式（3-9）；

d——从天然地面算起的基础埋深（m）。

【例 3-2】 某水池剖面如图 3-9 所示，基础底面尺寸为 8m×10m，储水池高 4m。上部结构及基础的总竖向力 N=4500kN，地面 1m 以下有地下水，试求当基底埋深分别为 2m 和 4m 时的基底附加压力值。

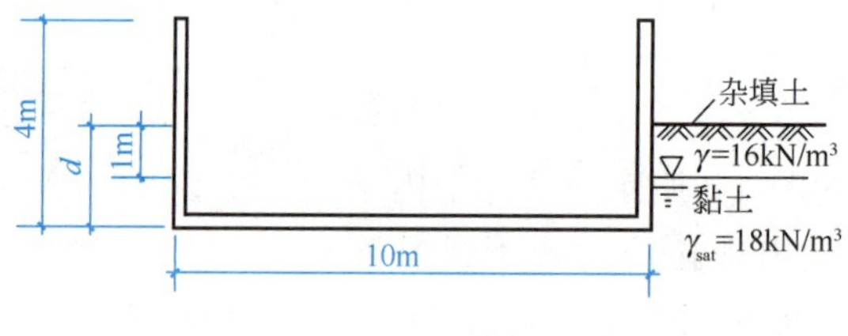

图 3-9 水池剖面

【解】 基底平均压力

$$p = \frac{N}{A} = \frac{4500}{8 \times 10} = 56.25\text{kPa}$$

1. 当埋深 d=2m 时：

基底处自重应力：$\sigma_{cz} = 16 \times 1 + (18 - 10) \times 1 = 24.00\text{kPa}$

基底附加应力：$p_{01} = p - \sigma_{cz} = 56.25 - 24 = 32.25\text{kPa}$

2. 当埋深 d=4m 时：

基底处自重应力：$\sigma_{cz} = 16 \times 1 + (18 - 10) \times 3 = 40.00\text{kPa}$

基底附加应力：$p_{01} = p - \sigma_{cz} = 56.25 - 40 = 16.25\text{kPa}$

由此可见，当水池埋深由 2m 增至 4m，即水池由半地下室改为全地下室时，由于基础埋深的增加使得基底附加应力 p_0 显著减小，基础沉降也显著减小。在工程实际中将这种方法称为基础的补偿设计。

3.3 土中附加应力的计算

土中附加应力是由建筑物、车辆等外荷载在地基中产生的应力。它是基底附

加应力通过土粒之间的接触点向地基中传递扩散的结果，并且引起地基土产生新的变形。计算土中附加应力时，通常假定地基土是连续均质的、各向同性的半无限直线变形体，将基底附加压力或其他外荷载作为作用在弹性半空间表面的局部荷载，然后应用弹性力学公式便可求得地基土中的附加应力。

3.3.1 竖向集中荷载作用下土中附加应力的计算

当在半无限直线变形体（即地基）表面作用一个集中力时，地基中任意一点 M（x、y、z）处将有六个应力分量及三个位移分量，如图 3-10 所示。对此法国学者布辛奈斯克于 1885 年用弹性理论推出了它们的解。由于市政工程中建筑物荷载多以竖向荷载为主，因此下面主要介绍地基中任意一点 M 处的竖向附加应力 σ_z 的表达式。即

$$\sigma_z=\frac{3p}{2\pi}\cdot\frac{z^3}{R^5}=\frac{3p}{2\pi R^2}\cos^3\theta \tag{3-10}$$

式中 p——作用于坐标原点 o 的竖向集中力（kN）；

z——M 点的深度（m）；

R——集中力作用点（即坐标原点 o）至 M 点的直线距离（m）。

$$R=\sqrt{x^2+y^2+z^2}=\sqrt{r^2+z^2}=z/\cos\theta$$

为了计算方便起见，将图 3-10 中的几何关系 $R^2=r^2+z^2$ 代入式（3-10）可得：

$$\sigma_z=\frac{3p}{2\pi}\cdot\frac{z^3}{(r^2+z^2)^{5/2}}=\frac{3}{2\pi}\cdot\frac{1}{[(r/z)^2+1]^{5/2}}\cdot\frac{p}{z^2}=K\cdot\frac{p}{z^2} \tag{3-11}$$

式中 K——集中荷载作用下土中竖向附加应力系数，它是 r/z 的函数，可根据 r/z 由表 3-1 查得；

r——集中力作用点至计算点 M 在 oxy 平面上投影点 M' 的水平距离（m）。

$$K=\frac{3p}{2\pi}\cdot\frac{1}{[(r/z)^2+1]^{5/2}} \tag{3-12}$$

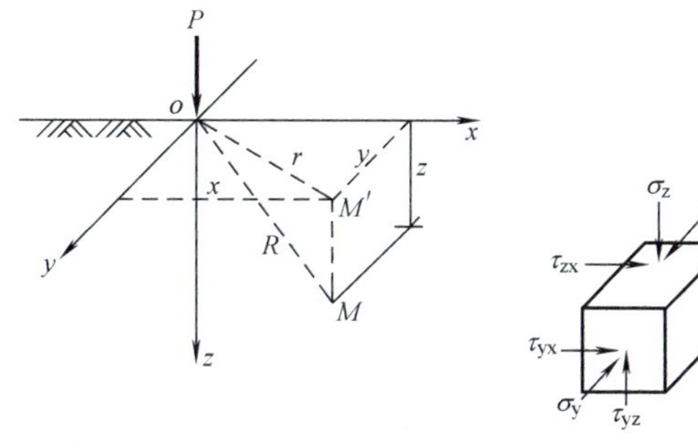

图 3-10 竖向集中荷载作用下土中附加应力

集中荷载作用下土中竖向附加压力系数 K　　表 3-1

r/z	K	r/z	K	r/z	K	r/z	K	r/z	K
0	0.4775	0.45	0.3011	0.90	0.1083	1.35	0.0357	2.00	0.0085
0.05	0.4745	0.50	0.2733	0.95	0.0956	1.40	0.0317	2.10	0.0070
0.10	0.4657	0.55	0.2466	1.00	0.0844	1.45	0.0282	2.30	0.0048
0.15	0.4516	0.60	0.2214	1.05	0.0744	1.50	0.0251	2.50	0.0034
0.20	0.4329	0.65	0.1978	1.10	0.0658	1.55	0.0224	3.00	0.0015
0.25	0.4103	0.70	0.1762	1.15	0.0581	1.60	0.0200	3.50	0.0007
0.30	0.3849	0.75	0.1565	1.20	0.0513	1.70	0.0160	4.00	0.0004
0.35	0.3577	0.80	0.1386	1.25	0.0454	1.80	0.0129	4.50	0.0002
0.40	0.3294	0.85	0.1226	1.30	0.0402	1.90	0.0105	5.00	0.0001

这里需要指出，利用式（3-11）计算土中任意点附加应力，若 $R=0$，则 $\sigma_z=\infty$。因此计算点的选择，不应过于接近集中荷载作用点。实际上建筑物荷载都是通过基础向地基传递的，况且理论上集中荷载作用在地基表面情况是不存在的；但是，附加应力在地基中的扩散现象是存在的。为了说明集中荷载作用下土中附加应力的扩散及分布规律，我们将构成地基的土颗粒视为无数个直径相同的小圆球且整齐排列，如图 3-11(a) 所示。设地基表面作用一个集中力 $p=1$，传递给地基的受力情况如下：第一层只有一个小圆球受力为 $p=1$；第二层有两个小圆球受力，各受力 1/2；第三层有三个小圆球受力，两边的各受力 1/4，中间的小圆球承受 2/4=1/2 的力。这样以此类推下去受力的小钢球数越来越多，使压力传布的越来越深、范围越来越广，这种现象称为附加应力的扩散现象。由此可以归纳在集中荷载作用下土中附加应力的分布规律如图 3-11(b) 所示。

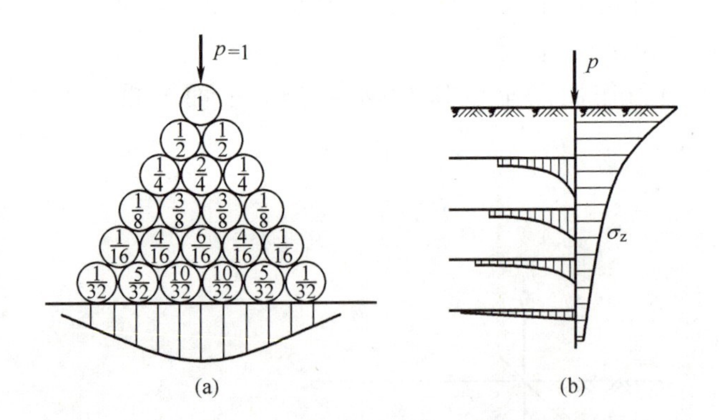

图 3-11　集中荷载作用下土中附加应力的扩散及分布
(a) 土中附加应力扩散；(b) 土中附加应力分布规律

(1) 在力的作用线上，土中附加应力随深度增加逐渐减小；

(2) 在任意深度同一水平面上的附加应力，力的作用线上（基础中心线上）附加应力数值最大，向两侧逐渐减小但扩散的范围越来越广。

3.3.2　矩形均布荷载作用下土中竖向附加应力的计算

1. 矩形均布荷载角点下任意深度处土中附加应力

计算矩形面积上均布荷载 p_0 作用下，角点 o 轴线上地基任意深度 M 点处的竖向附加应力 σ_z，可以在矩形荷载面上取一无穷小的受荷面积 $dA=dx \cdot dy$，以集中力 $dp=p_0 \cdot dx \cdot dy$ 代替这个微分面积范围内的均布荷载，如图 3-12 所示，应用式（3-11）求得由于该集中力 dp 的作用，在地基中 M 点处所引起的竖向附加应力，即

$$d\sigma_z=\frac{3dp}{2\pi} \cdot \frac{z^3}{R^5}=\frac{3p_0 \cdot dx \cdot dy \cdot z^3}{2\pi(x^2+y^2+z^2)^{5/2}}$$

$$\sigma_z=\frac{3p_0z^3}{2\pi}\int_0^a\int_0^b\frac{dx \cdot dy}{(x^2+y^2+z^2)^{5/2}}$$

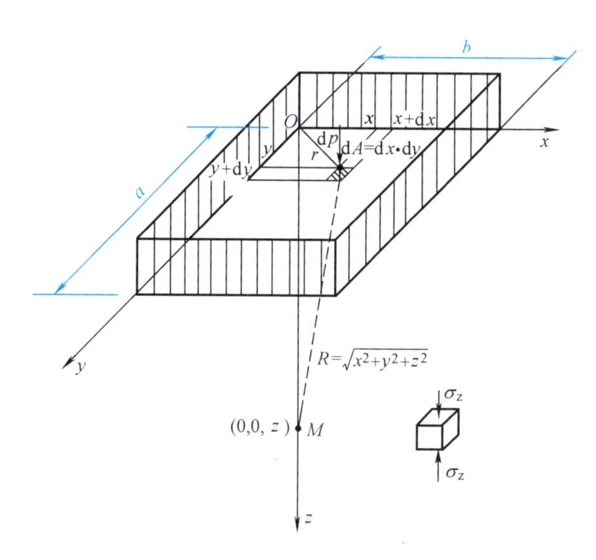

图 3-12　求矩形面积作用均布荷载角点下附加应力

若令 $m=a/b$（基底长宽比），$n=z/b$（深宽比），则得：

$$\sigma_z=\frac{p_0}{2\pi}\left[\arctan\frac{m}{n \cdot \sqrt{1+m^2+n^2}}+\frac{mn(1+m^2+2n^2)}{(m^2+n^2)(1+n^2)\sqrt{1+m^2+n^2}}\right]$$

为计算方便，可将上式写成：

$$\sigma_z=\alpha_c \cdot p_0 \tag{3-13}$$

式中　α_c——矩形均布荷载角点下的竖向附加应力系数，它是 a/b 和 z/b 的函数，可由表 3-2 查得。

$$\alpha_z=\frac{1}{2\pi}\left[\text{artan}\frac{m}{n \cdot \sqrt{1+m^2+n^2}}+\frac{mn(1+m^2+2n^2)}{(m^2+n^2)(1+n^2)\sqrt{1+m^2+n^2}}\right]$$

矩形均布荷载角点下的竖向附加应力系数 α_c　　表 3-2

z/b	a/b										
	1.0	1.2	1.4	1.6	1.8	2.0	3.0	4.0	5.0	6.0	10
0.0	0.250	0.250	0.250	0.250	0.250	0.250	0.250	0.250	0.250	0.250	0.250
0.2	0.249	0.249	0.249	0.249	0.249	0.249	0.249	0.249	0.249	0.249	0.249
0.4	0.240	0.242	0.243	0.243	0.244	0.244	0.244	0.244	0.244	0.244	0.244
0.6	0.223	0.228	0.230	0.232	0.2320	0.233	0.234	0.234	0.234	0.234	0.234
0.8	0.200	0.208	0.212	0.215	0.217	0.218	0.220	0.220	0.220	0.220	0.220
1.0	0.175	0.185	0.191	0.196	0.198	0.200	0.203	0.204	0.204	0.204	0.204
1.2	0.152	0.163	0.171	0.176	0.179	0.182	0.187	0.188	0.189	0.189	0.189
1.4	0.131	0.142	0.151	0.157	0.161	0.164	0.171	0.173	0.174	0.174	0.174
1.6	0.112	0.124	0.133	0.140	0.145	0.148	0.157	0.159	0.160	0.160	0.160
1.8	0.097	0.108	0.117	0.124	0.129	0.133	0.143	0.146	0.147	0.148	0.148
2.0	0.084	0.095	0.103	0.110	0.116	0.120	0.131	0.135	0.136	0.137	0.137
2.2	0.073	0.083	0.092	0.098	0.104	0.108	0.121	0.125	0.126	0.127	0.128
2.4	0.064	0.073	0.081	0.088	0.093	0.098	0.111	0.116	0.118	0.118	0.119
2.6	0.057	0.065	0.073	0.079	0.084	0.089	0.102	0.107	0.110	0.111	0.112
2.8	0.050	0.058	0.065	0.071	0.076	0.081	0.094	0.100	0.102	0.104	0.105
3.0	0.045	0.052	0.058	0.064	0.069	0.073	0.087	0.093	0.096	0.097	0.099
3.2	0.040	0.047	0.053	0.058	0.063	0.067	0.081	0.087	0.090	0.092	0.093
3.4	0.036	0.042	0.048	0.053	0.057	0.061	0.075	0.081	0.085	0.086	0.088
3.6	0.033	0.038	0.043	0.048	0.052	0.056	0.069	0.076	0.080	0.082	0.084
3.8	0.030	0.035	0.040	0.044	0.048	0.052	0.065	0.072	0.075	0.077	0.080
4.0	0.027	0.032	0.036	0.040	0.044	0.047	0.060	0.067	0.071	0.073	0.076
4.2	0.025	0.029	0.033	0.037	0.041	0.044	0.056	0.063	0.067	0.070	0.072
4.4	0.023	0.027	0.031	0.034	0.038	0.041	0.053	0.060	0.064	0.066	0.069
4.6	0.021	0.025	0.028	0.032	0.035	0.038	0.049	0.056	0.061	0.063	0.066
4.8	0.019	0.023	0.026	0.029	0.032	0.035	0.046	0.053	0.058	0.0620	0.064
5.0	0.018	0.021	0.024	0.027	0.030	0.033	0.044	0.050	0.055	0.057	0.061

对于矩形面积均布荷载角点下土中任意深度 M 处附加应力的计算，可应用角点下土中附加应力计算公式以及应力叠加原理求得，这种方法可计算角点下土中任意点 M 处附加应力，称为角点法。下面根据地基中任意点 M 的不同位置列出以下四种情况，说明角点法的具体应用：

（1）当 M 点作用在矩形均布荷载面以内时，如图 3-13(a) 所示。

$$\sigma_{zM}=p_0(\alpha_{c\,\mathrm{I}}+\alpha_{c\,\mathrm{II}}+\alpha_{c\,\mathrm{III}}+\alpha_{c\,\mathrm{IV}})$$

式中　p_0——基础底面处的平均附加压力（kPa）；

$\alpha_{c\,\mathrm{I}}$、$\alpha_{c\,\mathrm{II}}$、$\alpha_{c\,\mathrm{III}}$、$\alpha_{c\,\mathrm{IV}}$——分别为小矩形荷载面Ⅰ、Ⅱ、Ⅲ、Ⅳ的角点下附加应力系数，分别根据 a_i/b_i、z_i/b_i（a_i、b_i 为每个小矩形的长边和短边）由表 3-2 查得。

（2）当 M 点作用在矩形荷载面某一边缘上时，如图 3-13(b) 所示。

$$\sigma_{zM}=p_0(\alpha_{c\,\mathrm{I}}+\alpha_{c\,\mathrm{II}})$$

（3）当 M 点作用在矩形荷载面以外时，如图 3-13(c) 所示。

$$\sigma_{zM}=p_0(\alpha_{Mfbg}-\alpha_{Mfah}+\alpha_{Mgce}-\alpha_{Mhde})$$

（4）当 M 点作用在矩形荷载角点外侧时，如图 3-13(d) 所示。

$$\sigma_{zM}=p_0(\alpha_{Mhce}-\alpha_{Mhbf}-\alpha_{Mgde}+\alpha_{Mgaf})$$

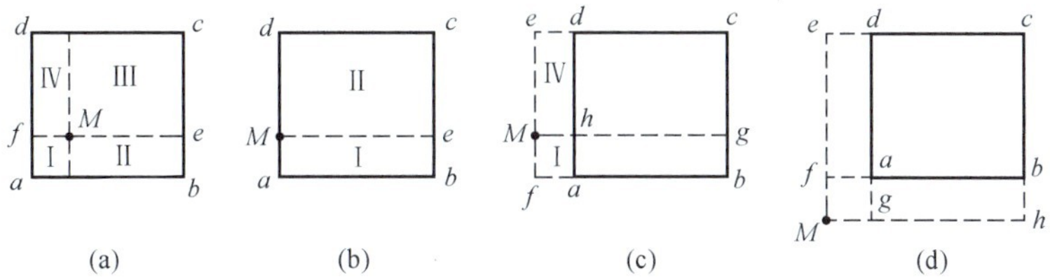

图 3-13　角点法的应用

（a）荷载面以内点；（b）荷载面边缘点；（c）荷载面以外点；

（d）荷载面角点外侧

2. 矩形均布荷载中心点下任意深度处竖向附加应力

根据土中附加应力分布规律可知，在基底任意深度同一水平面上，一般是基础中心线上的竖向附加应力数值最大，相应的引起的地基变形也较大。因此，基础最终沉降量计算，一般是指基础中心点下的沉降量。基础中心点下的附加应力 σ_{zo} 可应用角点法求得。为此，首先须将矩形荷载面（即矩形基底）划分为四块相等的小矩形面积，使 M 点成为这四块小矩形面积的公共角点，如图 3-14 所示，这时基础中心 o 点以下 z 深度处的附加应力 σ_{zo} 计算公式为：

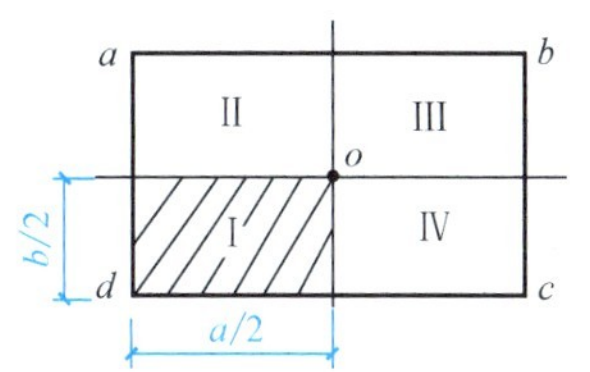

图 3-14　矩形均布荷载中心点下附加应力

$$\sigma_{zo}=4\alpha_{cI}\cdot p_0 \tag{3-14}$$

【例 3-3】 某墩台基础底面尺寸为 5m×10m，基础埋深 3m，地基土的重度 γ=18.4kN/m^3，作用基底上的轴向力 N=12760kN（仅考虑恒荷载作用，并包含了基础自重和水的浮力）。试求基础中心点下深度 z=0m、1m、2m、3m、4m、5m 处的附加应力，并画出应力分布图形（图 3-15）。

【解】（1）求基底压力

$$p=\frac{N}{A}=\frac{12760}{5\times10}=255.2\text{kPa}$$

（2）基底附加压力

$$p_0=p-\gamma d=255.2-18.4\times3=200\text{kPa}$$

（3）计算基础中心点下的附加应力

应用角点法将基础底面（即矩形荷载面）划分为四块小面积，使基底中心点成为四块小面积的公共角点；先求出其中一小块荷载面在基底中心点下深度 z=0m、1m、2m、3m、4m、5m 处所产生的附加应力，然后再乘以 4，即 $\sigma_z=4\cdot\alpha_{c1}\cdot p_0$，具体计算结果列于表 3-3 中。

例 3-3 计算结果　　表 3-3

点	a/b	基础中心点下深度 z（m）	z/b	α_c	$\sigma_z=4\alpha_c p_0$（kPa）
0		0	0	0.250	200
1		1	0.4	0.244	195.2
2	$\frac{5}{2.5}=2$	2	0.8	0.218	174.4
3		3	1.2	0.182	145.6
4		4	1.6	0.148	118.4
5		5	2.0	0.120	96

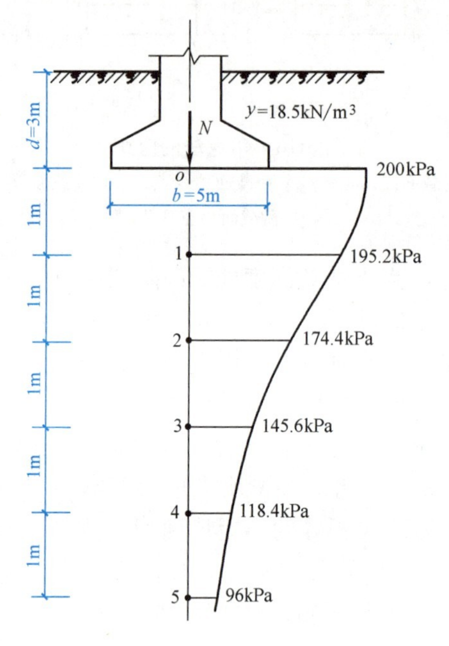

图 3-15　例 3-3 附图

3.3.3　矩形面积三角形荷载压力为零角点下附加应力

当矩形面积上作用三角形分布荷载 $p(x)=p\dfrac{x}{b}$，即荷载在宽度为 b 的边长上呈三角形分布，而沿另一边 a 的荷载分布不变，如图 3-16 所示。试求通过矩形面积角点 o（荷载值为零边的角点）轴线上地基任意深度 z 处的竖向附加应力 σ_{zo}。具体方法：取荷载值为零边的角点 o 为坐标原点，在荷载面内某点（x、y）处取

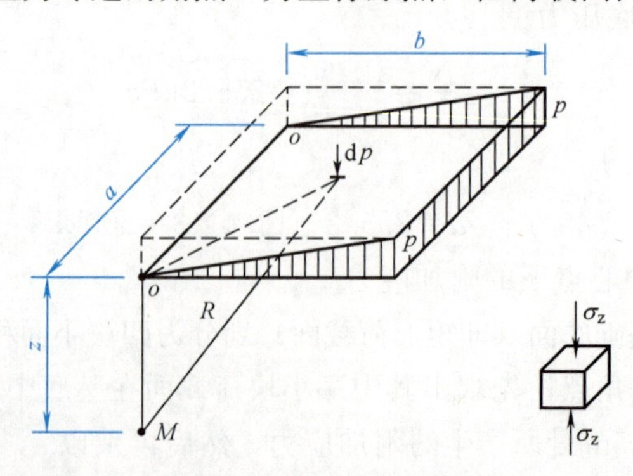

图 3-16　求三角形分布荷载压力为零角点 o 下附加应力

无穷小受荷面积 $dA=dx\cdot dy$，并以集中力 $dp=p_0\cdot\frac{x}{b}dx\cdot dy$ 代替这个微分面积上的分布荷载。然后应用式（3-11）以积分法求得由于该集中力 dp 的作用，在角点 o 下任意深度 z 处 M 点所引起的竖向附加应力，再对整个矩形面积积分，即

$$\sigma_{zo}=\frac{3dpz^3}{2\pi b}\int_0^a\int_0^b\frac{x\cdot dx\cdot dy}{(x^2+y^2+z^2)^{5/2}}$$

若令 $m=a/b$，$n=z/b$，则得

$$\sigma_{zo}=\alpha_{to}\cdot p_0 \tag{3-15}$$

式中

$$\alpha_{to}=\frac{mn^3}{2\pi}\left[\frac{1}{n^2\sqrt{m^2+n^2}}-\frac{1}{(1+n^2)\sqrt{1+m^2+n^2}}\right]$$

α_{to} 可由表 3-4 查得。

矩形面积三角形分布荷载角点下附加应力系数 α_{to}　　表 3-4

z/b	a/b						
	0.2	0.4	0.6	0.8	1.0	1.2	1.4
0.0	0.000	0.000	0.000	0.000	0.000	0.000	0.000
0.2	0.022	0.028	0.030	0.030	0.030	0.031	0.031
0.4	0.027	0.042	0.049	0.052	0.053	0.054	0.054
0.6	0.026	0.045	0.056	0.062	0.065	0.067	0.068
0.8	0.023	0.042	0.055	0.064	0.069	0.072	0.074
1.0	0.020	0.038	0.051	0.060	0.067	0.071	0.074
1.2	0.017	0.032	0.045	0.055	0.062	0.066	0.070
1.4	0.015	0.028	0.039	0.048	0.055	0.061	0.064
1.6	0.012	0.024	0.034	0.042	0.049	0.055	0.059
1.8	0.011	0.020	0.029	0.037	0.044	0.049	0.053
2.0	0.009	0.018	0.026	0.032	0.038	0.043	0.047
2.5	0.006	0.013	0.018	0.024	0.028	0.033	0.036
3.0	0.005	0.009	0.014	0.018	0.021	0.025	0.028
5.0	0.002	0.004	0.005	0.007	0.009	0.010	0.012
7.0	0.001	0.002	0.003	0.004	0.005	0.006	0.006
10.0	0.001	0.001	0.001	0.002	0.002	0.003	0.003

z/b	a/b						
	1.6	1.8	2.0	3.0	4.0	6.0	8.0
0.0	0.000	0.000	0.250	0.250	0.250	0.250	0.250
0.2	0.031	0.031	0.031	0.031	0.031	0.031	0.031
0.4	0.055	0.055	0.055	0.055	0.055	0.055	0.055
0.6	0.069	0.069	0.070	0.070	0.070	0.070	0.070
0.8	0.075	0.076	0.076	0.077	0.078	0.078	0.078
1.0	0.075	0.077	0.077	0.079	0.079	0.080	0.080
1.2	0.072	0.074	0.075	0.077	0.078	0.078	0.078
1.4	0.067	0.069	0.071	0.074	0.075	0.075	0.075
1.6	0.062	0.064	0.066	0.070	0.071	0.071	0.072
1.8	0.056	0.059	0.060	0.065	0.067	0.067	0.068
2.0	0.051	0.053	0.055	0.061	0.062	0.063	0.064
2.5	0.039	0.042	0.044	0.050	0.053	0.054	0.055
3.0	0.031	0.033	0.035	0.042	0.045	0.047	0.047
5.0	0.014	0.015	0.016	0.021	0.025	0.028	0.030
7.0	0.007	0.008	0.009	0.012	0.015	0.019	0.020
10.0	0.004	0.004	0.005	0.007	0.008	0.011	0.013

3.3.4 条形荷载作用下土中附加应力

条形荷载是指承载面积宽度为 b，长度为无限延长的均布荷载，其值沿长度方向不变。在实际工程应用中，当矩形荷载面的长宽比 $a/b \geqslant 10$ 时，如土坝、路基、挡土墙基础等均视为条形荷载，并按平面问题计算地基中竖向附加应力。

1. 均匀线荷载

在无限延长的地基表面作用均匀线荷载时，如图 3-17(a) 所示，要计算地基中任意点 M 的竖向附加应力，可用集中力 $\mathrm{d}p = p_0 \cdot \mathrm{d}y$ 代替 y 轴上某微分长度上的均布荷载，然后可利用式（3-10）求得由集中力 $\mathrm{d}p$ 在地基中 M 点处引起的附加应力，即

$$\mathrm{d}\sigma_z = \frac{3z^3 \cdot p_0}{2\pi R^5}\mathrm{d}y$$

则

$$\sigma_z = \int_{-\infty}^{+\infty} \frac{3z^3 \cdot p_0 \mathrm{d}y}{2\pi(x^2 + y^2 + z^2)^{5/2}} \tag{3-16}$$

2. 均布竖向条形荷载

条形基础在条形均布荷载 p_0 作用下，可取宽度 b 的中点作为坐标原点，如图 3-17(b) 所示，则地基中任意点 M 处的竖向附加应力 σ_z 可由式（3-16）进行积分求得：

$$\sigma_z = \frac{p_0}{2\pi}\left[\arctan\frac{m}{n} + \frac{mn}{m^2+n^2} - \arctan\frac{m-1}{n} - \frac{n(m-1)}{n^2+(m-1)^2}\right] = \alpha_{sz} \cdot p_0 \tag{3-17}$$

令 $m = \dfrac{x}{b}$，$n = \dfrac{z}{b}$

式中 α_{sz}——条形均布竖向荷载作用下附加应力系数，它是 x/b 和 z/b 的函数，由表 3-5 查得。

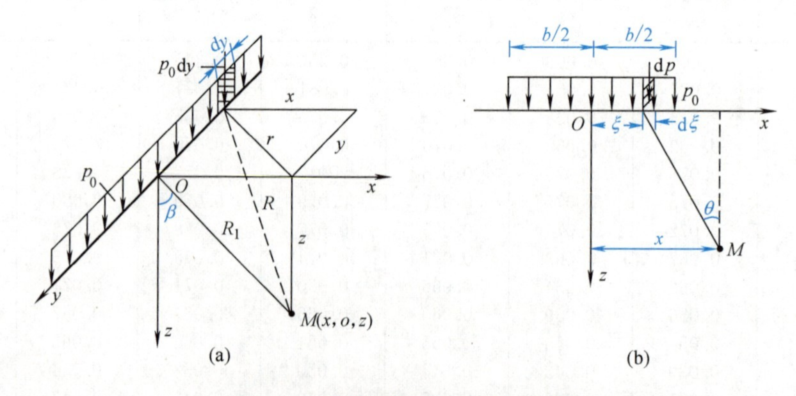

图 3-17 地基附加应力的平面问题

(a) 均匀线荷载作用下；(b) 均布竖向条形荷载作用下

条形均布荷载作用下土中任意点竖向附加应力系数 α_{sz} 表 3-5

z/b	x/b					
	0.00	0.25	0.50	1.00	1.50	2.00
0.00	1.00	1.00	0.50	0	0	0
0.25	0.96	0.90	0.50	0.02	0.00	0
0.50	0.82	0.74	0.48	0.08	0.02	0
0.75	0.67	0.61	0.45	0.15	0.04	0.02
1.00	0.55	0.51	0.41	0.19	0.07	0.03
1.25	0.46	0.44	0.37	0.20	0.10	0.04
1.50	0.40	0.38	0.33	0.21	0.11	0.06
1.75	0.35	0.34	0.30	0.21	0.13	0.07
2.00	0.31	0.31	0.28	0.20	0.14	0.08
3.00	0.21	0.21	0.20	0.17	0.13	0.10
4.00	0.16	0.16	0.15	0.14	0.12	0.10
5.00	0.13	0.13	0.12	0.12	0.11	0.09
6.00	0.11	0.10	0.10	0.10	0.10	—

3. 三角形分布荷载

图 3-18 为条形基础作用三角形分布的竖向荷载，其荷载最大值为 p_t，将坐标原点取在零荷载处并以荷载增大方向为 x 正向，通过对式（3-16）积分可求得：

$$\sigma_z=\frac{p_t}{\pi}\left\{m\left[\arctan\left(\frac{m}{n}\right)-\arctan\left(\frac{m-n}{n}\right)\right]-\frac{(m-1)m}{(m-1)^2+n^2}\right\}=\alpha_t p_t \quad (3\text{-}18)$$

令 $m=\frac{x}{b}$、$n=\frac{z}{b}$

式中，α_t 为条形基础作用三角形分布的竖向荷载时附加应力系数，可根据 $\frac{x}{b}$ 和 $\frac{z}{b}$ 值由表 3-6 查得。

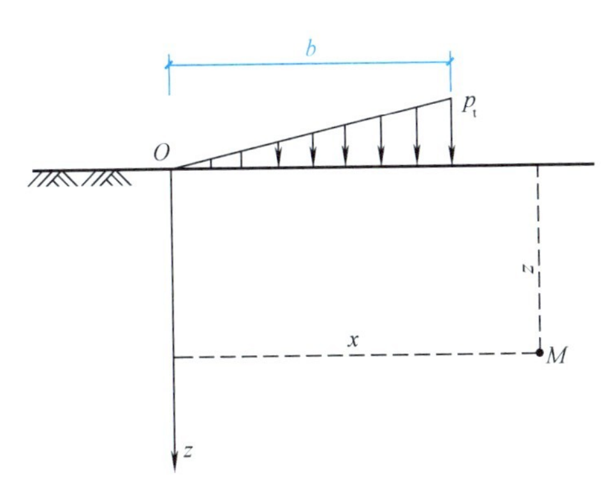

图 3-18 条形基础作用三角形分布的竖向荷载

4. 梯形分布荷载

梯形分布荷载可视为由条形均布荷载和三角形分布荷载两部分组成。对于土中任意点的附加应力可根据叠加原理按式（3-17）和式（3-18）计算再叠加即可。

三角形分布条形荷载作用下土中任意点竖向附加应力系数 α_t　　表 3-6

z/b	x/b									
	−1.0	0.5	0	0.25	0.5	0.75	1.00	1.5	2.0	2.5
0	0	0	0	0.25	0.500	0.750	0.500	0	0	0
0.25	—	0.001	0.075	0.256	0.480	0.643	0.424	0.015	0.003	—
0.5	0.003	0.023	0.127	0.263	0.410	0.477	0.353	0.056	0.017	0.003
0.75	0.016	0.042	0.153	0.248	0.335	0.361	0.293	0.108	0.024	0.009
1.0	0.025	0.061	0.159	0.223	0.275	0.279	0.241	0.129	0.045	0.013
1.5	0.048	0.096	0.145	0.178	0.200	0.202	0.185	0.124	0.062	0.041
2.0	0.061	0.092	0.127	0.146	0.155	0.163	0.153	0.108	0.069	0.050
3.0	0.064	0.080	0.096	0.103	0.104	0.108	0.104	0.090	0.071	0.050
4.0	0.060	0.067	0.075	0.078	0.085	0.082	0.075	0.073	0.060	0.049
5.0	0.052	0.057	0.059	0.062	0.063	0.063	0.065	0.061	0.051	0.047
6.0	0.041	0.050	0.051	0.052	0.053	0.053	0.053	0.050	0.050	0.045

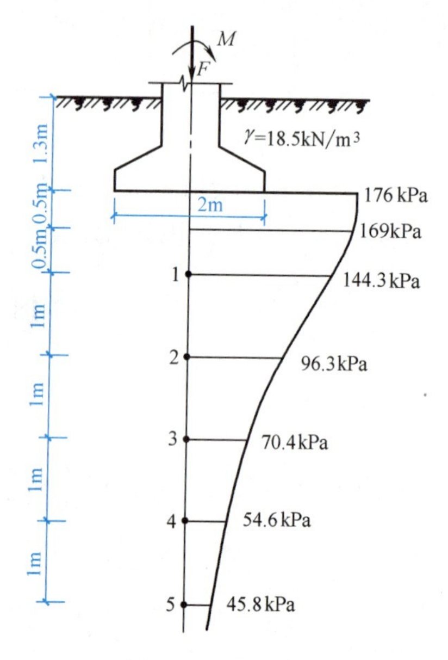

图 3-19　例 3-4 图

【例 3-4】 某条形基础如图 3-19 所示，基础埋深 $d=1.3$m，其上作用荷载 $F=348$kN，$M=50$kN·m，试求基础中心点下的附加应力。

【解】（1）求基底附加应力

基础及上覆土重 $G=2\times1.3\times20=52$kN

偏心距

$$e=\frac{M}{F+G}=\frac{50}{348+52}=0.125\text{m}$$

基底压力

$$p_{\max}=\frac{N}{b}=\frac{348+52}{2}\left(1+\frac{6\times0.125}{2}\right)=275\text{kPa}$$

$$p_{\min}=\frac{N}{b}=\frac{348+52}{2}\left(1-\frac{6\times0.125}{2}\right)=125\text{kPa}$$

基底附加压力

$$p_{0\max}=275-18.5\times1.3=251\text{kPa}$$

$$p_{0\min}=125-18.5\times1.3=101\text{kPa}$$

（2）求基础中心点下的附加压力

将梯形分布的基底附加压力视为由均布荷载和三角形分布荷载两部分组成，其中均布荷载 $p_0=101$kPa；三角形分布荷载 $p_t=150$kPa。试分别计算 $z=0$m、0.5m、1m、2m、3m、4m、5m 处的附加应力，将计算结果列于表 3-7 中。

基础中心点下的附加压力值　　表 3-7

点号	深度 (m)	$\frac{z}{b}$	均布荷载 $p_0=101$kPa			三角形荷载 $p_{0t}=150$kPa			$\sigma=\sigma'_s+\sigma''_z$ (kPa)
			$\frac{x}{b}$	α_{sz}	σ'_z	$\frac{x}{b}$	α_t	σ''_z	
0	0	0	0	1.00	101	0.5	0.500	75.0	176.0
1	0.5	0.25	0	0.96	97.0	0.5	0.480	72.0	169.0
2	1.0	0.5	0	0.82	82.8	0.5	0.410	61.5	144.3

续表

点号	深度(m)	$\frac{z}{b}$	均布荷载 $p_0=101$kPa			三角形荷载 $p_{0t}=150$kPa			$\sigma=\sigma_z'+\sigma_z''$ (kPa)
			$\frac{x}{b}$	α_{sz}	σ_z'	$\frac{x}{b}$	α_t	σ_z''	
3	2.0	1.0	0	0.55	55.0	0.5	0.275	41.3	96.3
4	3.0	1.5	0	0.40	40.4	0.5	0.200	30.0	70.4
5	4.0	2.0	0	0.31	31.3	0.5	0.155	23.3	54.6
6	5.0	2.5	0	0.26	26.3	0.5	0.130	19.5	45.8

注：本题如果利用对称性和叠加原理，取平均附加压力$\overline{p}=176$kPa进行计算，将会得到相同的计算结果，而且计算更简便。

【例3-5】某路堤截面尺寸如图3-20所示，已知填土的重度$\gamma=18\text{kN/m}^3$，顶宽$b=10$m，底宽为30m，路堤高$h=8$m。试求图3-20中m、n两点$z=15$m处的附加应力。

【解】（1）m点的附加应力

由于该点位于路堤的底面，其应力等于该点上路基填土的自重压力，即$\sigma_z=\gamma h=18\times8=144$kPa

（2）n点应力

由于路堤荷载为梯形，故可视为由均布荷载$p=144$kPa与其左右作用两个最大荷载分布集度$p=144$kPa的三角形荷载三部分组成。

1）均布荷载作用下

$\frac{z}{b}=\frac{15}{10}=1.5$，$\frac{x}{b}=0$，查表3-5得$\alpha_{sz}=0.4$

则　$\sigma_{z1}=\alpha_{sz}\cdot\sigma_z=0.4\times144=57.6$kPa

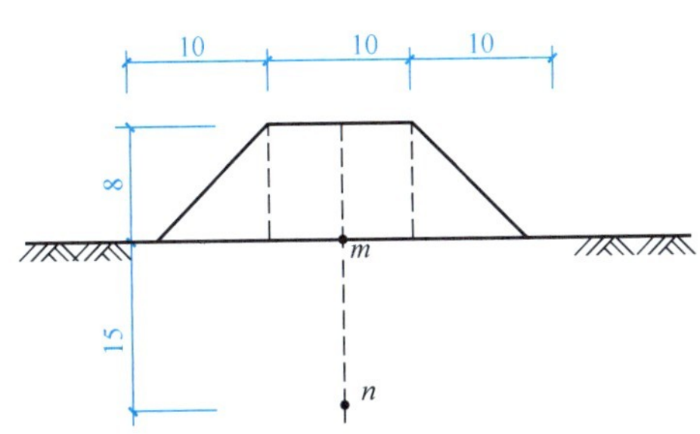

图3-20　例3-5附图（单位：m）

2）三角形荷载作用下

由于n点位于梯形荷载中心点下，所以两侧对称三角形荷载对n点所产生的附加应力相等。

由$\frac{z}{b}=\frac{15}{10}=1.5$，$\frac{x}{b}=\frac{15}{10}=1.5$　查表3-6得$\alpha_t=0.124$

$$\sigma_{z2}=\sigma_{z3}=\alpha_t\cdot p=0.124\times144=17.86\text{kPa}$$

将上面三部分计算结果叠加可得n点的附加应力，即

$$\sigma_z=57.6+2\times17.86=93.32\text{kPa}$$

思考题与习题

1. 什么是土的自重应力和附加应力？两者的性质及沿深度分布有何区别？

2. 地下水位变化对自重应力和附加应力有何影响？

3. 对水下土层计算自重应力时如何采用它的重度？为什么？

4. 基底压力分布与哪些因素有关？轴压基础和偏压基础在实际计算中采用怎样的分布图形及简化计算方法？

5. 基底压力和基底附加压力两者在概念及计算上有何不同？

6. 什么是角点法？如何应用角点法计算基底下任意点土中附加应力？

7. 如图 3-21 所示的地质资料，试计算地基自重应力并绘制沿深度的应力分布曲线。

8. 某桥墩基础如图 3-22 所示，在设计地面标高处作用有偏心荷载 3980kN，偏心距 0.5m，基础埋深为 2.5m，地基第一层为 2.5m 厚黏土，重度γ=18kN/m^3；第二层为 6m 厚的中砂层，重度γ=20kN/m^3，基础底面尺寸为 8m×4m。试求（1）基底边缘最大压力 p_{max}、最小压力 p_{min}和平均压力$\bar{p}$，并绘出沿偏心方向的基底压力分布图形；（2）基底附加应力。

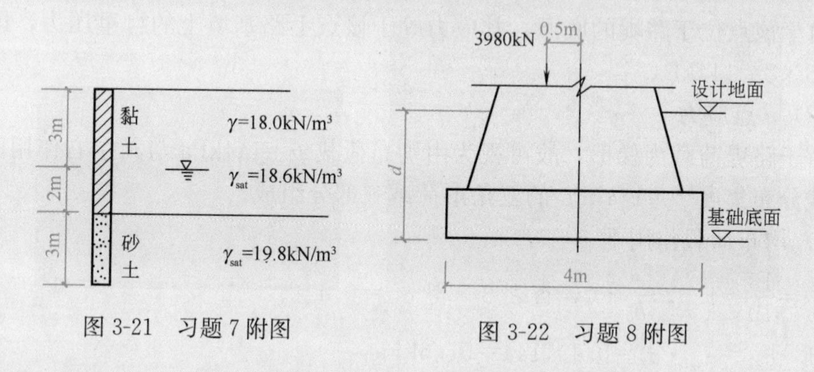

图 3-21　习题 7 附图　　图 3-22　习题 8 附图

9. 矩形面积梯形均布荷载如图 3-23 所示，已知矩形基础底面积尺寸为 4m×6m，作用基底中心的荷载 N=3200kN，M=1800kN·m，试求：（1）基底边缘压力最大压力 p_{max}、最小压力 p_{mix}；（2）求基础中心点下深度 z=4m 处 M 点的附加应力。

10. 已知方形基础底面积尺寸为 4m×4m，承受荷载 F=2270kN，基础埋深 d=2.5m，地基土的重度 γ=18kN/m^3。试求：（1）基底压力及基础中心点下深度 z=0m、2m、4m、6m 处各点的附加应力（图 3-24），并绘出应力图形；（2）应用角点法求矩形荷载面以外、深度z=6m处 M 点的附加应力。

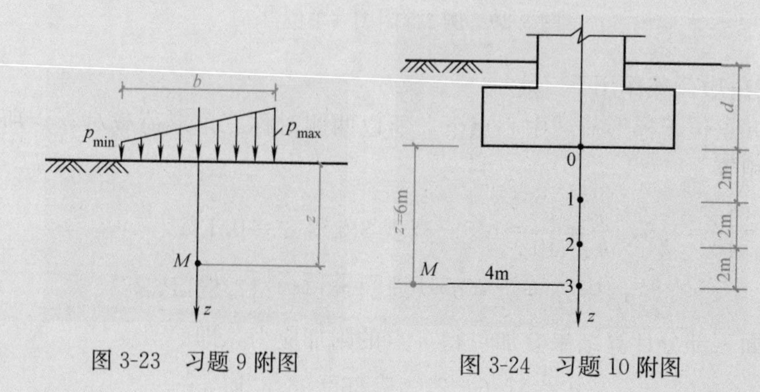

图 3-23　习题 9 附图　　图 3-24　习题 10 附图

11. 如图3-25所示作用均布条形荷载，已知条形基础宽度 $b=3m$，地基土的重度 $\gamma=18.5kN/m^3$，试求 M 点 $z=2m$ 处的附加应力。

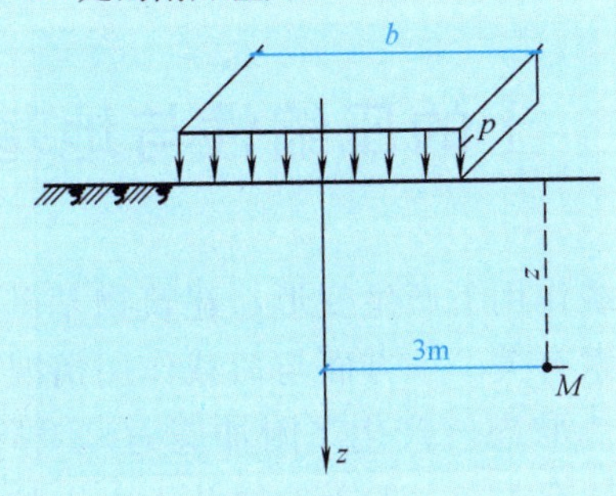

图3-25　习题11附图

教学单元 4　土的压缩性与地基变形计算

地基土在建筑物的荷载作用下产生变形，建筑物基础也随之沉降。土体的变形或沉降主要与两方面因素有关。一方面与荷载作用情况有关，由于外荷载的作用，改变了地基原有的应力状态（产生了附加应力），导致地基土体变形。另一方面是与地基土的变形特性有关，一般天然地基土由土粒、水和空气三相物质组成，具有一定的散粒性和压缩性，因而地基承受基础传来的压力后，会产生压密变形，建筑物将随之产生一定的沉降。地基的沉降可分为均匀沉降与不均匀沉降。均匀沉降一般对路桥工程的上部结构危害较小，但过量的均匀沉降也会导致路面标高降低、桥下净空的减少而影响正常使用；不均匀沉降则会导致建筑物某些部位开裂、倾斜，甚至倒塌。在地基基础设计中，要求地基土的变形量不超过允许值。

本教学单元重点介绍土的压缩变形特性以及压缩性指标的测试与计算；用分层总和法和规范法计算地基沉降量。

4.1　土的压缩性

4.1.1　土的压缩性概念

土的压缩性是土力学基本性质之一，它是指在外荷载作用下，土体产生体积压缩的性质，也可以说是反映土中应力变化与其变形之间关系的一种工程性质。土体的压缩性就是土体在压力作用下体积缩小的性质。由于地基土是三相体（当然完全饱和土是二相体），因此土体受力压实后，其压缩变形包括：①由于土粒及孔隙水和空气本身的压缩变形，试验研究表明，在一般压力（100～600kPa）作用下，这种压缩变形占总压缩量的比例甚微，可忽略不计；②土中部分孔隙水和空气被挤出，使土粒产生相对位移，重新排列压密。同时还可能有部分封闭气体被压缩或溶解于孔隙水中，使孔隙体积减小，从而导致土的结构产生变形，因此这是引起土体压缩的主要原因。将产生的变形视为残余变形，而前者可视为弹性变形。需要指出，土的压缩变形需要一定的时间才能完成，对于无黏性土，压缩过程所需的时间较短；而对于饱和黏性土，由于透水性小，水被挤出的较慢，压缩过程所需要的时间相当长，可能需几年甚至几十年才能达到压缩稳定。因此，将土体在压力作用下，其压缩量随时间增长的过程，称为土的固结。

4.1.2　土的压缩性指标

1. 压缩试验与压缩曲线

既然土体的压缩是孔隙体积减小的结果，由孔隙比的定义公式 $e=\frac{V_v}{V_s}$ 可知，当土粒体积保持不变时，孔隙体积 V_v 的变化完全可用孔隙比 e 的变化来表示。因此，可以将土的压缩变形过程视为土的孔隙比 e 随着压力 p 的增加而逐渐减小的过程。则孔隙比 e 与压力 p 二者之间的关系曲线可由侧限压缩试验确定，试验过程见 4.4 节。

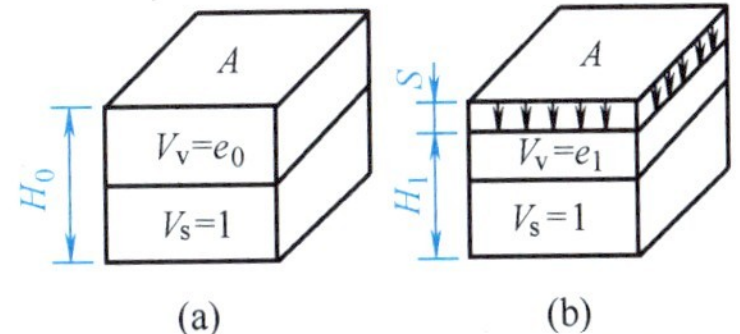

图 4-1　侧限压缩土样孔隙比变化

设原状土样受压前的初始高度为 H_0，土粒体积 $V_s=1$，孔隙体积 $V_v=e_0$，受压后的土样高度为 $H_1=H_0-S$，土粒体积不变 $V_s=1$，孔隙体积 $V_v=e_1$（图 4-1），由于试验过程中土粒体积 V_s 不变以及在侧限条件下试验使得土样的横截面积 A 也不变，则有：

受压前体积为　　　　$1+e_0=H_0A$

受压后土样体积为　　$1+e_1=H_1A$

由于两式土样横截面积 A 相等，即

$$\frac{1+e_0}{H_0}=\frac{1+e_1}{H_1} \tag{4-1}$$

将 $H_1=H_0-S$ 代入式（4-1）得：

$$e_1=e_0-\frac{S}{H_0}(1+e_0)$$

$$e_0=\frac{G_s\rho_w(1+w_0)}{\rho_0}-1 \tag{4-2}$$

式中　e_0——土样初始孔隙比；

G_s——土粒相对密度；

ρ_w——水的密度（g/cm^3）；

ρ_0——土样的初始密度（g/cm^3）；

w_0——土样的初始含水量，以小数计算；

H_0——试样初始度高度（cm）；

S——某级压力下试样高度变化量（cm）。

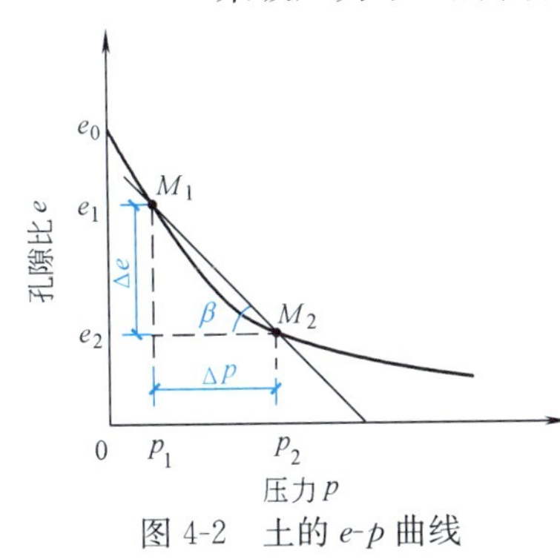

图 4-2　土的 e-p 曲线

利用式（4-2）算出各级压力作用下相应的孔隙比 e，然后以孔隙比 e 为纵坐标，以压力 p 为横坐标，根据试验结果绘出土的 e-p 曲线，如图 4-2 所示。压缩曲线的形状可以反映土的压缩性高低，若曲线平缓，表示土的压缩性低，若曲线较陡，表示土的压缩性高。

2. 压缩系数

压缩曲线反映了土的压缩变形过程和土的压缩性质，同时也反映了土的孔隙比 e 随压力的增大而减小的变化规律。当压力变化范围不大时，对应的曲线 M_1M_2 段可近似地用直线代替，如图中 M_1M_2。当压力由 p_1 增至 p_2 时，相应的孔隙比由 e_1 减小到 e_2，则压缩系数 a 近似地取压缩曲线上 $\overline{M_1M_2}$ 割线的斜率，即

$$a=\frac{\Delta e}{\Delta p}=\frac{e_1-e_2}{p_2-p_1} \tag{4-3}$$

式中 p_1——加压前试样压缩稳定的压力，一般为地基中竖向自重应力（kPa）；

p_2——加压后试样所受的压力，一般为地基自重应力与附加应力之和（kPa）；

e_1、e_2——分别为加压前后在压力 p_1 和 p_2 共同作用下压缩稳定时的孔隙比。

式（4-3）表示孔隙比随压力的增加而减小的规律。

严格地说，压缩系数 a 不是常数，在低应力状态下土的压缩性高，随着压力的增加，土体逐渐被压密，压缩性降低。工程实用上常以 $p=100\sim200\text{kPa}$ 时的压缩系数 a_{1-2} 作为评价土层压缩性的标准。为衡量不同土的压缩性高低，按 a_{1-2} 值的大小，通常将土的压缩性分为三级：

高压缩性土　　$a_{1-2}\geqslant0.5\text{MPa}^{-1}$

中压缩性土　　$0.1\text{MPa}^{-1}\leqslant a_{1-2}<0.5\text{MPa}^{-1}$

低压缩性土　　$a_{1-2}<0.1\text{MPa}^{-1}$

3. 压缩模量

压缩模量 E_s 是土在完全侧限条件下，竖向压力增量 Δp 与相应的应变增量 $\Delta\varepsilon$ 的比值。它与压缩系数一样都是评价地基土压缩性高低的重要指标，土的压缩模量不仅反映土的弹性变形，而且还同时反映了土的残余变形，其值也是随压力而变化的。压力增量 $\Delta p=p_2-p_1$；压应变增量 $\Delta\varepsilon$ 可通过土体积的变化表示。设土体的受压面积不变，在压力 p_1 作用下的体积为 $1+e_1$；在压力 p_2 作用下的体积为 $1+e_2$，则压应变增量为：

$$\Delta\varepsilon=\frac{(1+e_1)-(1+e_2)}{1+e_1}=\frac{e_1-e_2}{1+e_1} \tag{4-4}$$

按压缩模量的定义可写成：

$$E_s=\frac{\Delta p}{\Delta\varepsilon}=\frac{(p_2-p_1)(1+e_1)}{e_1-e_2} \tag{4-5}$$

将式（4-3）代入式（4-5）得：

$$E_s=\frac{1+e_1}{a} \tag{4-6}$$

压缩模量与压缩系数一样，同一种土的压缩模量也不是常数，而是随 p_1 与 p_2 的取值范围变化，与 a_{1-2} 相对应的压缩模量可用 E_{s1-2} 表示。E_s 反映土体在无侧向膨胀条件下抵抗压缩变形的能力，所以 E_s 值越大，土的压缩性越低，相反则土的压缩性越高。实用上常用于估算地基的沉降量，并根据压缩模量的数值大小将地基土分为三个等级：

当 $E_s<4\text{MPa}$，为高压缩性土；

当 $4\text{MPa}\leqslant E_s<15\text{MPa}$，为中压缩性土；

当 $E_s \geqslant 15\text{MPa}$，为低压缩性土。

这里需指出，土的压缩模量一般用于不考虑侧向变形的地基沉降计算中。

4. 土的弹性变形和残余变形

当压缩试验加压过程完成后，还可逐级卸荷，观察土样的回弹变形或体积膨胀，即恢复变形的情况。根据其试验结果可以绘出土样的回弹曲线或膨胀曲线，如图 4-3 所示。试验证明土样不能恢复到原来状态，这说明土体不是理想弹性体，其中回弹的一部分变形称为土的弹性变形——主要是由于土粒、水膜和封闭气体产生的压缩变形可以恢复。但土体中大部分变形不能恢复——主要是由于土被压密后的孔隙体积减小以及相应的孔隙中水和空气被挤出使土粒重新排列所致，这部分变形称为残余变形。

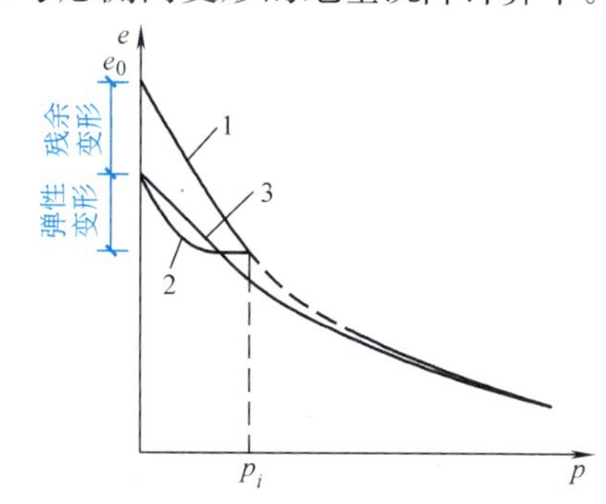

图 4-3　土的回弹曲线

1—压缩曲线；2—回弹曲线；3—再压缩曲线

这里应当指出，土体一旦经过一次压缩和回弹过程后，土的孔隙比将明显减小。如果再次加载，所得到的再压曲线比第一次压缩曲线平缓得多，这意味着土的压缩性已显著降低。这样可利用土的这种特性，对原来压缩性较大的地基进行加载预压，从而可以减小基础沉降量。

5. 变形模量

土的变形模量是指在单轴受压且无侧限条件下土体竖向应力增量 $\Delta\sigma_z$ 与相应压应变增量 $\Delta\varepsilon$ 之比，以符号 E_0 表示。虽然变形模量在物理意义上与材料力学的弹性模量相同，但由于土的总应变中既有弹性应变，又有部分不可恢复的塑性应变，因此在土力学中称为变形模量，即 $E_0=\frac{\Delta\sigma_z}{\Delta\varepsilon}$。$E_0$ 与试验条件，特别是排水条件有关，对于不同的排水条件 E_0 数值不同。

土的变形模量 E_0 多根据现场载荷试验结果求得，即根据 p-s 曲线上的直线或接近于直线段的任选一段压力 p 和它对应的沉降 s，按弹性理论公式求得：

$$E_0=w(1-\mu^2)\frac{pb}{s} \tag{4-7}$$

式中　w——沉降影响系数，方形承压板 $w=0.88$；圆形承压板 $w=0.79$；

b——承压板的边长或直径（m）；

p——作用在承压板上的总荷载，可取直线段内荷载值，一般取比例界限荷载 p_{cr}（kPa）；

μ——土的泊松比，一般变化范围为 0～0.5。

变形模量与压缩模量在理论上的换算关系为：

$$E_0=\left(1-\frac{2\mu}{1-\mu}\right)E_s=\beta\cdot E_s \tag{4-8}$$

这里需要指出，式（4-8）仅是 E_0 与 E_s 之间的理论关系，实际上由于现场

载荷试验测定 E_0 与室内压缩试验测定 E_s 时，各有一些无法考虑的因素，如压缩试验中土样易受较大扰动、载荷试验与压缩试验的加荷速度、μ 值的不精确性等，使得式（4-8）不能准确反映二者实际关系。一般情况下，土越软，E_0 与 E_s 值较接近；土越坚硬，E_0 与 E_s 值相差较大。

4.2 地基最终沉降量计算

地基最终沉降量是指地基在建筑物荷载作用下压缩变形达到完全稳定时地基表面的沉降量。计算地基最终沉降量的目的是确定建筑物最大沉降值（沉降量、沉降差、倾斜），并将其控制在建筑物所允许的范围内，以保证建筑物的安全和正常使用。计算地基最终沉降量的方法有分层总和法和地基规范法。

4.2.1 分层总和法计算地基沉降量

所谓普通的分层总和法是假定地基土为线弹性体将地基沉降量计算深度（即压缩层）范围内的土层划分为若干个薄层，分别计算每个薄层的压缩变形值，然后将各分层土的变形值叠加起来的方法，即称为分层总和法。

1. 基本假定

（1）地基土是均质、各向同性的半无限直线变形体，因而可按弹性理论计算土中的附加应力。

（2）在压力 p 作用下，地基土不产生侧向变形，因此可采用侧限条件下的压缩性指标进行计算。

（3）取基底中心点下的附加应力为计算依据，即以基底中点下的沉降作为基础的平均沉降。实际上基底下同一深度的附加应力是中心线上最大，中心线两侧其他各点应力均较小，这一点假定使沉降量计算结果比实际值偏大。

（4）对每一薄层土均近似地取层顶和层底界面的应力平均值计算，因地基附加应力沿深度逐渐减小，而自重应力是随深度逐渐增加的，因此每一层面的应力值是变化的。

2. 基本公式

在地基沉降量计算深度范围内取一薄层土，并令为第 i 层，其厚度为 h_i（图 4-4），在附加应力作用下，该土层被压缩了 Δs_i，其应变为 $\Delta\varepsilon=\dfrac{\Delta s_i}{h_i}$。若假定土层不发生侧向膨胀，则与室内压缩试验情况接近，可以根据式（4-4）列出下列等式：

$$\Delta\varepsilon=\frac{\Delta s_i}{h_i}=\frac{e_{1i}-e_{2i}}{1+e_{1i}}$$

故薄层土沉降量为

$$\Delta s_i=\frac{e_{1i}-e_{2i}}{1+e_{1i}}\cdot h_i \tag{4-9}$$

当地基压缩层为 n 层时，根据式（4-9），地基最终沉降量计算公式为：

$$s=\sum_{i=1}^{n}\Delta s_i=\sum_{i=1}^{n}\frac{e_{1i}-e_{2i}}{1+e_{1i}}\cdot h_i \tag{4-10}$$

或引入式（4-5）的压缩模量 E_s，则式（4-10）可写成：

$$s=\sum_{i=1}^{n}\frac{(p_{2i}-p_{1i})}{E_{si}}h_i=\sum_{i=1}^{n}\frac{\bar{\sigma}_{zi}}{E_{si}}\cdot h_i \tag{4-11}$$

式中　n——压缩层内薄土层的层数；

Δs_i——第 i 层土的压缩量（mm）；

$\bar{\sigma}_{zi}$——第 i 层平均的附加应力（kPa）；

e_{1i}——第 i 层土对应于 p_{1i} 作用下的孔隙比；

e_{2i}——第 i 层土对应于 p_{2i} 作用下的孔隙比；

p_{1i}——第 i 层土的自重应力平均值（kPa）；

p_{2i}——第 i 层土的自重应力和附加应力的平均值（kPa）；

E_{si}——第 i 层土的压缩模量（kPa）；

h_i——第 i 层土的厚度（m）。

计算地基沉降量时，分层厚度 h_i 越薄，计算值越精确，故取土的分层厚度为 0.4b（b 为基础宽度）。

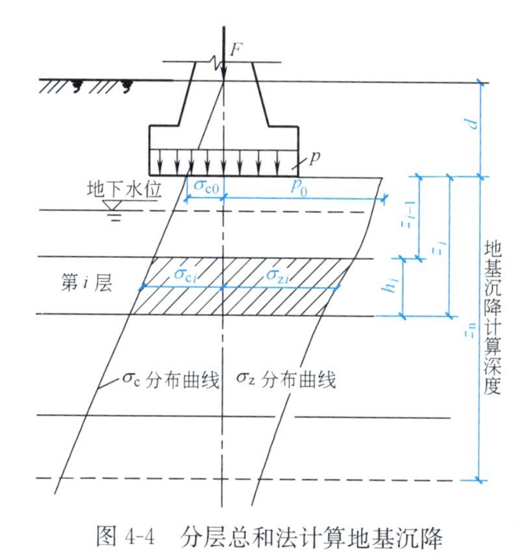

图 4-4　分层总和法计算地基沉降

3. 沉降计算方法及步骤

（1）计算作用于基础底面上的压力 $p=\frac{N}{A}$、自重应力 γd 及基底处附加应力 $p_0=p-\gamma d$，这里 d 应从地面或原河底算起。对于水下的土，γ 均取浮重度 γ'。

（2）初步选择地基沉降计算深度 z_n（即压缩层厚度），然后将计算深度范围内的土层划分若干个薄层，且每分层厚度控制在 $h_i \leqslant 0.4b$（b 为基础宽度）。

（3）计算基底中心点下每薄层界面处的自重应力和附加应力，绘出应力分布图形，并求每薄层土顶面和底面的应力平均值。

（4）确定地基压缩层厚度 z_n，先按初步选择沉降计算深度；计算压缩层下限处的附加应力 σ_{zn} 与自重应力 σ_{cn} 之比，并应满足 $\frac{\sigma_{zn}}{\sigma_{cn}} \leqslant 0.2$（一般土）或 $\leqslant 0.1$（软土）的要求方可最后确定 z_n。如果不满足要求需下一分层计算，直至满足要求。

（5）分别计算每薄层土的沉降量，采用式（4-9）计算，即

$$\Delta s_i=\frac{e_{1i}-e_{2i}}{1+e_{1i}}\cdot h_i \quad 或 \quad \Delta s_i=\frac{\bar{\sigma}_{zi}}{E_{si}}\cdot h_i。$$

(6) 计算地基最终沉降量，即等于各薄层土沉降量之和。采用式 (4-10) 或式 (4-11) 进行计算，即

$$s=\sum_{i=1}^{n}\Delta s_i=\sum_{i=1}^{n}\frac{e_{1i}-e_{2i}}{1+e_{1i}}\cdot h_i \quad 或 \quad s=\sum_{i=1}^{n}\Delta s_i=\sum_{i=1}^{n}\frac{\bar{\sigma}_{zi}}{E_{si}}\cdot h_i$$

在计算地基最终沉降量时，为便于计算可将计算过程及结果列表表示，详见 [例 4-1]。

4.2.2 公路桥涵地基规范法计算地基沉降量

《公路桥涵地基与基础设计规范》JTG 3363—2019 对地基变形计算有下列规定：

(1) 对于外静定体系的桥梁，当其墩台建筑在地质情况复杂、土质均匀承载力较差的地基上，以及相邻跨径差别悬殊必须计算沉降差或跨线桥净高需预先考虑沉降量时均应计算。

(2) 对超静定体系的桥梁应考虑引起附加内力的基础不均匀沉降或位移。

(3) 墩台的沉降 (cm) 不得超过下列规定：

1) 相邻墩台间不均匀沉降差值，不应使桥面形成大于 0.2%的附加纵坡；

2) 外超静定结构桥梁墩台间不均匀沉降差值，还应满足结构的受力要求。

(4) 墩台基础的总沉降量，可按结构重力及土重采用 (单向) 分层总和法计算：

$$s=m_s\sum_{i=1}^{n}\frac{\bar{\sigma}_{zi}}{E_{si}}\cdot h_i \tag{4-12a}$$

或

$$s=m_s\sum_{i=1}^{n}\frac{e_{1i}-e_{2i}}{1+e_{1i}}\cdot h_i \tag{4-12b}$$

式中 s——地基总沉降量 (mm)；

$\bar{\sigma}_{zi}$——第 i 层土顶面与底面附加应力的平均值 (kPa)；

h_i——第 i 层土的厚度 (m)，土的分层厚度不宜大于基础宽度 (短边或直径) 的 0.4 倍；

E_{si}——第 i 层土的压缩模量 (MPa)，即 $E_{si}=\frac{1+e_{1i}}{a_i}$，其中 a_i 为第 i 层土受平均自重应力 p_{1i} 和平均总应力 p_{2i} 时的压缩系数，即

$$a_i=\frac{e_{1i}-e_{2i}}{p_{2i}-p_{1i}}$$

e_{1i}、e_{2i}——分别为第 i 层土对应于平均自重应力 p_{1i} 和平均总应力 p_{2i} 作用下压缩稳定时的孔隙比；

m_s——沉降计算经验系数，按地区建筑经验确定，如缺乏资料时，可参照表 4-1 选用；

n——地基压缩范围内所划分的土层数。

沉降计算经验系数 m_s 表 4-1

E_s(MPa)	$1<E_s\leqslant4$	$4<E_s\leqslant7$	$7<E_s\leqslant15$	$15<E_s\leqslant20$	$E_s>20$
m_s	1.8～1.1	1.1～0.8	0.8～0.4	0.4～0.2	0.2

（5）地基压缩层的计算深度为 z_n 时应满足下式要求：

$$\Delta s'_n \leqslant 0.025 \sum_{i=1}^{n} \Delta s'_i \tag{4-13}$$

式中　$\Delta s'_n$——在计算深度 z_n 处向上取计算层为 1m 厚的压缩量（mm）；

$\sum_{i=1}^{n} \Delta s'_i$——在计算深度 z_n 范围内所有各层土的压缩量总和（mm）。

如果确定的计算深度下面还有较软的土层，尚应继续计算。

【例 4-1】已知：某水中基础及其 e-p 曲线如图 4-5 所示，基础尺寸为 6m×12m，作用于基底中心荷载 $N=18000$kN（只考虑恒载作用，其中包括基础重力和水的浮力），基础埋置深度 $d=3.5$m，地基上层为砂土层，其重度取 $\gamma'=10$kN/m³，下层为密实硬塑状态的黏土层（可视为不透水层），其重度 $\gamma=19$kN/m³。试分别用分层总和法及公路桥涵地基规范法计算基础最终沉降量。

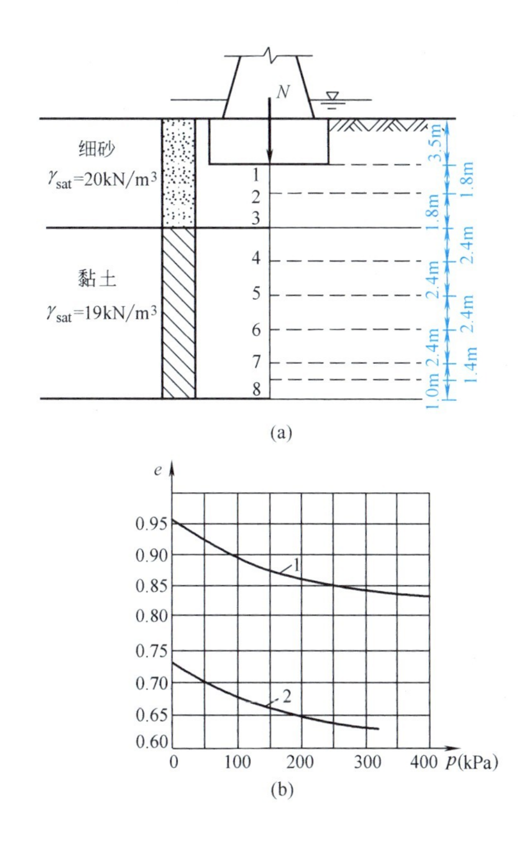

图 4-5　例 4-1 附图

（a）工程地质条件及土层的划分；（b）两层土 e-p 曲线

1—黏土；2—砂质粉土

【解】（1）用分层总和法计算

1）求基底附加压力：

基础底面积　　$A=6\times12=72\text{m}^2$

基底总压力 $p=\frac{N}{A}=\frac{18000}{72}=250\text{kPa}$

基底自重应力 $\sigma_{cz}=\gamma' d=10\times3.5=35\text{kPa}$

基底附加应力 $p_0=p-\gamma' d=250-35=215\text{kPa}=0.215\text{MPa}$

2）地基每分层厚度：$0.4b=0.4\times6=2.4\text{m}$。

基底下第一层土为砂质粉土层，其厚度为 3.6m，可将其平均分为两个薄层，每层厚度 $h_i=1.8\text{m}$，以下硬塑黏土层每薄层均取 $h_i=2.4\text{m}$。

3）分别计算每分层界面处自重应力 σ_{cz} 和附加应力 σ_z，并将计算结果列于表 4-2及表 4-3。

基底中点下自重应力的计算 表 4-2

计算点	1	2	3(上)	3(下)	4	5	6	7	8
σ_{cz}(kPa)	35	53	71	106.3	151.9	197.5	243.1	269.7	288.7

基底中点下附加应力的计算 表 4-3

计算点	a/b	z(m)	z/b	α_c	$\sigma_z=4\times\alpha_c\times p_0$(kPa)
1	6/3=2	0	0	0.25	215
2		1.8	0.6	0.2329	200.3
3		3.6	1.2	0.1818	156.4
4		6	2	0.1202	103.4
5		8.4	2.8	0.0805	69.2
6		10.8	3.6	0.0561	48.3
7		12.2	4.1	0.0456	39.2
8		13.2	4.4	0.0407	35

4）用应力比确定地基沉降计算深度（即压缩层厚度）z_n。

取压缩层下限处的附加应力与自重应力之比 $\frac{\sigma_z}{\sigma_{cz}}=\frac{39.2}{269.7}=0.145<0.2$。

故确定压缩层计算深度 $z_n=2\times1.8+4\times2.4=13.2\text{m}$。

5）计算地基各薄层土的沉降量，其计算结果列于表 4-4 中。

6）计算基础最终沉降量：

$$s=\sum_{i=1}^{n}\frac{e_{1i}-e_{2i}}{1+e_{1i}}\cdot h_i=73.8+46.1+45+26.4+19.2+7+5=222.5\text{mm}$$

（2）用公路桥涵地基规范法计算

1)～3）计算步骤同上。

4）地基沉降计算深度 z_n。

需按规范要求重新计算。即在压缩层下限处向上取 1m 厚薄层土所产生的压缩量为 $\Delta s'_n=5\text{mm}$，采用变形比确定压缩层厚度 z_n：

$$\frac{\Delta s'_n}{\sum_{i=1}^{n}\Delta s_i}=\frac{5}{222.5}=0.022<0.025$$

因此 $z_n=15.6\text{m}$ 时满足式（4-13）要求，说明该深度可作为压缩层下限。

地基各薄层土的沉降量　　　　表 4-4

土名	自重应力 (kPa)	附加应力 σ_z (kPa)	各层土平均应力			e_{1i}	e_{2i}	$e_{1i}-e_{2i}$	$\frac{e_{1i}-e_{2i}}{1+e_{1i}}$	各薄层厚度 h_i(mm)	$\Delta s_i=\frac{e_{1i}-e_{2i}}{1+e_{1i}}\cdot h_i$ (mm)	$a=\frac{e_{1i}-e_{2i}}{p_{2i}-p_{1i}}$ (MPa^{-1})	$E_{si}=\frac{1+e_{1i}}{a}$ (MPa)
			σ_{cz} p_{1i}(kPa)	σ_z (kPa)	$\sigma_{cz}+\sigma_z$ p_{2i}(kPa)								
细砂	35	215.0											
细砂			44	207.65	251.65	0.71	0.639	0.071	0.041	1800	73.8	0.34	5.03
细砂	53	200.3											
细砂			79.65	178.3	257.95	0.685	0.642	0.043	0.025	1800	46.1	0.24	7.02
细砂	106.3	156.3											
			129.1	129.8	258.9	0.887	0.862	0.025	0.013	2400	45.0	0.19	9.93
黏土	151.9	103.4											
黏土			174.7	86.3	261.3	0.878	0.857	0.021	0.011	2400	26.4	0.24	7.82
黏土	197.5	69.2											
黏土			220.3	58.75	279.05	0.868	0.852	0.016	0.008	2400	19.2	0.27	6.92
黏土	243.1	48.3											
黏土			256.4	43.75	300.15	0.86	0.85	0.010	0.005	1400	7.0	0.23	8.1
黏土	269.7	39.2											
黏土			279.2	41.65	320.85	0.852	0.843	0.00	0.005	1000	5.0	0.22	8.4
黏土	288.7	35											

5）确定沉降计算经验系数 m_s，计算最终沉降量。

先确定压缩层的压缩模量 E_s，按土层厚度的加权平均值计算，即

$$E_s=\sum_{i=1}^{n}\frac{E_{si}\cdot h_i}{z_n}$$
$$=\frac{(5.03+7.02)\times1.8+(993+7.82+6.62)\times2.4+8.1\times1.4+8.4\times1}{13.2}$$
$$=7\text{MPa}$$

查表 4-1 取 $m_s=0.8$，于是地基沉最终降量为：

$$s=m_s\sum_{i=1}^{n}\frac{e_{1i}-e_{2i}}{1+e_{1i}}\cdot h_i=0.8\times222.5=178.0\text{mm}$$

4.3 地基沉降与时间的关系

在工程实践中往往需要了解建筑物在施工期间或竣工以后某一时间的地基沉降量，以便安排施工顺序、控制施工速度，确定建筑物有关部分之间的预留净空或连接方式等。一般建筑物在施工期间完成的沉降量：对于低压缩性黏性土可认为完成最终沉降量的 50%～80%；对于中压缩性黏性土可认为完成 20%～50%；而对于高压缩性土因透水性小，可以认为完成 5%～20%。特别是饱和状态的黏性土地基，其压密固结往往需要几年甚至几十年时间才能完成。实践表明对于砂类土地基，由于透水性大，压缩性低，由建筑物恒载所引起的沉降可认为在施工期间已基本完成。因此，工程实践中一般只考虑饱和黏土层的沉降与时间的关系。总之，土的压缩性越高，透水性越小，其达到沉降稳定所需要的时间越长。

4.3.1 土的渗透性

土的渗透性是指水通过土中孔隙的难易程度，它是决定地基沉降与时间关系的重要因素。在考虑地基土沉降速率和地下水的涌水量时都需要了解土的透水性指标。

水在土的孔隙中以缓慢的速度连续渗透时属于层流运动。它的渗透速度可按法国学者达西根据对大量的砂土样试验研究得到的直线渗透定律（达西定律）计算。其表达式为：

$$v=k\cdot i \tag{4-14}$$

式中 v——渗透速度（mm/s）；它不是水在土孔隙中流动的实际速度，而是在单位时间内流过土的单位面积的水量；

k——土的渗透系数（mm/s）；k 值的大小反映土的透水性质的强弱；

i——水头梯度，$i=\frac{H_1-H_2}{L}$；如图 4-6（a）中 H_1-H_2 为水头差，L 为渗径长度。

试验证明，在砂土中水的运动符合达西定律；而黏性土中只有当水头梯度超过所谓起始水头梯度 i_0 后才能开始发生渗流，如图 4-6（b）所示，为简化计算，如采用该直线在横坐标上的截距 i_0 作为计算起始梯度，则黏性土达西定律公式可写成：

$$v=k(i-i_0) \tag{4-15}$$

土的渗透系数可通过室内渗透试验或现场抽水试验测定。各种土的渗透系数

变化范围可参考表 4-5。

土的渗透系数参考值　　表 4-5

土 的 类 型	渗透系数 k(mm/s)
砾石、黏砂土	$1\sim10^{3}$
中砂土	$10^{-2}\sim1$
粉砂、细砂土	$10^{-3}\sim10^{-2}$
粉土、裂隙黏土	$10^{-5}\sim10^{-3}$
粉质黏土	$10^{-6}\sim10^{-5}$
致密黏土	$<10^{-6}$

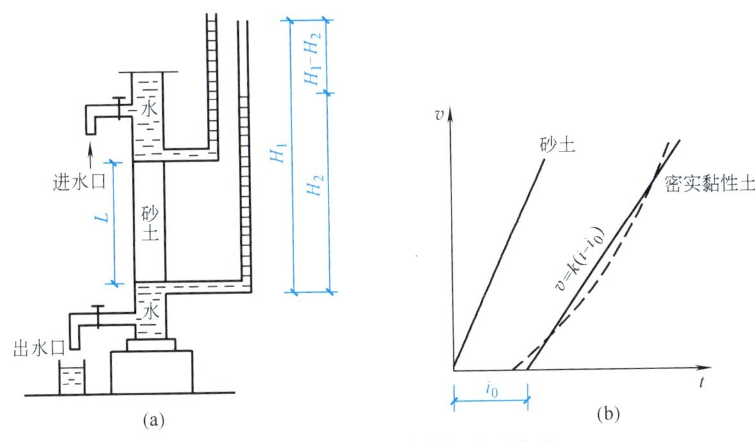

图 4-6　土的渗透试验与达西定律

4.3.2　土的渗透变形

大量的研究和实践均表明，渗透失稳可分为流土与管涌两种基本类型。

1. 流土及临界坡降

流土通常是在渗流作用下，黏性土或无黏性土体中某一范围内的颗粒或颗粒群同时发生移动的现象，如图 4-7（a）所示。流土发生在水流出溢口处，不发生在土体内部。在开挖基坑时常遇到的所谓流砂现象均属流土的类型。

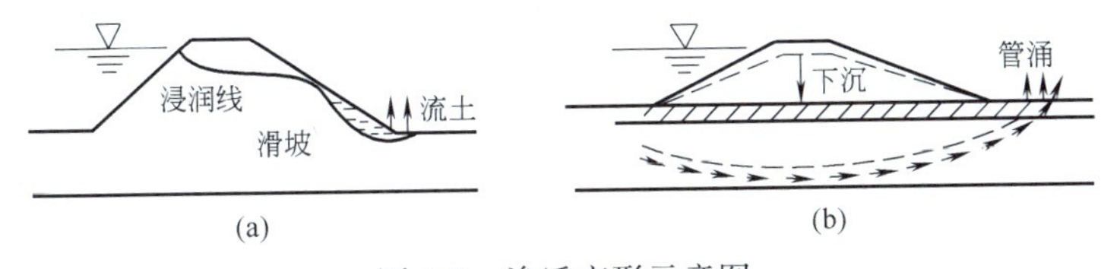

图 4-7　渗透变形示意图

流土的临界坡降 i_{cr} 为濒临发生流土的水力坡降。根据力的平衡关系通过计算得

$$i_{cr}=\frac{\gamma_{sat}-\gamma_{w}}{\gamma_{w}}=\frac{d_{s}-1}{1+e} \tag{4-16}$$

式中　d_s——土粒相对密度；

e——土的孔隙比；

γ_{sat}——土的饱和重度；

γ_w——水的重度。

防止发生流土的允许水力坡降为 $[i]=\frac{i_{cr}}{F_s}$，其中 F_s 为安全系数，一般取2.0～2.5。

2. 管涌及临界坡降

管涌是指在渗流力作用下，无黏性土中的细小颗粒通过粗大颗粒的孔隙，发生移动或被水流带出的现象，在水流出溢口或土体内部均有可能发生，如图4-8（b）。

由于黏性土土粒间具有黏聚力，颗粒联结较紧，不易发生管涌。

产生管涌的条件比较复杂，我国科学家在总结前人经验的基础上，经过研究得出了发生管涌的临界坡降 i_{cr} 的简化经验公式：

$$i_{cr}=\frac{d}{\sqrt{\frac{k}{n^3}}} \tag{4-17}$$

式中 d——被冲动的细粒粒径；

k——土的渗透系数（cm/s）；

n——土的孔隙率。

防止发生管涌的允许水力坡降为 $[i]=\frac{i_{cr}}{F_s}$，其中 F_s 为安全系数，一般取1.5～2.0。

4.3.3 饱和土的单向渗透固结

在工程应用中，一般将饱和度 $S_r \geqslant 80\%$ 的土视为饱和土。饱和土在压力作用下，孔隙中一部分水将随时间的增长而逐渐被挤出，同时孔隙体积随之缩小，这一过程称为饱和土的渗透固结。

饱和土的固结过程包括渗透固结（或主固结）和次固结两部分：由孔隙中自由水的挤出速度所决定的为主固结；由土骨架的蠕变速度决定的为次固结。一般都以前者来研究饱和土的固结过程。饱和土在固结过程中，孔隙中承担的附加应力作用，称为超静水压力，也叫孔隙水压力，用符号 u 表示。土粒骨架分担的部分附加应力，称为有效应力，用符号 σ' 表示。下面借助弹簧活塞力学模型（图4-8）来说明饱和土的渗透固结过程。

在一个盛满水的圆筒中，装一带有许多小孔的弹簧活塞，弹簧的上下端与活塞和筒底连接。用这个模型装置来模拟饱和土层，弹簧相当于土骨架的作用；圆筒里水相当于孔隙水的作用；活塞上的小孔相当于有渗透性。假设在活塞上施加压力 σ，在加荷一瞬间，弹簧没有受力还来不及变形。因此，这时压力 σ 完全由活塞下面的水来承担，即 $u=\sigma'$ 而 $\sigma'=0$。

由于水压力增加，水开始从活塞的小孔向上喷出，使活塞下降而压缩弹簧，这样，弹簧就承担了压力 σ 的一部分，而另一部分压力仍由水承担，这时，$\sigma=\sigma'+u$。随着时间 t 增加，水继续向上挤出，直到所有压力 σ 完全作用到弹簧上为止，这时 $\sigma=\sigma'$ 而 $u=0$，意味着固结作用已完成。

试验表明，在饱和土的固结过程中任一时间 t，作用在地基中的附加应力 σ_z，总是等于有效应力 σ' 与孔隙水压力 u 之和，即为有效应力原理。其表达式为：

$$\sigma_z=\sigma'+u \tag{4-18}$$

由此可见，饱和土的固结过程就是土中孔隙水压力 u 向有效应力 σ' 转移的过程，也就是孔隙水压力逐渐消散、有效应力增加的过程。因此，土的压缩性越低，土的渗透性越大，固结所需的时间越短。

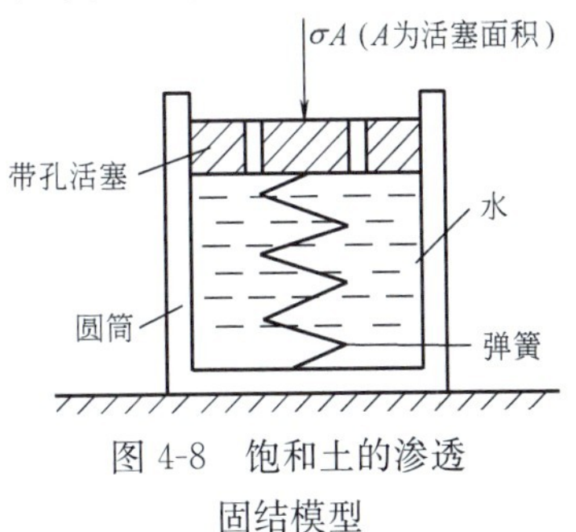

图 4-8　饱和土的渗透固结模型

通过上述分析已了解到地基的变形是随时间 t 而增长的，要确定饱和黏性土层在渗透固结过程中任意时间的变形，通常采用太沙基提出的一维（单向）渗透固结理论进行计算。该理论对无限大均布荷载作用、孔隙水主要沿竖直向渗流是适用的。

如图 4-9 所示的土层情况属单向渗透固结，图中表示厚度为 H 的饱和黏土层的顶面是透水的，而底面是不透水的不可压缩层。该饱和黏土层在自重作用下已压缩稳定，属正常固结土，在透水面上一次施加的连续均布荷载 p_a 引起土层固结。单向渗透固结理论的假定条件为：

（1）土是均质、各向同性和完全饱和的；

（2）土粒和孔隙水都是不可压缩的；土的压缩速率取决于孔隙中水的排出速度；

（3）土中竖直向附加应力沿水平面是无限均布的，土的压缩和渗流都是一维的；

（4）渗流为层流，服从达西定律；

（5）固结过程中，渗透系数与压缩系数为常数；

（6）荷载为一次瞬时施加。

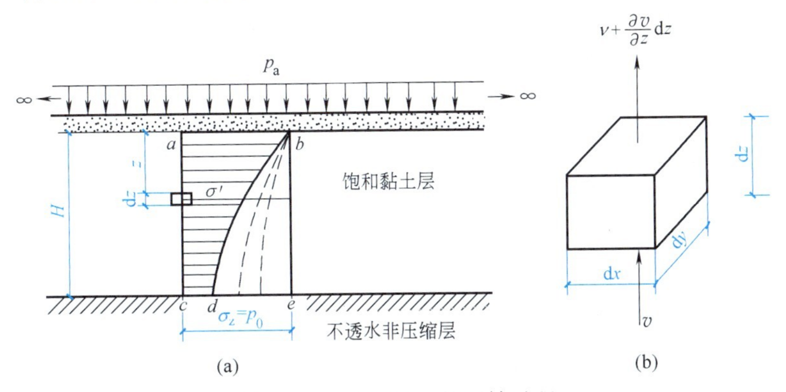

图 4-9　饱和黏性土的固结过程

由图 4-9 中 σ、u 的分布曲线及前面的分析已知，土中有效应力和超静水压力是深度 z 和时间 t 的函数，即：

$$\sigma'=f(z,t) \tag{4-19}$$

$$u=F(z,t) \tag{4-20}$$

当 $t=0$ 时（加荷瞬时），图 4-9（a）中 bd 与 ac 线重合，$\sigma'=f(z,\ t)=0$ 及 $u=F(z,\ t)=\sigma_z$，即全部附加应力都由孔隙水承担；当 $t=\infty$时，bd 线与 be 线重

合，$\sigma'=f(z, t)=\sigma_z$及$u=F(z, t)=0$，即全部附加应力都由土骨架承担。

在饱和土层顶面下z深度处取一微分体，如图4-9（b）所示，微分体的体积$V=\mathrm{d}x\mathrm{d}y\mathrm{d}z$，微分体孔隙体积为$V_v=\frac{e}{1+e}\mathrm{d}x\mathrm{d}y\mathrm{d}z$，微分体土颗粒体积为$V_s=\frac{1}{1+e}\mathrm{d}x\mathrm{d}y\mathrm{d}z$，$V_s$在固结过程中保持不变。

在某一时刻单元体底面和顶面的渗透速度分别为v和$v+\frac{\partial v}{\partial z}\mathrm{d}z$，则在$\mathrm{d}t$时间内，微分体水量变化为

$$\left[v-\left(v+\frac{\partial v}{\partial z}\mathrm{d}z\right)\right]\mathrm{d}x\mathrm{d}y\mathrm{d}t=-\frac{\partial v}{\partial z}\mathrm{d}x\mathrm{d}y\mathrm{d}z\mathrm{d}t \tag{4-21}$$

在$\mathrm{d}t$时间内单元体体积变化量为

$$\frac{\partial V}{\partial t}\mathrm{d}t=\frac{\partial(V_s+V_v)}{\partial t}\mathrm{d}t=\frac{1}{1+e}\mathrm{d}x\mathrm{d}y\mathrm{d}z\frac{\partial e}{\partial t}\mathrm{d}t \tag{4-22}$$

根据渗流连续条件，在相同时间段内，孔隙水量的变化与体积变化是相同的，因此式（4-21）与式（4-22）相等：

$$\frac{\partial v}{\partial z}=-\frac{1}{1+e}\cdot\frac{\partial e}{\partial t} \tag{4-23}$$

由压缩系数$a=-\frac{\mathrm{d}e}{\mathrm{d}p}$得$\mathrm{d}e=-a\mathrm{d}p=-a\mathrm{d}\sigma'$

若在固结过程中土体所受外荷不变，根据有效应力原理$\sigma'+u=\sigma_z$得

$$\mathrm{d}e=-a\mathrm{d}(\sigma_z-u)=a\mathrm{d}u \tag{4-24}$$

$$\frac{\partial e}{\partial z}=a\frac{\partial u}{\partial t} \tag{4-25}$$

根据达西定律

$$v=ki=-k\frac{\partial h}{\partial z} \tag{4-26}$$

式中负号是因为流速与z轴反方向。

又因为$h=u/\gamma_W$，故可得

$$\frac{\partial u}{\partial t}=C_V\frac{\partial^2 u}{\partial z^2} \tag{4-27}$$

式（4-27）为饱和黏性土单向渗透固结微分方程，式中，$C_V=\frac{k(1+e)}{a\gamma_W}$，称为土的竖直向固结系数，单位为“$\mathrm{m}^2$/年”。

根据如图4-9所示的开始固结时的附加应力分布情况，即初始条件；土层顶面、底面的排水条件，即边界条件，得：

当$t=0$和$0\leqslant z\leqslant H$时，$u=\sigma_z$；

当$0<t<\infty$和$z=0$时，$u=0$；

当$0<t<\infty$和$z=H$时，$\frac{\partial u}{\partial z}=0$，在不透水层顶面，超静水压力的变化率为零；

当$t=\infty$和$0\leqslant z\leqslant H$时，$u=0$。

利用分离变量法求得式（4-27）的特解如下：

$$u_{z,t}=\frac{4}{\pi}\sigma_z\sum_{m=1}^{\infty}\frac{1}{m}\sin\frac{m\pi z}{2H}\exp\left(-\frac{m^2\pi^2}{4}T_V\right) \tag{4-28}$$

式中　$u_{z,t}$——某一时刻深度 z 处的超静水压力（kPa）；

m——正整奇数（1，3，5……）；

T_V——时间因数，$T_V=\frac{C_V t}{H^2}$，无量纲；

H——土层最远排水距离（m）。单面排水时，取土层厚度；双面排水时土层中心点排水距离最远，故取土层厚度之半，即 $H/2$。

根据孔隙水应力随时间 t 和深度 z 变化的函数解，可以求得基础在任一时间的沉降量。此时，通常用到地基的固结度这一指标。地基的固结度是指地基固结的程度。它是地基在一定压力下，经某段时间产生的变形量 s_t 与地基最终变形量 s 的比值。其表达式为

$$U=\frac{s_t}{s} \tag{4-29}$$

式中　s_t——基础在某一时刻 t 的沉降量；

s——基础最终沉降量。

固结度 U_t 实际上是时间因数 T_V 的函数，即

$$U_t=f(T_V) \tag{4-30}$$

由时间因数 T_V 和 C_V 的定义可知，只要土的物理力学性质指标 k、a、e 和土层厚度 H 已知，U_t-t 的关系就可求得。

地基固结度基本表达式中的 U_t 值视地基产生固结情况不同而有所区别。因而式（4-30）所示关系也随之而变。所谓"情况"，是指地基所受压缩应力分布和排水条件两个方面。

原则上，可根据其他固结情况下具体初始和边界条件，对方程式（4-27）求解。例如，当压缩应力随深度呈三角形分布时，称为情况1，其初始条件为：当 $t=0$ 时，$0\leqslant z\leqslant H$，$u=\frac{\sigma_{z1}z}{H}$，可求得

$$U_{t1}=1-\frac{32}{\pi^3}\sum_{m=1}^{\infty}\frac{(-1)^{m-1}}{(2m-1)^3}\exp\left[-(2m-1)^2\frac{\pi^2}{4}T_V\right] \tag{4-31}$$

经研究表明，在某种分布图形的压应力作用下，任一历时均质土层的变形，相当于该应力分布图形各组成部分在同一历时所引起的变形的代数和，即在固结过程中的有效应力或孔隙水压力分布图形可用叠加原理确定。例如，当压应力随深度呈倒三角形分布时，称为情况2，其任一历时所产生的变形量 s_{t2}，应等于情况0和情况1在相同历时所产生的变形量之差，即

$$s_{t2}=s_{t0}-s_{t1}\qquad U_{t2}s_2=U_{t0}s_0-U_{t1}s_1\qquad U_{t2}\frac{\sigma_z H}{2E_s}=U_{t0}\frac{\sigma_z H}{E_s}-U_{t1}\frac{\sigma_z H}{2E_s}$$

于是可得

$$U_{t2}=2U_{t0}-U_{t1} \tag{4-32}$$

同理，情况3和情况4的土层固结度，均可利用情况0和情况1的固结度来

表示

$$U_t = \frac{2\alpha U_{t0} + (1-\alpha)U_{t1}}{1+\alpha} \tag{4-33}$$

式中 $\alpha = \frac{\sigma_{z0}}{\sigma_{z1}} = \frac{\text{透水面的压应力(附加应力)}}{\text{不透水面的压应力(附加应力)}}$

以上推导了适用于饱和黏性土中附加应力为不同分布情况下的固结度 U_t 与时间因数 T_V 的关系。为便于应用，现将几组 U_t-T_V 关系曲线绘于图 4-10 中。

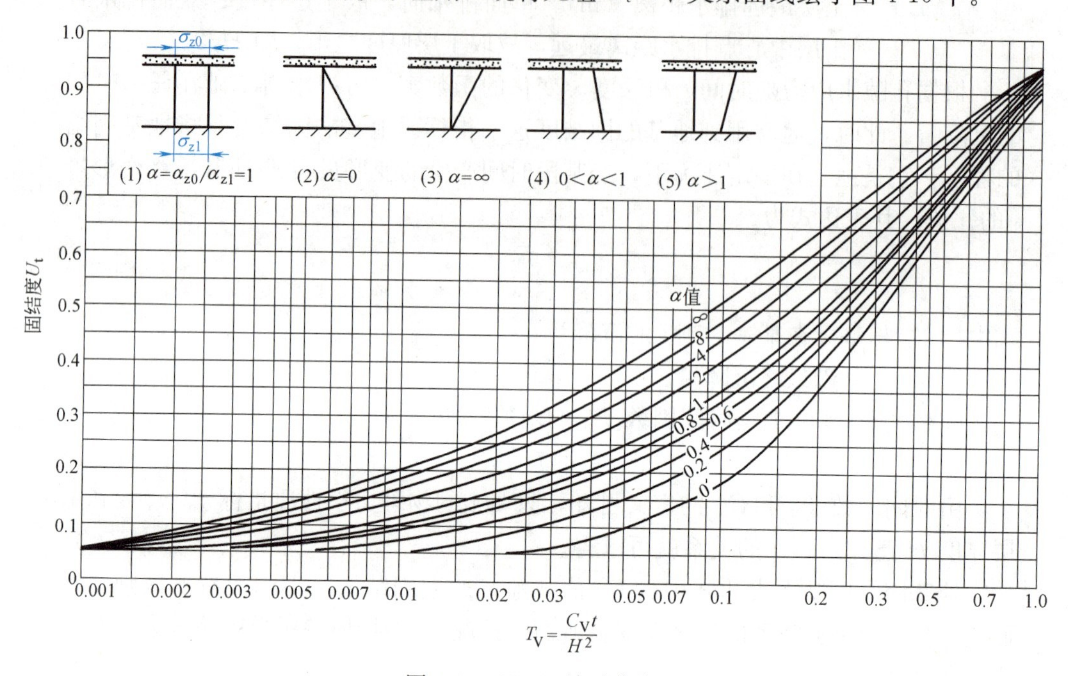

图 4-10 U_t-T_V关系曲线

从图 4-10 中可看出，在不同情况下的 α 值如下：

情况 0：$\alpha=1$（如前所述）；

情况 1：$\alpha=0$，相当于大面积新填土，自重应力引起的固结；

情况 2：$\alpha=\infty$，相当于土层很厚，基底面积很小的情况；

情况 3：$0<\alpha<1$，相当于自重应力作用下，土层尚未固结完毕，又在地面上施加荷载（如建房、筑路等）；

情况 4：$\alpha>1$，与情况 2 相近，只是在不透水层面的附加应力大于零。

以上均为单面排水情况。如固结土层上下面均有排水砂层，即属双面排水，其固结度均按情况 0 计算。但应注意：时间因数 $T_V=\frac{C_V t}{H^2}$中的 H 应以 $H/2$ 代替。

4.3.4 地基变形特征

在市政工程中，地基变形特征主要分为沉降量、沉降差、倾斜三种类型：

（1）沉降量——指基础中心点的沉降量，用符号 s 表示；

（2）沉降差——指两相邻单独基础沉降量的差值，即 $\Delta s = s_1 - s_2$；

（3）倾斜——指基础倾斜方向两端点的沉降差与其距离的比值，即

$$\tan\theta=\frac{s_1-s_2}{L}$$

对于高耸构筑物，如烟囱、水塔、管道支架、塔架等地基变形主要用倾斜控制。

码4-1 土的标准固结试验

4.4　土的标准固结试验

1. 试验的目的和试验范围

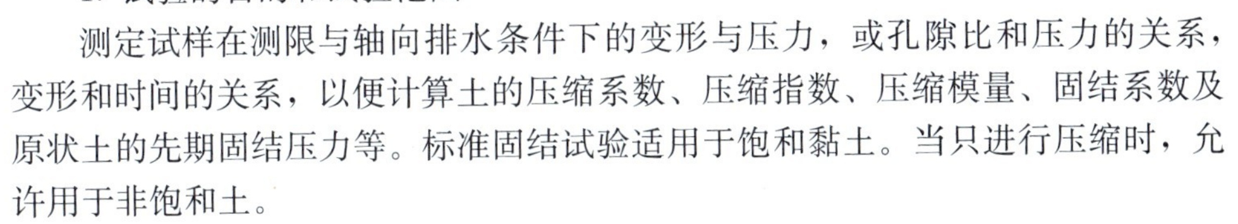

测定试样在测限与轴向排水条件下的变形与压力，或孔隙比和压力的关系，变形和时间的关系，以便计算土的压缩系数、压缩指数、压缩模量、固结系数及原状土的先期固结压力等。标准固结试验适用于饱和黏土。当只进行压缩时，允许用于非饱和土。

2. 仪器设备

（1）压缩仪：压缩仪容器如图 4-11 所示，环刀内试样面积为 30cm^2 或 50cm^2，高 2cm；加压装置为杠杆式加压设备。

（2）测微表：量距 10mm，最小分度为 0.01mm 的百分表或准确度为全量程的位移传感器。

（3）其他：透水石、秒表、修土刀、铝盒、天平、凡士林、酒精或烘箱等。

3. 试样制备和试验准备

（1）固结仪及加压设备应定期校准。

（2）根据工程需要，切取原状土试样或制备给定密度与含水量的扰动土样。

（3）测定试样的含水率和密度，土粒相对密度，试样需要饱和时，应进行抽气饱和。

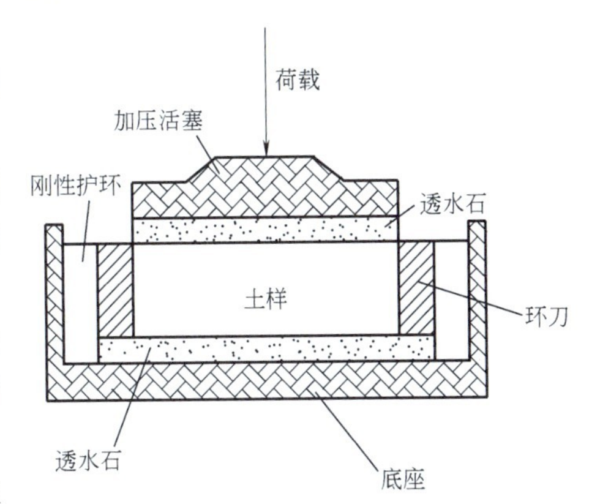

图 4-11　压缩仪容器

（4）在固结容器内放置护环、透水石和滤纸，将带有试样的环刀（刃口向下）装入护环内，放上导环，试样上依次放上滤纸、透水石和加压上盖，注意滤纸和透水石的湿度应接近试样的湿度。

（5）检查加压设备是否灵敏，将手轮顺时针旋转使升降杆上升至顶点，再逆时针旋 3～5 转，利用平衡砣调整杠杆横梁至水平位置。

（6）将装好土样的容器，放在加压台正中，使传压活塞上的钢球与加压横梁的球孔密合，然后装上测微表，并调节其伸长距离不小于 8mm，检查测微表是否灵活和垂直。

（7）为保证试样与仪器上下各部件间接触良好，先预加 1kPa（0.01kg/cm^2）压力，再次调整测微表使指针初读数为零，并记录。

4. 试验步骤

（1）开始加载试验：去掉预压荷重，立即加第一级荷重，加砝码时应避免冲击和摇晃，在加上砝码的同时，即开动秒表。荷重等级一般规定为 12.5kPa、25kPa、50kPa、100kPa、200kPa、400kPa、800kPa、1600kPa、3200kPa，作为教学试验，可取前 50kPa、100kPa、200kPa、400kPa 四级。30cm²、50cm² 土样试样承受单位压力与砝码质量关系见表 4-6、表 4-7。非试验教学时应视土的软硬程度而定，当土很软时，第一级荷重宜减为 25kPa，最后一级荷载，还应考虑大于土层上的计算压力 100～200kPa。只需测定压缩系数时，最大压力不小于 400kPa。如为饱和土样，还应在第一级荷重加上后，即向容器内加水，让整个试样都淹于水中。

（2）荷重加上后，每隔 30min 记测微表读数一次，读数精确至 0.01mm，两次读数变化不超过 0.01mm 时，即可认为压缩稳定。在试验中应随时注意杠杆是否水平，倾斜时应逆时针旋转手轮，使杠杆保持水平。

（3）记下压缩稳定时的测微表读数，然后加次一级荷重，依次逐级加荷试验。

（4）最后一级荷重下的稳定读数记下后，如有必要可逐级减荷，观察土样的膨胀变形，这里从略。

（5）试验结束后吸去容器中的水，迅速拆除仪器各部件，取出整块试样，测定其高度和含水率。

5. 计算数据处理

（1）试样初始孔隙比

$$e_0=\frac{G_s\rho_w(1+w_0)}{\rho_0}-1 \tag{4-34}$$

式中 e_0——试样初始孔隙比；

G_s——试样的相对密度；

ρ_w——水的密度（g/cm³）；

w_0——压缩前试样的含水率（%）；

ρ_0——压缩前试样的密度（g/cm³）。

（2）各级压力下试样稳定后的单位沉降量

$$S_i=\frac{\sum\Delta h_i}{h_0}\times10^3 \tag{4-35}$$

式中 S_i——某级压力下的单位沉降量（mm/m）；

h_0——试样的初始高度，即环刀高度 20mm；

$\sum\Delta h_i$——某级压力下试样稳定后的总变形量（mm）（等于该级压力下稳定读数减去仪器变形量）；

10^3——单位换算系数。

（3）计算各级荷重下压缩稳定后的孔隙比

$$e_i=e_0-\frac{s_i}{h_0}(1+e_0) \tag{4-36}$$

式中　e_i——各级压力下试样压缩稳定时的孔隙比。

（4）计算各级压力变化范围内的压缩系数

$$a_v=\frac{e_i-e_{i+1}}{P_{i+1}-P_i}\quad (\mathrm{MPa}^{-1}) \tag{4-37}$$

$$E_s=\frac{1+e_i}{a_v}\quad (\mathrm{MPa}) \tag{4-38}$$

求压缩系数 a_v 时，一般取 $p_1=100\mathrm{kPa}$，$p_2=200\mathrm{kPa}$，用压缩系数 a_{1-2} 表示，可以用来判定土的压缩性：$a_{1-2}<0.1\mathrm{MPa}^{-1}$，为低压缩性；$0.1\mathrm{MPa}^{-1}\leqslant a_{1-2}<0.5\mathrm{MPa}^{-1}$，为中压缩性；$a_{1-2}\geqslant 0.5\mathrm{MPa}^{-1}$，为高压缩性。

（5）绘制 e-p 曲线

以孔隙比 e 为纵坐标，压力 p 为横坐标，根据试验结果，画出压缩曲线即 e-p 曲线。如图4-12所示。

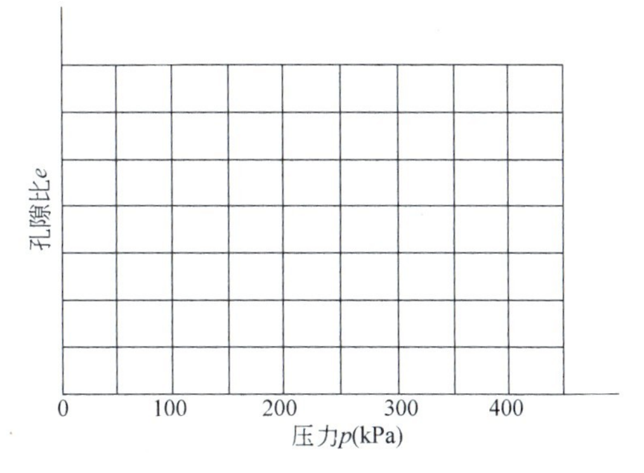

图4-12　压缩曲线

（6）本试验的记录表格见表4-8。

30cm² 土样试验加压过程　　表4-6

加压顺序	砝码质量(kg)			土样承受单位压力(kPa)
	质量	数量	总质量	
1	0.319	1(吊盘)	0.319	12.5
2	0.319	1	0.638	25
3	0.637	1	1.275	50
4	1.275	1	2.55	100
5	2.55	1	5.1	200
6	2.55	1	7.65	300
7	2.55	1	10.2	400
8	5.1	2	20.4	800
9	5.1	4	40.8	1600

50cm² 土样试验加压过程　　表4-7

加压顺序	砝码质量(kg)			土样承受单位压力(kPa)
	质量	数量	总质量	
1	0.319	1	0.531	12.5
	0.212	1		
2	0.319	1	1.062	25
	0.212	1		

续表

加压顺序	砝码质量(kg)			土样承受单位压力(kPa)
	质量	数量	总质量	
3	0.637	1	2.124	50
	0.425	1		
4	1.275	1	4.249	100
	0.85	1		
5	2.55	1	8.499	200
	1.7	1		
6	2.55	1	12.749	300
	1.7	1		
7	2.55	1	17	400
	1.7	1		
8	5.1	1	34	800
	1.7	1		

压缩试验记录　　表 4-8

工程名称________________　　试验编号________________

取样部位________________　　试验日期________________

试样面积________________　　试验前试样高度 h_0________mm

土粒相对密度________________　　试验前孔隙比 e_0________________

含水量试验

	盒号	湿土质量(g)	干土质量(g)	含水率(%)	平均含水率(%)
试验前					
试验后					

密度试验

环刀号	湿土质量(g)	环刀容积(cm^3)	湿密度(g/m^3)

压缩模量计算

加压历时(min)	压力(MPa)	试样变形量(mm)	压缩后试样高度(mm)	孔隙比	压缩系数(MPa^{-1})	压缩模量(MPa)	压缩系数(cm^2/s)

固结过程记录

经过时间	MPa		MPa		MPa		MPa	
	时间	变形读数	时间	变形读数	时间	变形读数	时间	变形读数
0min								
0.1min								
0.25min								
1min								
2.25min								
4min								
6.25min								
9min								
12.25min								
16min								
20.25min								
25min								
30.25min								
36min								
42.25min								
49min								
64min								
100min								
200min								
23h								
24h								
总变形量(mm)								
仪器变形(mm)								
试样总变形量(mm)								

思考题与习题

1. 何谓土的压缩性？引起地基土产生压缩变形的主要原因是什么？

2. 哪两个压缩性指标是在有侧限条件下测定的？如何采用此两个压缩指标评定土的压缩性质？

3. 土的压缩模量 E_s 和变形模量 E_0 有何不同？它们之间存在什么关系？

4. 分层总和法的基本假设有哪些？是否符合实际？

5. 分层总和法与规范法计算地基变形有何异同点？

6. 何谓土的有效压力和孔隙水压力？在饱和土渗透固结过程中它们是怎样变化的？

7. 地基变形特征分为哪几类？在实际工程中如何控制？

8. 已知某工程钻孔取样，进行室内压缩试验，试样高为 $h_0=20$mm，在 $p_1=100$kPa 作用下测得压缩量为 $s_1=1.2$mm，在 $p_2=200$kPa 作用下的压缩量为 $s_2=0.58$mm，土样的初始孔隙比为 $e_0=1.6$，试计算压力 $p=100\sim200$kPa 范围内土的压缩系数，并评价土的压缩性。

9. 如图 4-13 所示，某场地地面下有 5m 厚的软黏土层，压缩模量 $E_s=$MPa，在其上新铺 3m 厚的大面积碎石新填土层，其重度 $\gamma_t=18\text{kN/m}^3$。试求：在大面积碎石新填土作用下软黏土层的压缩变形值，并绘出自重应力及附加应力分布图。

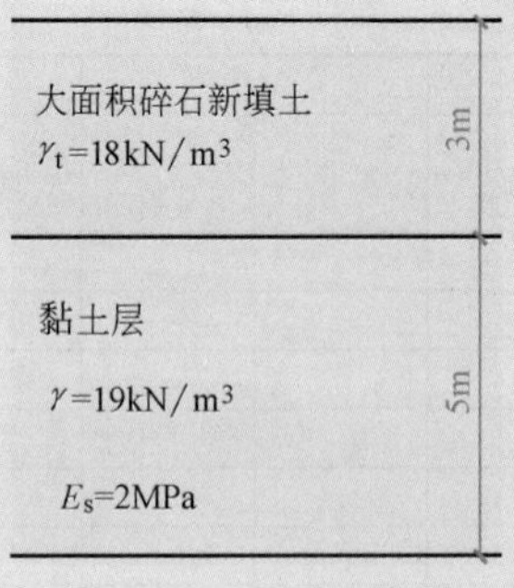

图 4-13　习题 9 附图

10. 某方形基础底面边长为 4m，埋深d=1m，上部结构传至基础顶面荷载为 1376kN。地基土为粉土，地下水位深 3.4m，土的天然重度 γ=16kN/m³，饱和重度 γ_{sat}=18.2kN/m³。土的压缩试验结果见表 4-9，已知基础底面处的附加应力 p_0=90kPa，各分层土厚度及其界面处自重应力与附加应力值如图 4-14 所示，试计算基础中点的最终沉降量。

土的压缩试验结果　　表 4-9

压力 σ（MPa）	25	50	100	200	400
孔隙比 e	0.95	0.94	0.93	0.92	0.91

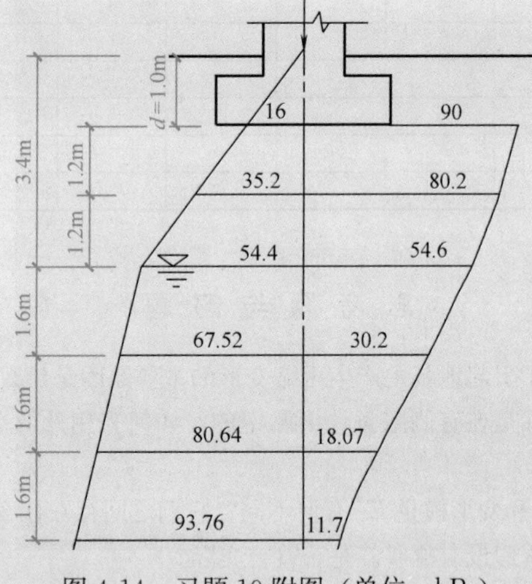

图 4-14　习题 10 附图（单位：kPa）

教学单元 5　土的抗剪强度及地基承载力

土的抗剪强度是指土体抵抗剪切破坏的极限能力。当土体受到外荷载作用后，土中各点将产生剪应力，若某点剪应力达到抗剪强度，土体就沿着剪应力作用方向产生相对滑动，则该点便发生剪切破坏。工程实践和室内试验都证实，土由于受剪而产生破坏，剪切破坏是强度破坏的重要特点。因此，土的强度问题，实质上就是土的抗剪强度问题。如图 5-1 所示，都是由于剪切变形导致土体发生破坏的现象。

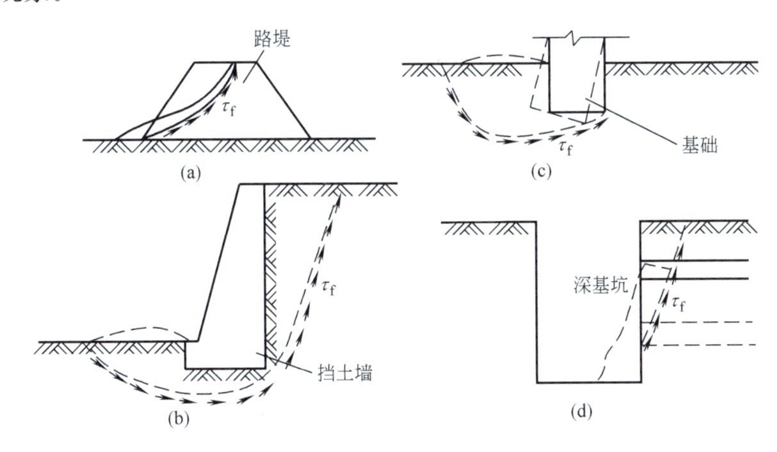

图 5-1　工程中的承载力问题（滑动面上为 τ_f 抗剪强度）

5.1　土的抗剪强度

1776 年，法国的库仑根据直接剪切试验(图 5-2)绘出抗剪强度曲线(图5-3)。

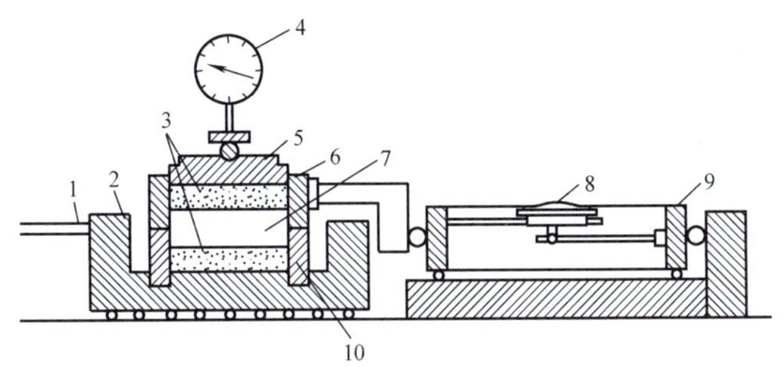

图 5-2　应变控制式直剪仪及试验图

1—轮轴；2—推动底座；3—透水石；4—百分表；5—活塞；6—上盒；7—试样；8—测微表；9—测力计；10—下盒

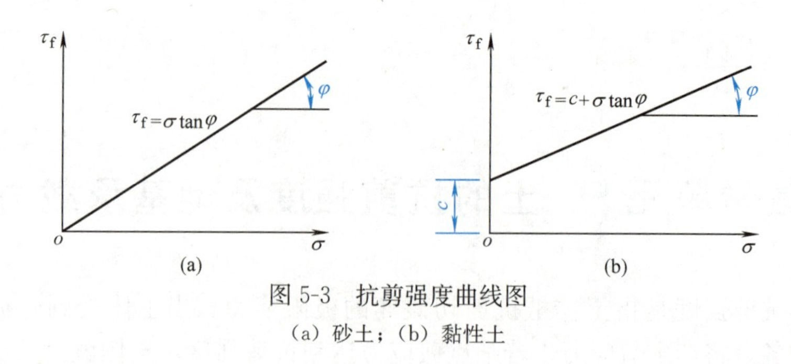

图 5-3　抗剪强度曲线图

(a) 砂土；(b) 黏性土

以此提出砂土和黏性土的抗剪强度表达式：

砂土 $$\tau_f = \sigma\tan\varphi \tag{5-1}$$

黏性土 $$\tau_f = c + \sigma\tan\varphi \tag{5-2}$$

式中 τ_f——土的抗剪强度（kPa）；

σ——作用在剪切面上的法向应力（kPa）；

φ——土的内摩擦角（°）；

c——土的黏聚力（kPa）。

式（5-1）和式（5-2）统称为库仑公式或库仑定律。其中 c 和 φ 是土的抗剪强度指标。c 和 φ 在一定条件下是常数，c、φ 的大小反映土的抗剪强度的高低。砂土的抗剪强度由土的内摩擦力（即 $\sigma\tan\varphi$）组成，它主要是由于土粒之间的滑动摩擦以及凹凸面间的镶嵌作用所产生的摩阻力，其大小取决于土粒表面的粗糙度、土的密实度以及颗粒级配等因素。黏性土的抗剪强度由土的内摩擦力和黏聚力组成，黏聚力 c 是由土粒之间的胶结作用、结合水膜以及水分子引力作用等形成的，其大小与土的矿物组成和压密程度有关。

5.2　土的强度理论——极限平衡条件

当土体中任意点在某一平面上的剪应力达到土的抗剪强度时，土体发生剪切破坏，该点处于极限平衡状态。如果土中某点可能发生剪切破坏的位置已经确定，只要算出作用于该上的剪应力 τ 和正应力 σ，即可根据库仑定律判断该点是否会发生剪切破坏。若 $\tau<\tau_f$，该点处于弹性平衡状态；若 $\tau=\tau_f$，该点处于极限平衡状态；若 $\tau>\tau_f$，该点发生了剪切破坏。但是，由于土中某点处于复杂的应力状态，其发生剪切破坏面的位置无法预先确定，也就不能根据上述的库仑定律直接判断该点是否发生剪切破坏。如果通过对该点的应力进行分析，计算出该点的主应力，画出其莫尔应力图，并将该点的莫尔应力图与土的抗剪强度曲线画在同一坐标图上，并对相对位置进行比较，如图5-4所示。

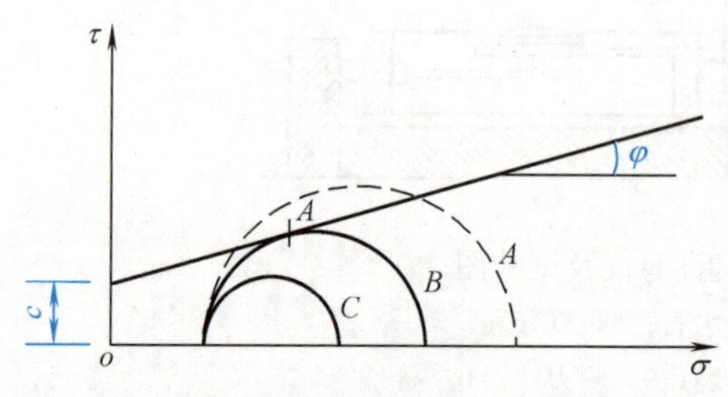

图 5-4　莫尔圆与抗剪强度之间的关系

（1）若莫尔应力圆与抗剪强度线相离，即 C 圆，则 $\tau<\tau_f$，表明该点处于弹性平衡状态。

（2）若莫尔应力圆与抗剪强度线相切，即 B 圆，则 $\tau=\tau_f$，表明该点处于极限平衡状态。

（3）若莫尔应力圆与抗剪强度线相交，即 A 圆，则 $\tau>\tau_f$，表明该点发生剪切破坏。

图 5-5（a）表示某一点处于极限平衡状态时的应力条件，显然，该切点所代表的截面是剪切破坏面，如图 5-5（b）所示，它与大主应力面的夹角为：

$$\alpha=45°+\frac{\varphi}{2} \tag{5-3}$$

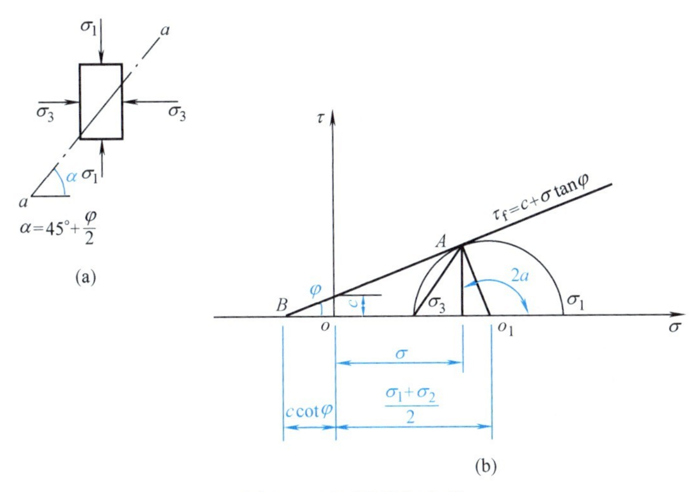

图 5-5　极限平衡条件

根据图 5-5 中的几何关系可推得黏性土的极限平衡条件为：

$$\sigma_1=\sigma_3\tan^2\left(45°+\frac{\varphi}{2}\right)+2c\cdot\tan\left(45°+\frac{\varphi}{2}\right) \tag{5-4}$$

$$\sigma_3=\sigma_1\tan^2\left(45°-\frac{\varphi}{2}\right)-2c\cdot\tan\left(45°-\frac{\varphi}{2}\right) \tag{5-5}$$

5.3　抗剪强度指标的确定方法

土的抗剪强度是决定建筑物地基稳定性的关键因素，正确测定土的抗剪强度指标对工程实践具有重要的意义。目前测定土的抗剪强度指标有室内测定和现场测定。室内测定主要方法有：直接剪切法（图 5-2），试验过程详见 5.6 节；三轴剪切法（图 5-6），三轴剪切试验是测定土的抗剪强度指标 φ 和 c 的精密方法；无侧限压缩仪法（图 5-7）。现场测定常用仪器有十字板剪切仪，如图 5-8所示。

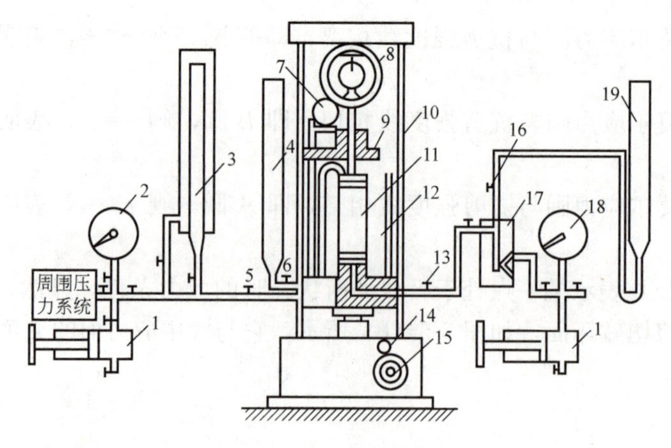

图 5-6　三轴剪切仪

1—调压筒；2—周围压力表；3—体变管；4—排水管；5—周围压力阀；6—排水阀；7—变形量表；8—量力环；9—排气孔；10—轴向加压系统；11—试样；12—压力室；13—孔隙压力阀；14—离合器；15—手轮；16—量管阀；17—零位指示器；18—孔隙水压力表；19—量水管

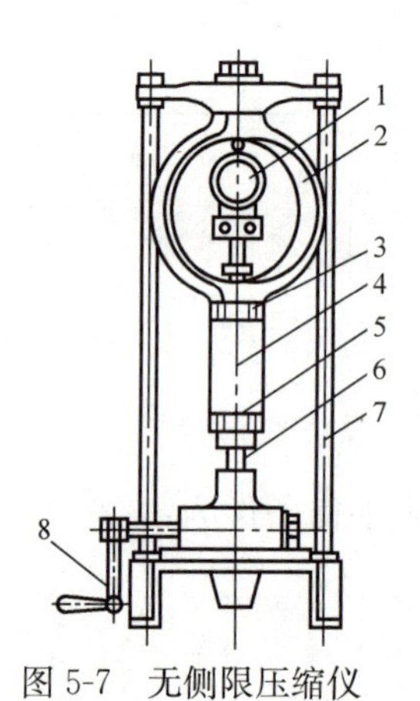

图 5-7　无侧限压缩仪

1—百分表；2—测力计；3—上加压板；4—试样；5—下加压板；6—螺杆；7—压框架；8—升降设备

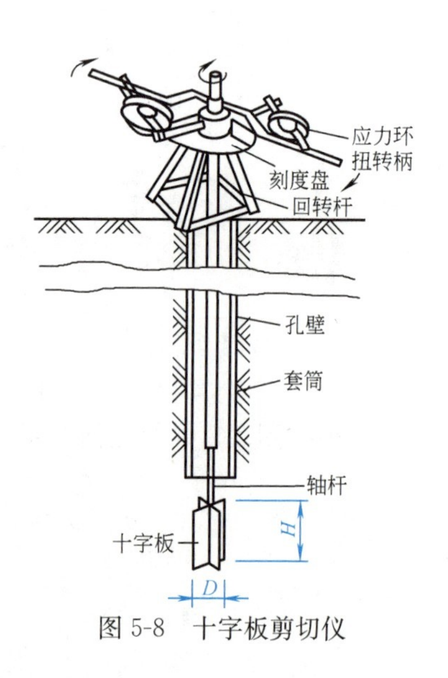

图 5-8　十字板剪切仪

5.4　地基变形

5.4.1　地基变形破坏经历的三个阶段

结构物地基从加载到破坏经历了三个阶段，如图 5-9 所示。

1. 压密阶段

相应于 p-s 曲线上的 oa 段，由于荷载小，荷载与沉降呈直线变化，基础沉降主要是由于土颗粒相互挤密，孔隙减少，地基土被压密，土中各点 $\tau<\tau_f$，土体

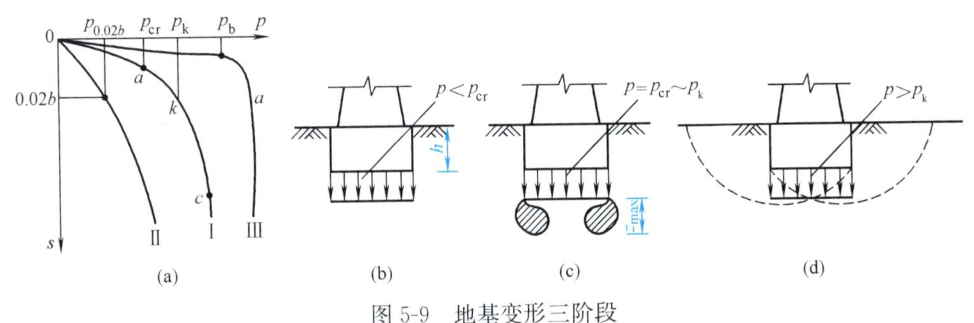

图 5-9　地基变形三阶段

（a）p-s 曲线；（b）压密阶段；（c）局部剪切阶段；（d）破坏阶段

处于弹性平衡状态（图 5-9b）。

2. 局部剪切阶段

相应于 p-s 曲线上的 ak 段，由于荷载增大，地基土中局部区域产生塑性变形（图 5-9c），荷载与沉降呈曲线变化，随着荷载的增加，塑性变形从基础边缘开始，向深度和宽度方向发展，直至在地基中形成连续的滑动面。

3. 破坏阶段

相应于 p-s 曲线上的 kc 段，当荷载增加到某一极限时，地基变形急剧增加，塑性变形区域发展成连续的滑动面（图 5-9d），基础周围地面隆起，地基完全丧失稳定，并发生整体剪切破坏。

在 p-s 曲线上有两个转折点，可得两个荷载：

（1）临塑荷载（a 点对应的荷载）：即从压密阶段过渡到局部剪切阶段的荷载，用 p_{cr} 表示。

（2）极限荷载（k 点对应的荷载）：即从局部剪切阶段过渡到破坏阶段的荷载，用 p_k 表示。

在塑性变形阶段的荷载称为塑性荷载，用 p_{cz} 表示。

5.4.2　地基破坏的三种形式

试验研究表明，结构物地基在荷载的作用下，由于承载力不足而产生剪切破坏，其破坏形式可分为整体剪切破坏、局部剪切破坏和冲剪破坏三种，如图 5-10 所示。

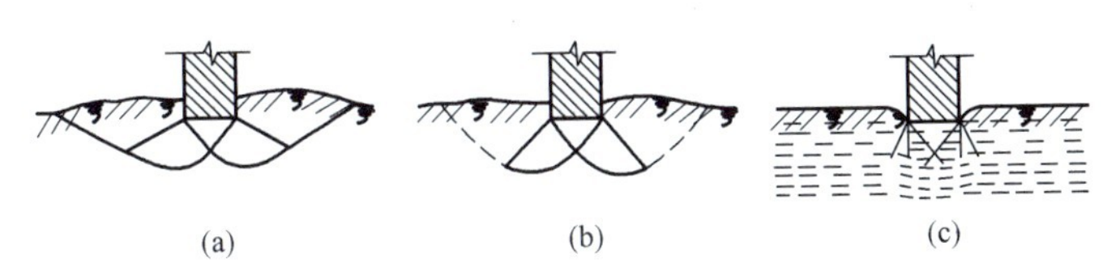

图 5-10　地基的破坏形式

（a）整体剪切破坏；（b）局部剪切破坏；（c）冲剪破坏

1. 整体剪切破坏（图 5-10a）

整体剪切破坏地基的变形发展经历了上述三个明显的阶段：即当荷载较小时，p 与 s 呈直线变化，当荷载增加到某一数值，基础边缘出现局部的塑性变形区，地基出现局部剪切破坏，随着荷载不断地增加，剪切破坏区不断扩大，最终在地基中形成一连续的滑动面，基础急剧下沉，土体被挤出，基础四周地面隆起，地基发生整体剪切破坏。一般紧密的砂土、硬黏性土地基常发生整体剪切破坏。

2. 冲剪破坏（图 5-10c）

随着荷载的增加，基础“切入”土中，地基不出现明显的连续滑动面，基础四周地面不隆起，p-s 曲线无明显转折。松散砂及软土地基常发生冲剪破坏。

3. 局部剪切破坏（图 5-10b）

局部剪切破坏是介于整体剪切破坏和冲剪破坏之间的一种破坏形式，其剪切破坏是从基础边缘开始发展到地基内某一区域，但滑动面不延伸到地面，基础四周地面虽有隆起，但不会有明显的倾斜，p-s 曲线也无明显转折。中密实的砂土常发生局部剪切破坏。

5.5 地基容许承载力的确定

地基承载力是指地基承受荷载的能力。在基础设计中，要求地基压力的计算值不超过地基承载力。地基容许承载力是指地基土在外荷载的作用下，不产生剪切破坏且基础的沉降量不超过容许值时，单位面积上所能承受的最大荷载。《公路桥涵地基与基础设计规范》JTG 3363—2019 规定：桥涵地基承载力容许值，可根据地质勘探、原位测试、野外载荷试验、邻近旧桥涵调查对比以及既有的建筑经验和理论公式的计算综合分析确定。如缺乏上述数据时，可根据地基土的类别，查相应的地基承载力容许值表，再通过相应的经验公式计算修正后确定，对地质和结构复杂的桥涵地基的容许承载力，应经现场载荷试验确定。下面着重介绍理论公式和桥涵规范法确定的地基容许承载力。

5.5.1 理论公式确定地基容许承载力

1. 临塑荷载

临塑荷载是指在外荷载作用下，地基中刚开始产生塑性变形时，基础底面单位面积上承受的荷载。

地基的临塑荷载 p_{cr}，按下式计算：

$$p_{cr}=\frac{\pi(\gamma d+c\cdot\cot\varphi)}{\cot\varphi-\frac{\pi}{2}+\varphi}+\gamma d=N_q\gamma d+N_c c \tag{5-6}$$

$$N_q=\frac{\cot\varphi+\varphi+\frac{\pi}{2}}{\cot\varphi+\varphi-\frac{\pi}{2}} \tag{5-7}$$

$$N_c=\frac{\pi\cdot\cot\varphi}{\cot\varphi+\varphi-\frac{\pi}{2}} \tag{5-8}$$

式中 p_{cr}——地基的临塑荷载；

γ——基础埋深范围内土的重度；

d——基础埋深；

c——基础底面下土的黏聚力；

φ——基础底面下土的内摩擦角；

N_q、N_c——承载力系数，可根据 φ 值按式（5-7）、式（5-8）计算。

2. 临界荷载

在中心荷载作用下，当地基中塑性变形区最大开展深度为 $z_{max}=\frac{b}{4}$，或在偏心荷载作用下，当地基中塑性变形区最大开展深度为 $z_{max}=\frac{b}{3}$时，与此相对应的基础底面的压力，称为临界荷载或塑性荷载，用 $p_{\frac{1}{4}}$或 $p_{\frac{1}{3}}$表示。

中心荷载作用时：

$$p_{\frac{1}{4}}=\frac{\pi\left(\gamma d+\frac{1}{4}\gamma d+c\cdot\cos\varphi\right)}{\cot\varphi-\frac{\pi}{2}+\varphi}+\gamma d=N_{\frac{1}{4}}\gamma b+N_q\gamma d+N_c c \tag{5-9}$$

偏心荷载作用时：

$$p_{\frac{1}{3}}=\frac{\pi\left(\gamma d+\frac{1}{3}\gamma d+c\cdot\cot\varphi\right)}{\cot\varphi-\frac{\pi}{2}+\varphi}+\gamma d=N_{\frac{1}{3}}\gamma b+N_q\gamma d+N_c c \tag{5-10}$$

$$N_{\frac{1}{4}}=\frac{\pi}{4\left(\cot\varphi+\varphi-\frac{\pi}{2}\right)} \tag{5-11}$$

$$N_{\frac{1}{3}}=\frac{\pi}{3\left(\cot\varphi+\varphi-\frac{1}{2}\right)} \tag{5-12}$$

式中　b——基础宽度（m），矩形基础短边，圆形基础采用 $b=\sqrt{A}$，A 为圆形基础底面积；

$N_{\frac{1}{4}}$、$N_{\frac{1}{3}}$——承载力系数，可根据 φ 值按式（5-11）、式（5-12）计算。

3. 极限荷载

极限荷载为地基将要失去稳定，土体将被从基底挤出时，作用于地基上的外荷载。常用的极限荷载计算公式很多，下面只介绍普朗德尔极限承载力计算公式：

$$p_u=cN_c+qN_q \tag{5-13}$$

$$N_q=\tan^2\left(45°+\frac{\varphi}{2}\right)\exp(\pi\tan\varphi) \tag{5-14}$$

$$N_c=(N_q-1)\cot\varphi \tag{5-15}$$

式中　N_c、N_q——承载力系数，可根据 φ 值按式（5-14）、式（5-15）计算；

q——均匀超载，即基底以上土重，$q=\gamma_0 d$（γ_0 为基础埋深处土的重度加权平均值，d 为基础埋深）。

工程实践表明，即使地基发生局部剪切破坏，地基中塑性区有所发展，只要塑性区范围不超出某一限度，就不会影响结构物的安全和正常使用，因此以 p_{cr} 作为地基土的承载力偏于保守，对于用极限荷载 p_u 作为地基容许承载力应有足够的安全储备，即地基容许承载力取$\frac{p_u}{K}$，其中 K 值为安全系数，$K=1.5\sim2.0$，比较 p_u 和 $p_{\frac{1}{4}}$ 或 $p_{\frac{1}{3}}$ 两种结果，应取两者较小值作为地基承载力容许值。但必须注意，这里只考虑了地基土的承载力，所以必要时还应验算基础沉降。

5.5.2 按规范修正地基承载力特征值

现行的《公路桥涵地基与基础设计规范》JTG 3363—2019 根据大量的桥涵工程建设经验和荷载试验资料，综合理论和试验研究成果，经过统计分析，给出了各类土的地基承载力特征值表及修正后的计算公式。该修正计算公式为：

$$f_a = f_{a0} + k_1\gamma_1(b-2) + k_2\gamma_2(h-3) \tag{5-16}$$

式中 f_a——修正后的地基承载力特征值（kPa）；

f_{a0}——查表 5-1～表 5-6 得到的地基承载力特征值；

b——基础底面的最小边长（m），当 $b<2$m 时，取 $b=2$m；当 $b>10$m 时，取 $b=10$m；

h——基底埋置深度（m），从自然地面起算，有水流冲刷时自一般冲刷线起算；当 $h<3$m 时，取 $h=3$m；当 $h/b>4$ 时，取 $h=4b$；

k_1、k_2——分别为基底宽度、深度修正系数，根据基底持力层土的类别按表 5-7确定；

γ_1——基底持力层土的天然重度（kN/m³）。若持力层在水面以下且为透水者，应取浮重度；

γ_2——基底以上土层的加权平均重度（kN/m³），换算时若持力层在水面以下，且不透水时，不论基底以上土的透水性质如何，均取饱和重度；当透水时，水中部分土层取浮重度。

一般黏性土可根据液性指数 I_L 和天然孔隙比 e 按表 5-1 确定其地基承载力特征值 f_{a0}。

一般黏性土地基承载力特征值 f_{a0}（kPa） 表 5-1

e	I_L												
	0	0.1	0.2	0.3	0.4	0.5	0.6	0.7	0.8	0.9	1.0	1.1	1.2
0.5	450	440	430	420	400	380	350	310	270	240	220	—	—
0.6	420	410	400	380	360	340	310	280	250	220	200	180	—
0.7	400	370	350	330	310	290	270	240	220	190	170	160	150
0.8	380	330	300	280	260	240	230	210	180	160	150	140	130
0.9	320	280	260	240	220	210	190	180	160	140	130	120	100
1.0	250	230	220	210	190	170	160	150	140	120	110	—	—
1.1	—	—	160	150	140	130	120	110	100	90	—	—	—

注：1. 土中粒径大于 2mm 的颗粒质量超过总质量 30%以上者，f_{a0} 可适当提高；

2. 当 $e<0.5$ 时，取 $e=0.5$；当 $I_L<0$ 时，取 $I_L=0$。此外，超过表列范围的一般黏性土，$f_{a0}=57.22E_s^{0.57}$；

3. 一般黏性土地基承载力特征值 f_{a0} 取值大于 300kPa 时，应有原位测试数据作依据。

老黏性土地基可根据压缩模量 E_s 按表5-2确定其地基承载力特征值 f_{a0}。

老黏性土地基承载力特征值 f_{a0}（kPa）　　表5-2

E_s（MPa）	10	15	20	25	30	35	40
f_{a0}（kPa）	380	430	470	510	550	580	620

注：当老黏性土 $E_s<10$MPa时，地基承载力特征值 f_{a0} 按一般黏性土（表5-1）确定。

新近沉积黏性土地基可根据液性指数 I_L 和天然孔隙比 e 按表5-3确定其地基承载力特征值 f_{a0}。

新近沉积黏性土地基承载力特征值 f_{a0}（kPa）　　表5-3

e	I_L		
	≤0.25	0.75	1.25
≤0.8	140	120	100
0.9	130	110	90
1.0	120	100	80
1.1	110	90	—

砂土地基可根据土的密实度和水位情况按表5-4确定其承载力特征值 f_{a0}。

砂土地基承载力特征值 f_{a0}（kPa）　　表5-4

土名	湿度	密实程度			
		密实	中密	稍密	松散
砾砂、粗砂	与湿度无关	550	430	370	200
中砂	与湿度无关	450	370	330	150
细砂	水上	350	270	230	100
	水下	300	210	190	—
粉砂	水上	300	210	190	—
	水下	200	110	90	—

碎石土地基可根据其类别和密实程度按表5-5确定其承载力特征值 f_{a0}。

碎石土地基承载力特征值 f_{a0}（kPa）　　表5-5

土名	密实程度			
	密实	中密	稍密	松散
卵石	1000～1200	650～1000	500～650	300～500
碎石	800～1000	550～800	400～550	200～400
圆砾	600～800	400～600	300～400	200～300
角砾	500～700	400～500	300～400	200～300

注：1. 由硬质岩组成，填充砂土者取高值；由软质岩组成，填充黏性土者取低值；
2. 半胶结的碎石土按密实的同类土提高10%～30%；
3. 松散的碎石土在天然河床中很少遇见，需特别注意鉴定；
4. 漂石、块石参照卵石、碎石取值并适当提高。

一般岩石地基可根据强度等级、节理按表 5-6 确定其承载力特征值 f_{a0}。对复杂的岩层（如溶洞、断层、软弱夹层、易溶岩石、崩解性岩石、软化岩石等）应按各项因素综合确定。

岩石地基承载力特征值 f_{a0}（kPa） 表 5-6

坚硬程度	节理发育程度		
	节理不发育	节理发育	节理很发育
坚硬岩、较硬岩	>3000	2000～3000	1500～2000
较软岩	1500～3000	1000～1500	800～1000
软岩	1000～1200	800～1000	500～800
极软岩	400～500	300～400	200～300

式（5-16）右侧的第二项和第三项分别表示基础宽度和深度修正后的地基容许承载力提高值。应该指出，确定地基容许承载力时，不仅要考虑地基承载力，还要考虑基础沉降的影响。因此在表 5-7 中黏性土的宽度修正系数 k_1 均等于零，这是因为黏性土在外荷载作用下后期沉降量较大，基础越宽，沉降量也越大，这对桥涵的正常运营很不利，除在制定基本承载力时已经考虑基础平均宽度的影响外，一般不再作宽度修正。而砂土等粗颗粒土，其后期沉降量较小，对运营影响不大，故可作宽度修正提高。此外，在进行宽度修正时，还规定基础宽度 $b>10$m 时，只能按 $b=10$m 计算修正，这是因为 b 越大，基础沉降也大，故须对宽度修正作一定的经验性限制。

在进行深度修正时，规定在基础相对埋深$\dfrac{h}{b}>4$ 时，属于深基础范畴，故不能按式（5-16）修正，须另行考虑。

当墩台建在水中而其基底土为不透水层时，自平均常水位至一般冲刷线处，水每深 1m 基底容许承载力可增加 10kPa；当作用不同的荷载组合时，地基土的容许承载力可以乘以表 5-8 所列系数 k；当受地震作用时，应按《公路工程抗震规范》JTG B02—2013 规定采用。

【例 5-1】 某桥墩基础如图 5-11 所示。已知基础底面宽度 $b=5$m，长度 $l=10$m，埋置深度 $h=4$m，作用在基底中心的竖向荷载 $N=8000$kN（荷载组合Ⅰ），地基土的性质如图 5-11 所示。试按《公路桥涵地基与基础设计规范》JTG 3363—2019 确定地基容许承载力是否满足强度要求。

【解】 由已知基底下持力层为中密粉砂（水下），查表 5-4 得粉砂的容许承载力 $[f_{a0}]=110$kPa。

已知基础底面下持力层土为中密粉砂在水下且透水，故 γ_1 应采用浮重度 $\gamma_2=\gamma_{sat}-\gamma_w=20-9.8=10.2\text{kN/m}^3$；已知基础底面上也为中密粉砂，但在水面以上，故其重度 $\gamma_2=18\text{kN/m}^3$；由表 5-7 查得宽度及深度修正系数 $k_1=1.0$，$k_2=2.0$。将上述条件代入修正公式（5-16）得：

$$[f_a]=[f_{a0}]+k_1\gamma_1(b-2)+k_2\gamma_2(h-3)$$
$$=110+1\times10.2\times(5-2)+2\times18\times(4-3)=110+30.6+36=176.6\text{kPa}$$

地基土承载力宽度、深度修正系数 k_1、k_2　　表 5-7

系数	黏性土				粉土	砂土								碎石土			
	老黏性土	一般黏性土		新近沉积黏性土	—	粉砂		细砂		中砂		砾砂、粗砂		碎石、圆砾角砾		卵石	
		$I_L \geq 0.5$	$I_L < 0.5$		—	中密	密实	中密	密实	中密	密实	中密	密实	中密	密实	中密	密实
k_1	0	0	0	0	0	1.0	1.2	1.5	2.0	2.0	3.0	3.0	4.0	3.0	4.0	3.0	4.0
k_2	2.5	1.5	2.5	1.0	1.5	2.0	2.5	3.0	4.0	4.0	5.5	5.0	6.0	5.0	6.0	6.0	10.0

注：1. 对稍密和松散状态的砂、碎石土，k_1、k_2 值可采用表列中密值的 50%；

2. 强风化和全风化的岩石，可参照所风化成的相应土类取值；其他状态下的岩石不修正。

地基土容许承载力的提高系数　　表 5-8

序号	荷载与使用情况	提高系数 k
一	荷载组合Ⅰ	1.00
二	荷载组合Ⅱ、Ⅲ、Ⅳ、Ⅴ	1.25
三	经多年压实未受破坏的旧桥基	1.50

注：1. 荷载组合Ⅴ，当承受拱施工期间的单向恒载推力时，$k=1.50$；

2. 各项提高系数不得互相叠加；

3. 岩石旧桥基的容许承载力不得提高；

4. 容许承载力小于 150kPa 的地基，对于表列第二项情况，$k=1.0$；对于第三项及注 1 情况，$k=1.25$；

5. 表中荷载组合Ⅰ如包括由混凝土收缩及徐变或水浮力引起的荷载效应，则与荷载组合Ⅱ相同对待。

基底压力　$f_a=\dfrac{N}{b\times l}=\dfrac{8000}{5\times 10}=160\text{kPa}<[f_a]=176.6\text{kPa}$

故地基强度能够满足要求。

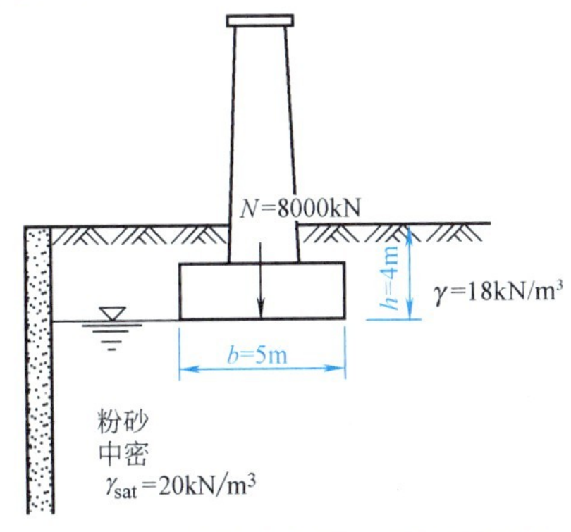

图 5-11　桥墩基础下地基强度验算

5.6　土的直接剪切试验

码5-1　土的直接剪切试验

1. 试验目的和适用范围

测定土的抗剪强度指标 c 和 φ，为计算地基承载力、挡土墙压力、验算地基及土坡稳定提供基本参数。

直接剪切试验分慢剪、固结快剪和快剪三种，应按地基土的实际受力和固结情况选定。本书介绍快剪法。

2. 仪器设备

（1）应变控制式直剪仪：主要包括杠杆式垂直加压设备、剪切盒、量力环（包括放于环中的测微表）及推力座等；

（2）位移计或百分表：量程 5～10mm，分度值 0.01mm；

（3）环刀：与直剪仪配套的至少 3 个，内径 61.8mm，高度 20mm；

（4）其他：削土刀、秒表、玻璃板、推土器、凡士林、滤纸等。

3. 试验准备及试样制备

制备土样：制备给定干密度和含水量范围的扰动土样，土样为直径约 200mm、高度约 100mm 的土柱。

4. 试验步骤

（1）切取土样：用环刀切取土样，削平，擦净。

（2）安装土样：对准上下剪切盒，插入固定插销，在下盒中放入透水石和滤纸，然后用推土器将试样徐徐推入剪切盒内，移去环刀，再依次放入滤纸和透水石，加压盖板。

（3）调试仪器：安装加压框架，转动手轮，使上剪切盒前端钢珠刚好与测力计（百分表）接触。调整仪器下方砝码轮，使横梁平衡。调整测力计（百分表）读数为 0。对需要测记垂直变量的，安装垂直位移计或百分表。

（4）施加垂直压力（本试验至少要取四个试样，分别加 50kPa、100kPa、200kPa、400kPa 压力），加荷载时应按垂直压力值，一次将砝码轻轻加上，防止冲击。若土质很软，当压力较大时，为防止土从上下盒的缝中被挤出，可分数次在一分钟内将砝码全部加足。如为饱和土样，还应往盒中注水。各级压力对应砝码质量见表 5-9。

加压表　　表 5-9

压力级别(kPa)	50	100	200	300	400
对应砝码质量(kg)	1.275	2.55	5.1	7.65	10.2

（5）拔出固定销，均匀转动手轮使量力环受力，快剪时手轮每分钟摇 4～12 转使剪切速度控制在 0.8mm/min，观看测微表指针的转动。如指针不再前进或明显后退，表示试样已剪坏，记下读数的峰值作为终读数。若量力环中测微表指针随手轮的旋转而不断前进，则取剪切变形达 6mm 时的指针读数作为终读数，即可停止剪切。一般快剪宜在 3～5min 内完成。分级加压时，应在每级压力施加后在表 5-10 中记录各组数据，并计算出土的抗剪强度值。

（6）倒退手轮，卸去垂直压力，取出土样，将仪器擦洗干净，并在上下盒接触面上涂一层凡士林，以供下次使用。

（7）抄录量力环系数 K。

5. 试验数据的处理

（1）按式（5-17）计算各级垂直压力下所测抗剪强度：

$$\tau_f = CR \tag{5-17}$$

式中 τ_f——土的抗剪强度（kPa）；

C——量力环系数（kPa/0.01mm）；

R——测力计量表（百分表）最大读数，或6mm时的峰值（0.01mm）。

（2）以垂直压力 σ 作为横坐标，抗剪强度 τ_f 作为纵坐标，纵横坐标必须同一比例，根据图中各点绘制 τ_f-σ 关系图。该直线与 σ 轴的夹角为土的内摩擦角 φ，该直线在纵轴上的截距为土的黏聚力 c，如图5-12所示。

直剪试验记录见表5-10。

直剪试验记录　　　　表5-10

工程名称＿＿＿＿＿＿＿＿　　试验编号＿＿＿＿＿＿＿＿

取样部位＿＿＿＿＿＿＿＿　　试验日期＿＿＿＿＿＿＿＿

土样编号＿＿＿＿＿＿＿＿　　试验方法＿＿＿＿＿＿＿＿

环刀面积＿＿＿＿＿＿＿＿　　土样说明＿＿＿＿＿＿＿＿

垂直压力 P_i （kN/m^2）	土体面积 A （m^2）	量力环系数 C （kN/m^2/0.01mm）	测微表读数 R_i （mm）	剪应力 $\tau=CR_i$ （kN/m^2）	正应力 $\sigma=P_i$ （kN/m^2）
50					
100					
200					
400					

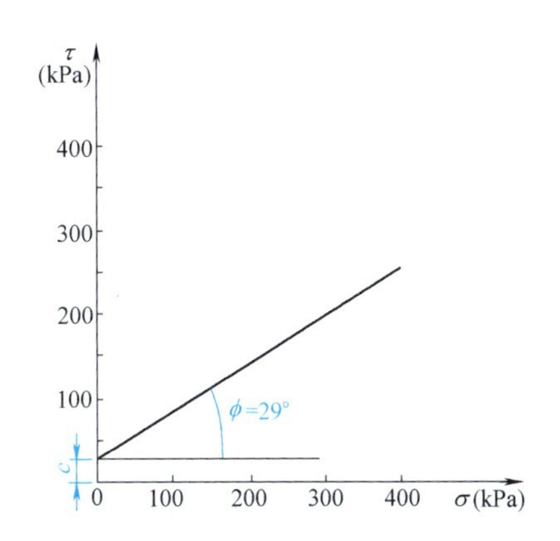

图5-12　抗剪强度与垂直压力关系曲线

思考题与习题

1. 什么是土的抗剪承载力？

2. 黏性土的抗剪承载力指标包括哪些？砂性土的抗剪承载力指标包括哪些？

3. 什么是土的极限平衡条件？如何根据应力圆与抗剪承载力线的关系来确定某点是否处于极限平衡状态？

4. 抗剪承载力的测定方法有哪些？

5. 地基变形破坏经历哪三个阶段？各个阶段的地基土有何变化？

6. 地基破坏有哪三种形式？各种破坏常发生在哪些地基土中？

7. 确定地基容许承载力的方法有哪些?

8. 按规范法如何确定地基容许承载力?

9. 已知某地基土的 $c=20\text{kPa}$，$\varphi=20°$，若地基中某点的大主应力为 300kPa，当小主应力为何值时该点土处于极限平衡状态? 并说明其剪裂面的位置。

10. 某水中基础，矩形底面尺寸为 3.4m×9.0m，当地的水文与地质情况如图 5-13 所示，试用规范法确定地基容许承载力。

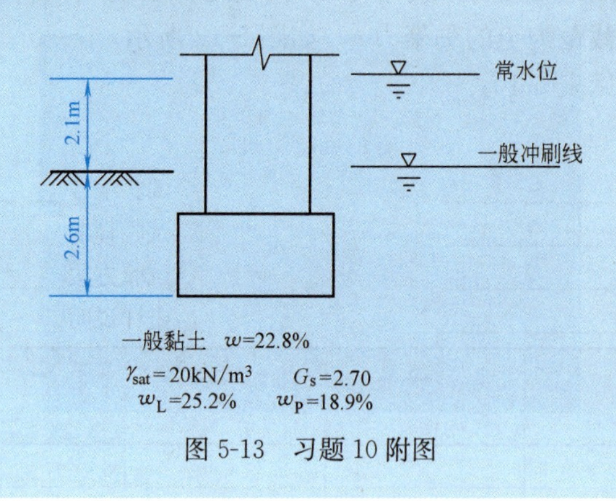

图 5-13 习题 10 附图

教学单元 6　土压力及土坡稳定

6.1　土压力种类

在土木工程中，为了防止土体滑坡和坍塌，常用各种类型的挡土结构加以支挡。土压力就是指作用于各种挡土结构物上的侧向压力。根据挡土墙的位移情况和墙后土体所处的应力状态，可将土压力分为以下三种：

6.1.1　静止土压力

当挡土墙静止不动，墙后土体处于弹性平衡状态时，作用在墙背上的土压力称为静止土压力，用 E_0 表示，如图 6-1（a）所示。如嵌固于岩基上的重力式挡土墙、地下室的外墙、涵洞的侧壁等所承受的都是静止土压力。

6.1.2　主动土压力

挡土墙在外力作用下背离填土方向移动，这时作用在墙上的土压力逐渐减少，墙后土体达到主动极限平衡状态，并出现连续滑动面使土体下滑，这时土压力减至最小值，该值被称为主动土压力，用 E_a 表示，如图 6-1（b）所示。一般桥台和挡土墙所受的土压力都是主动土压力。

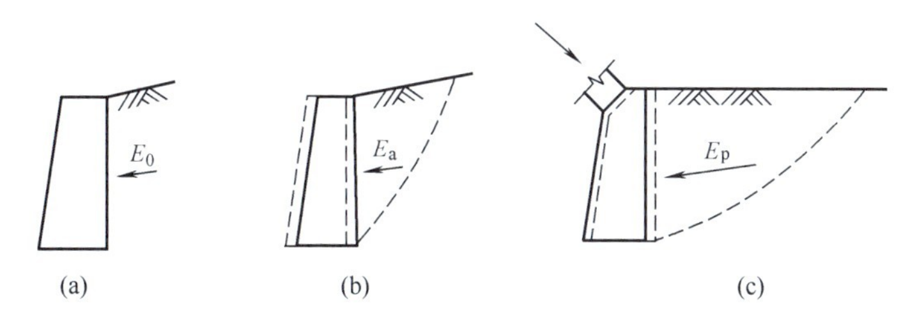

图 6-1　挡土墙上的三种土压力

（a）静止土压力；（b）主动土压力；（c）被动土压力

6.1.3　被动土压力

挡土墙在外力作用下，向填土方向移动，这时作用在墙上的土压力逐渐增大，墙后土体达到被动极限平衡状态，并出现连续滑动面，墙后土体向上挤出隆起。这时土压力增至最大值，该值被称为被动土压力，用 E_p 表示，如图 6-1（c）所示。拱桥桥台在桥上荷载作用下台背所受的土压力即为被动土压力。

试验表明，产生被动土压力所需的位移比产生主动土压力所需的位移要大，而且在相同条件下，主动土压力小于静止土压力而静止土压力又小于被动土压力，如图 6-2 所示，即 $E_a < E_0 < E_p$。

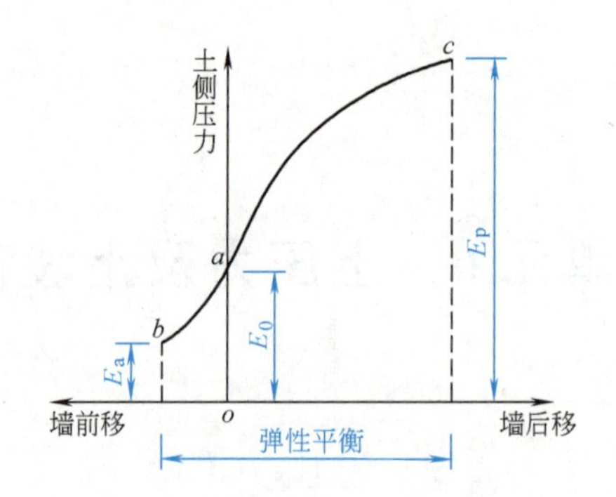

图 6-2　挡墙位移和土压力间的关系

6.2　静止土压力计算

计算静止土压力时，假定土体为半无限土体，由于挡土墙静止不动，墙后填土处于弹性平衡状态，填土表面以下深度 z 处土体所受的力如图 6-3（a）所示。

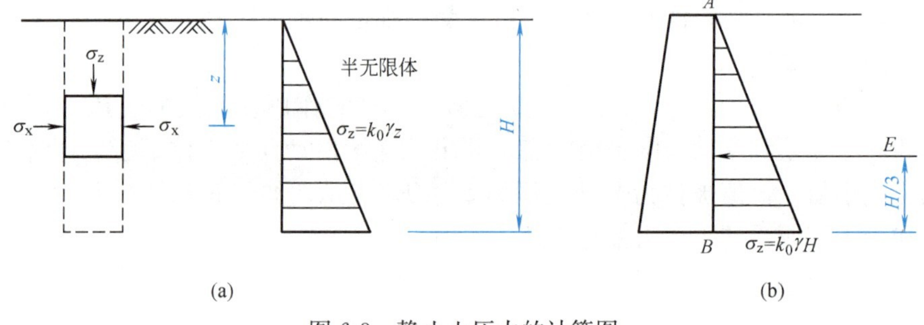

图 6-3　静止土压力的计算图

从图 6-3 可知，作用在挡土结构背面的静止土压力强度可视为天然土层自重应力的水平分量。土体自重所引起的竖向应力为 $\sigma_z=\gamma z$；水平应力为 $\sigma_x=\sigma_y=k_0\sigma_z=k_0\gamma z$，而该点静止土压力强度就是该点由土体自重所引起的水平应力，即

$$P_0=\sigma_x=k_0\sigma_z \tag{6-1}$$

式中　P_0——填土表面以下深度 z 处所受的静止土压力承载力（kPa）；

k_0——静止土压力系数，可查表 6-1 得到。对正常固结土，还可采用经验公式 $k_0=1-\sin\varphi'$ 计算，φ' 指土的有效内摩擦角。

静止土压力系数 k_0 值　　表 6-1

土　名	k_0	土　名	k_0
砾石、卵石	0.20	粉质黏土	0.45
砂土	0.25	黏土	0.55
砂质粉土	0.35		

当墙高为 H 时，作用于墙背上的静止土压力强度沿墙背高度呈三角形分布，如图 6-3（b）所示，因此作用于每延米挡土墙上的静止土压力 E_0 为：

$$E_0=\frac{1}{2}\gamma H^2 k_0 \tag{6-2}$$

式中　E_0——作用于墙背上的静止土压力（kN/m）。

E_0 作用方向水平，作用点在三角形的形心位置，离墙脚 $\frac{H}{3}$ 处。

对于成层土和有超载情况，静止土压力强度可按式（6-3）计算：

$$P_0=k_0(\sum\gamma_i h_i+q) \tag{6-3}$$

式中　γ_i——计算点以上第 i 层土的重度；

h_i——计算点以上第 i 层土的厚度；

q——填土面上的均布荷载。

若墙后填土有地下水，计算静止土压力时，水下土应考虑水的浮力作用。对于透水性的土取 $\gamma=\gamma'$，同时考虑作用在挡土墙上的静水压力。

6.3　朗肯土压力理论

1857 年，朗肯（W. J. M. Rankine）根据半无限土体处于极限平衡状态时的最大主应力和最小主应力的关系来计算作用于墙背上的土压力，其基本假定为挡土墙的墙背垂直、光滑、墙背填土表面水平。

6.3.1　主动土压力计算

如图 6-4（a）所示挡土墙，在填土压力作用下背离填土，土体达到主动极限平衡状态。

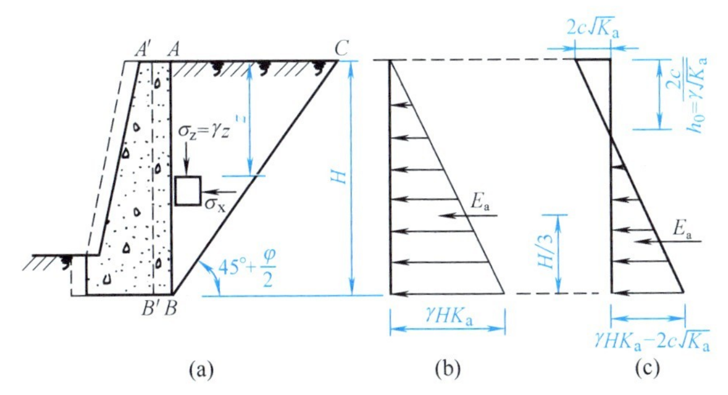

图 6-4　朗肯主动土压力计算

（a）挡土墙向外移动；（b）砂性土；（c）黏性土

在深度 z 处取一单元体进行受力分析：竖向应力 $\sigma_z=\gamma z$ 为大主应力 σ_1；水平应力 σ_x 为小主应力 σ_3，也就是主动土压力强度，根据极限平衡条件，可得深度 z 处的主动土压力强度为：

黏性土：$P_a=\sigma_z\tan^2\left(45°-\frac{\varphi}{2}\right)-2c\cdot\tan\left(45°-\frac{\varphi}{2}\right)$

$$=\sigma_z K_a-2c\sqrt{K_a} \tag{6-4}$$

砂性土：$P_a=\sigma_z\tan^2\left(45°-\frac{\varphi}{2}\right)=\sigma_z K_a$　　(6-5)

式中 P_a——主动土压力强度（kPa）；

σ_z——深度 z 处的竖向应力（kPa）；

K_a——主动土压力系数，$K_a=\tan^2\left(45°-\dfrac{\varphi}{2}\right)$。

从式（6-4）、式（6-5）可知，P_a 沿深度 z 呈直线分布。对砂性土，其 P_a 分布图为三角形，如图 6-4（b）所示。作用于每延米挡土墙上的主动土压力合力 E_a 等于该三角形面积，即

$$E_a=\frac{1}{2}(\gamma H K_a)H=\frac{1}{2}\gamma H^2 K_a \quad (\text{kN/m}) \tag{6-6}$$

E_a 作用方向水平，作用点在三角形分布图的形心处，即距离挡土墙底面 $\dfrac{1}{3}H$处。

对于黏性土：当 $z=0$ 时，由式（6-4）知 $P_a=-2c\sqrt{K_a}$时出现拉力区，如图6-4（c)所示，当 $P_a=0$ 时拉力区高度为：

$$h_0=\frac{2c}{\gamma\sqrt{K_a}} \tag{6-7}$$

由于填土与墙背间不能承受拉应力，因此拉力区将出现裂缝。故计算土压力时，这部分略去不计，则作用在每延米挡土墙上的主动土压力 E_a 等于分布图中压力部分三角形的面积，即

$$E_a=\frac{1}{2}\gamma H^2 K_a-2H\cdot c\cdot\sqrt{K_a}+\frac{2c^2}{\gamma} \quad (\text{kN/m}) \tag{6-8}$$

E_a 作用方向水平，作用点离挡土墙底面$\dfrac{H-h_0}{3}$。

6.3.2 被动土压力计算

如图 6-5（a）所示挡土墙，在外力作用下，挡土墙被推向填土。土体达到被动极限平衡状态时，在深度 z 处，取一单元体进行受力分析：竖向应力 $\sigma_z=\gamma z$，为小主应力 σ_3；而水平应力 σ_x 为大主应力 σ_1，也就是被动土压力强度。根据极限平衡条件，可得深度 z 处的土压力强度为：

黏性土：
$$\begin{aligned}P_p&=\sigma_z\tan^2\left(45°+\frac{\varphi}{2}\right)+2c\cdot\tan\left(45°+\frac{\varphi}{2}\right)\\&=\sigma_z K_p+2c\sqrt{K_p}\end{aligned} \tag{6-9}$$

砂性土：
$$P_p=\sigma_z\tan^2\left(45°+\frac{\varphi}{2}\right)=\sigma_z K_p \tag{6-10}$$

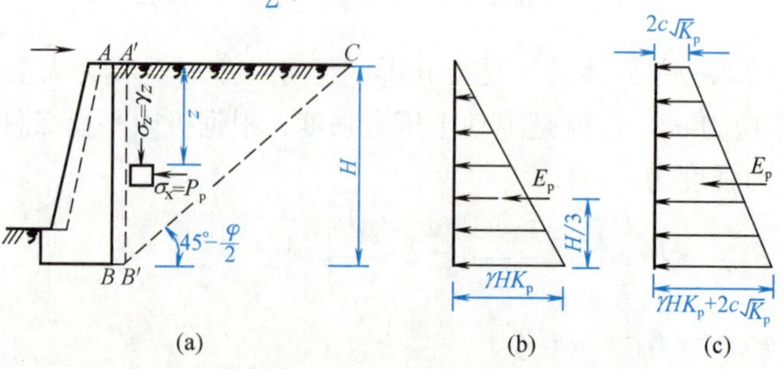

图 6-5　朗肯被动土压力计算

（a）挡土墙向填土移动；（b）砂性土；（c）黏性土

式中　K_p——被动土压力系数，$K_p=\tan^2\left(45°+\frac{\varphi}{2}\right)$。

从式（6-9）和式（6-10）可知，P_p 沿深度 z 呈直线分布，分布图如图 6-5（b）（c）所示，作用于每延米挡土墙上的被动土压力 E_p 等于 P_p 分布图形的面积，即

黏性土：
$$E_p=\frac{1}{2}\gamma H^2 K_p+2c\cdot H\sqrt{K_p} \tag{6-11}$$

砂性土：
$$E_p=\frac{1}{2}\gamma H^2 K_p \tag{6-12}$$

E_p 作用方向水平，作用点通过分布图的形心。

6.3.3　几种常见情况下朗肯主动土压力计算

1. 填土表面有均布荷载作用时

当填土表面有均布荷载作用时，如图 6-6 所示，填土表面深度 z 处的竖向应力 $\sigma_z=q+\gamma z$，则黏性土土压力强度公式为：

$$\left.\begin{aligned}&\text{静止土压力强度：} && P_0=K_0(q+\gamma z)\\&\text{主动土压力强度：} && P_a=(q+\gamma z)K_a-2c\sqrt{K_a}\\&\text{被动土压力强度：} && P_p=(q+\gamma z)K_p+2c\sqrt{K_p}\end{aligned}\right\} \tag{6-13}$$

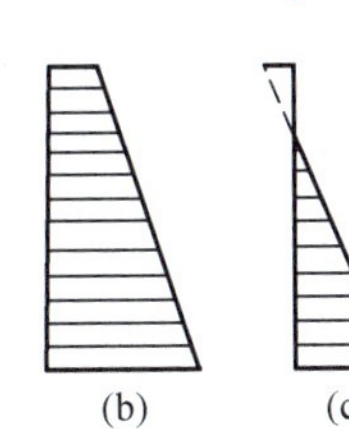

图 6-6　填土面上有均布荷载作用时的土压力计算

按式（6-13）绘出土压力强度分布图后，作用在每延米挡土墙上的土压力即为分布图的面积。土压力作用方向水平，作用点在分布图形心处。

2. 成层填土时

当挡土墙后的填土为成层土时，如图 6-7所示，先按公式算出各土层分界面上、下土层的土压力强度，然后绘出土压力强度分布图，再算出土压力强度分布图的总面积（受拉部分不计），即为土压力。土压力作用方向水平，作用点在分布图形心处。

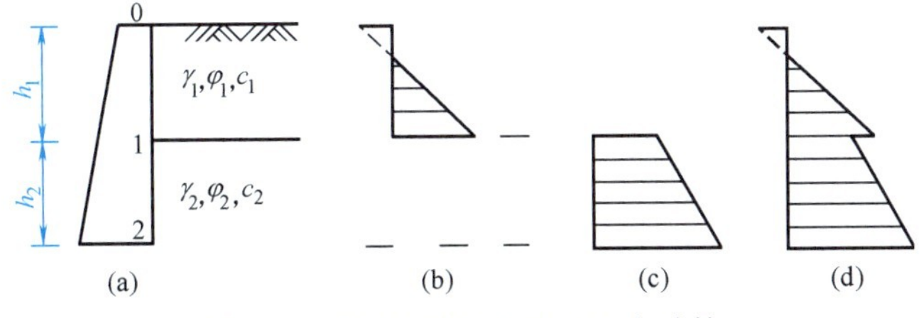

图 6-7　成层土时的主动土压力计算

如图 6-8 所示，墙后填土为黏性土且有两层的挡土墙，其主动土压力强度为：

a 点：$p_{a1}=-2c_1\sqrt{K_{a1}}$

b 点上（在第一层土中）：

$p'_{a2}=\gamma_1 h_1 K_{a1}-2c_1\sqrt{K_{a1}}$

b 点下（在第二层土中）：

$p''_{a2}=\gamma_1 h_1 K_{a2}-2c_2\sqrt{K_{a2}}$

c 点：

$p_{a3}=(\gamma_1 h_1+\gamma_2 h_2)K_{a2}-2c_2\sqrt{K_{a2}}$

式中，$K_{a1}=\tan^2\left(45°-\dfrac{\varphi_1}{2}\right)$，$K_{a2}=\tan^2\left(45°-\dfrac{\varphi_2}{2}\right)$，其余符号意义如图 6-8 所示。

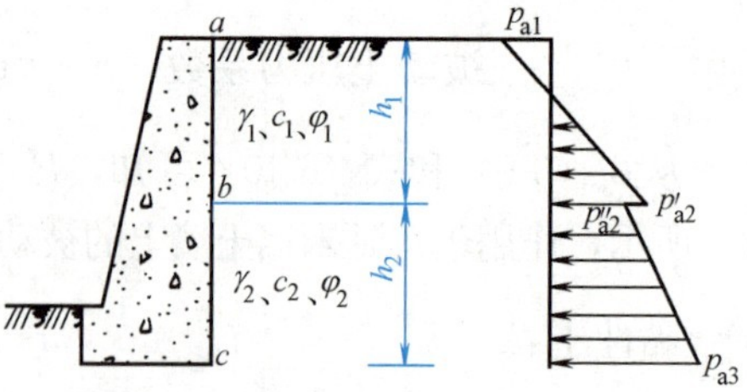

图 6-8 成层土的主动土压力计算

3. 填土中有地下水时

当填土中有地下水时，地下水位处可看作土层分层面，但水位以下土的重度，采用有效重度 γ'，并且考虑静水压力作用，即挡土墙所受到的总的侧向压力等于土压力和静水压力之和。

【例 6-1】 作用于填土面上的荷载和各层土的厚度及物理力学性质指标如图 6-9所示，求作用于图中挡土墙上的主动土压力。

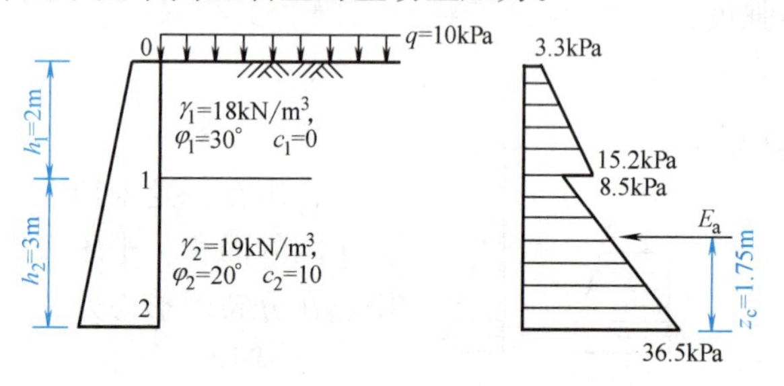

图 6-9 例 6-1 附图

【解】（1）求各分界点的竖向应力。

$$\sigma_{z0}=q=10\text{kPa}$$

$$\sigma_{z1}=q+r_1 h_1=10+18\times2=46\text{kPa}$$

$$\sigma_{z2}=q+r_1 h_1+r_2 h_2=46+19\times3=103\text{kPa}$$

（2）求各分界点的土压力强度。

0 点：$p_a=\sigma_z K_{a1}-2c_1\sqrt{K_{a1}}=10\times0.33-2\times0=3.3\text{kPa}$

1 点：上层：$p_{a1}=\sigma_{z1}K_{a1}-2c_1\sqrt{K_{a1}}=46\times0.33=15.2\text{kPa}$

下层：$p_{a1}=\sigma_{z1}K_{a2}-2c_2\sqrt{K_{a2}}=46\times0.49-2\times10\times\sqrt{0.49}=8.5\text{kPa}$

2 点：$p_{a2}=\sigma_{z2}K_{a2}-2c_2\sqrt{K_{a2}}=103\times0.49-2\times10\times\sqrt{0.49}=36.5\text{kPa}$

按计算结果绘出 P_a 分布图。

（3）求 E 值及其作用点高度

由 P_a 分布图面积可得：

$$\begin{aligned}E_a&=E_{a1}+E_{a2}+E_{a2}+E_{a3}+E_{a4}\\&=3.3\times2+\frac{(15.2-3.3)\times2}{2}+8.5\times3+\frac{(36.5-8.5)\times3}{2}\\&=6.6+12.0+25.5+42.0=86.1\text{kN/m}\end{aligned}$$

E_a 作用点高度为：

$$z_c=\frac{\sum E_{ai}\cdot z_i}{\sum E_{ai}}=\frac{6.6\times\left(3+\frac{2}{2}\right)+12.0\times\left(3+\frac{2}{3}\right)+25.5\times\frac{3}{2}+42.0\times\frac{3}{3}}{86.1}=1.75\text{m}$$

【例 6-2】 挡土墙及填土情况如图 6-10 所示，其中 γ_1 为天然重度，γ_2 为饱和重度，求主动土压力及静水压力。

【解】（1）求 σ_z。

$$\sigma_{z1}=\gamma_1 h_1=16\times2=32\text{kPa}$$

$$\sigma_{z2}=\gamma_1 h_1+\gamma_2 h_2=16\times2+(20-9.8)\times4=72.8\text{kPa}$$

（2）求 P_a 并绘出其分布图。

由 $\varphi_1=35°$，$\varphi_2=30°$ 计算得：

$$K_{a1}=0.271,\ K_{a2}=0.333$$

0 点　　$p_{a0}=\sigma_{z0}K_{a1}=0$

1 点　上层　$p_{a1}=\sigma_{z1}K_{a1}=32\times0.271=8.7\text{kPa}$

　　　下层　$p_{a1}=\sigma_{z1}K_{a2}=32\times0.333=10.7\text{kPa}$

2 点　$p_{a2}=\sigma_{z2}K_{a2}=72.8\times0.333=24.2\text{kPa}$

墙脚处水压力：$p_w=\gamma_w h_w=9.8\times4=39.2\text{kPa}$

按计算结果绘出 p_a 及 p_w 分布图，如图 6-10 所示。

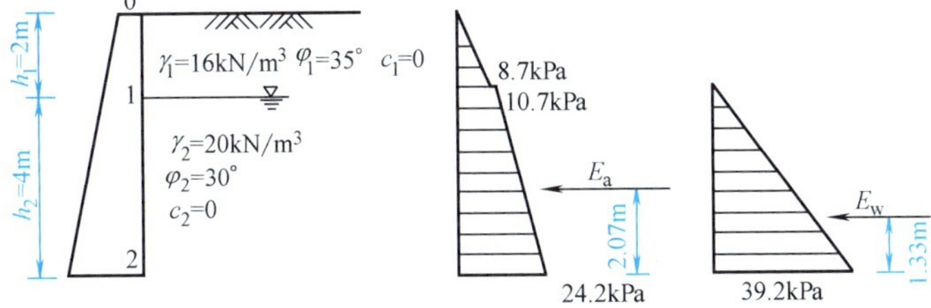

图 6-10　例 6-2 附图

（3）求 E_a、E_w 及其作用点高度。

$$E_a=E_{a1}+E_{a2}+E_{a3}=\frac{8.7\times2}{2}+10.7\times4+\frac{(24.2-10.7)\times4}{2}$$

$$=8.7+42.8+27.0=78.5\text{kN/m}$$

$$Z_{ca}=\frac{\sum E_{ai}\cdot z_i}{\sum E_{ai}}=\frac{8.7\times\left(4+\frac{2}{3}\right)+42.8\times\frac{4}{2}+27.0\times\frac{4}{3}}{8.7+42.8+27.0}=2.07\text{m}$$

$$E_w=\frac{39.2\times4}{2}=78.4\text{kN/m}$$

$$z_{cw}=\frac{h_w}{3}=\frac{4}{3}=1.33\text{m}$$

挡土墙受的总压力：

$$E_a+E_w=78.5+78.4=156.9\text{kN/m}$$

合力作用点距墙脚的高度为：

$$z_{cw}=\frac{78.5\times2.07+78.4\times1.33}{78.5+78.4}=1.70\text{m}$$

本例中土压力和水压力几乎各占一半，可见挡土墙中采用排水措施十分重要。

6.4　库仑土压力理论

1776年库仑（C. A. Coulomb）提出土压力理论，由于其计算比较简明，适用范围广，至今仍被广泛应用。

其基本假定为：

（1）墙后填土为均匀的松散砂性土；

（2）墙后土体达到极限平衡状态时，所产生的滑动面为通过墙脚的两组平面 AB 和 AC；

（3）滑动土楔体 ABC 是刚体。

因此可以根据土楔体静力平衡解出作用在挡土墙上的土压力。

6.4.1　主动土压力计算

如图6-11（a）所示，墙后填土处于主动极限平衡状态，并形成滑动面 AB 和 AC，此时作用于土楔体上的力有：土楔体自重 G、墙背 AB 面的反力 Q 和 AC 面的反力 R。G 通过△ABC 的形心，方向竖直向下；Q 与 AB 面的法线呈 δ 角（δ 是墙背与土体间的摩擦角），Q 与水平面夹角为 $\alpha+\delta$；R 与 AC 面的法线呈 φ 角（φ 为土的内摩擦角），AC 面与竖直面呈 θ 角，所以 R 与竖直面夹角为 $90°-\theta-\varphi$。根据力的平衡原理可知：G、Q、R 三个力应交于一点，且应组成闭合的力三角形，如图6-11（b）所示。在力三角形中，$\angle 1=90°-\theta-\varphi$，$\angle 3=90°-\alpha-\delta$，$\angle 2=\theta+\varphi+\alpha+\delta$。由正弦定理得：

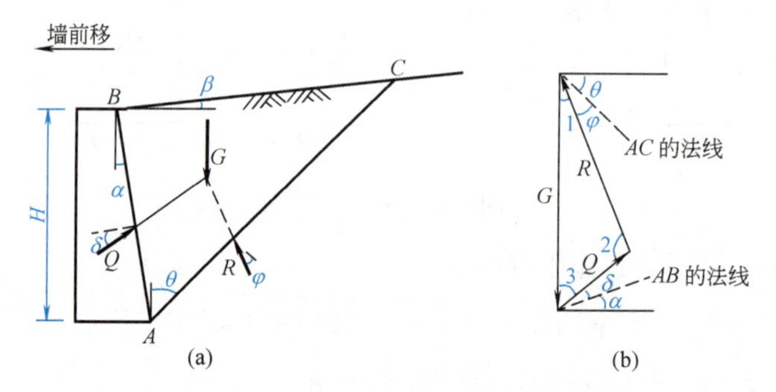

图6-11　库仑主动土压力计算

$$Q=G\frac{\sin(90°-\varphi-\theta)}{\sin(\theta+\varphi+\alpha+\delta)}=G\frac{\cos(\varphi+\theta)}{\sin(\theta+\varphi+\alpha+\delta)} \tag{6-14}$$

设△ABC 的底为 AC、高为 H，则每米长度的土楔体自重为：

$$G=\frac{1}{2}AC\cdot h\cdot\gamma$$

$$\frac{AC}{AB}=\frac{\sin(90°-\alpha+\beta)}{\sin[180°-(90°-\alpha+\beta)-(\alpha+\theta)]}=\frac{\sin(90°-\alpha+\beta)}{\sin(90°-\theta-\beta)}=\frac{\cos(\alpha-\beta)}{\cos(\theta+\beta)}$$

则

$$AC=AB\frac{\cos(\alpha-\beta)}{\cos(\theta+\beta)}=H\cdot\sec\alpha\frac{\cos(\alpha-\beta)}{\cos(\theta+\beta)}$$

$$h=AB\sin(\alpha+\theta)=H\cdot\sec\alpha\sin(\alpha+\theta)$$

$$G=\frac{1}{2}\gamma H^2\sec^2\alpha\cos(\alpha-\beta)\frac{\sin(\alpha+\theta)}{\cos(\theta+\beta)}$$

将G代入式（6-14）得：

$$Q=\frac{1}{2}\gamma H^2\sec^2\alpha\cos(\alpha-\beta)=\frac{\sin(\theta+\alpha)\cos(\theta+\varphi)}{\cos(\theta+\beta)\sin(\varphi+\theta+\delta+\alpha)} \tag{6-15}$$

在上式中，α、β、φ、δ均为常数，Q仅随θ变化，θ为滑裂面与竖直面的夹角，称为破裂角。当$\theta=-\alpha$时，$G=0$；当$\theta=90°-\varphi$时，R与G重合，则$Q=0$。因此，θ在$-\alpha$与$90°-\varphi$之间变化时，Q将有一个极大值，这个极大值Q_{max}即所求的主动土压力E_a（E_a与Q是作用力与反作用力）。

计算Q_{max}时，令$\frac{dQ}{d\theta}=0$时，可求得破裂角θ的计算式为：

$$\tan(\theta+\beta)=-\tan(\omega-\beta)\sqrt{[\tan(\omega-\beta)+\cot(\varphi-\beta)][\tan(\omega-\beta)-\tan(\alpha-\beta)]} \tag{6-16}$$

式中　　$\omega=\alpha+\delta+\varphi$

将式（6-16）代入式（6-15）得：

$$E_a=Q_{max}=\frac{1}{2}\gamma H^2K_a \tag{6-17}$$

$$K_a=\frac{\cos^2(\varphi-\alpha)}{\cos^2\alpha\cos(\alpha+\delta)\left[1+\sqrt{\frac{\sin(\delta+\varphi)\sin(\varphi-\beta)}{\cos(\delta+\alpha)\cos(\alpha-\beta)}}\right]^2} \tag{6-18}$$

式中　K_a——库仑主动土压力系数，当$\beta=0$时可查表6-2得；
γ——墙后填土的重度（kN/m^3）；
H——挡土墙高度（m）；
φ——填土的内摩擦角（°）；
δ——墙背与土体之间的摩擦角（°）；
α——墙背与竖直面间的夹角（°），墙背俯斜时为正值，仰斜时为负值；
β——填土面与水平面间的夹角（°）。

$\beta=0$时的库仑主动土压力系数K_a　　表6-2

墙背坡度		墙背与填土的摩擦角δ(°)	主动土压力系数K_a					
			土的内摩擦角φ(°)					
			20	25	30	35	40	45
俯斜式挡土墙	1∶0.33（$\alpha=18°26'$）	$\frac{1}{2}\varphi$	0.598	0.523	0.459	0.402	0.353	0.307
		$\frac{2}{3}\varphi$	0.594	0.522	0.461	0.408	0.362	0.321
	1∶0.29（$\alpha=16°10'$）	$\frac{1}{2}\varphi$	0.572	0.498	0.433	0.376	0.327	0.283
		$\frac{2}{3}\varphi$	0.569	0.496	0.435	0.381	0.334	0.295

续表

墙背坡度		墙背与填土的摩擦角 δ(°)	主动土压力系数 K_a					
			土的内摩擦角 φ(°)					
			20	25	30	35	40	45
俯斜式挡土墙	1∶0.25 ($\alpha=14°02'$)	$\frac{1}{2}\varphi$	0.556	0.479	0.414	0.358	0.309	0.265
		$\frac{2}{3}\varphi$	0.550	0.477	0.414	0.361	0.313	0.277
	1∶0.20 ($\alpha=11°19'$)	$\frac{1}{2}\varphi$	0.532	0.455	0.390	0.334	0.285	0.241
		$\frac{2}{3}\varphi$	0.525	0.452	0.389	0.336	0.289	0.249
仰斜式挡土墙	1∶0.29 ($\alpha=16°10'$)	$\frac{1}{2}\varphi$	0.351	0.269	0.203	0.105	0.110	0.077
		$\frac{2}{3}\varphi$	0.340	0.260	0.190	0.147	0.108	0.076
	1∶0.25 ($\alpha=14°02'$)	$\frac{1}{2}\varphi$	0.363	0.279	0.241	0.161	0.119	0.086
		$\frac{2}{3}\varphi$	0.351	0.271	0.208	0.157	0.117	0.085
	1∶0.20 ($\alpha=11°19'$)	$\frac{1}{2}\varphi$	0.377	0.295	0.229	0.176	0.133	0.098
		$\frac{2}{3}\varphi$	0.366	0.237	0.223	0.173	0.132	0.098
竖直墙背挡土墙	10 ($\alpha=0°$)	$\frac{1}{2}\varphi$	0.446	0.368	0.301	0.247	0.198	0.160
		$\frac{2}{3}\varphi$	0.439	0.361	0.297	0.245	0.199	0.162

当$\beta=0$、$\alpha=0$、$\delta=0$时，式（6-18）可简化为$K_a=\tan^2\left(45°-\frac{\varphi}{2}\right)$，可见在这种特定条件下，库仑公式与朗肯公式计算结果是相同的。

由式（6-17）可以看出，库仑主动土压力E_a是墙高H的二次函数，故主动土压力强度P_a是沿墙高按直线规律变化的，即深度z处$P_a=\frac{dE_a}{dz}=K_a\gamma z$，式中$\gamma z$是竖向应力$\sigma_a$，故该式可写为：

$$P_a=K_a\sigma_z=K_a\gamma z \tag{6-19}$$

填土表面处$\sigma_z=0$，$P_a=0$，随深度z的增加，σ_z呈直线增加，P_a也呈直线增加，所以，库仑主动土压力强度分布图为三角形，如图6-12所示。E_a的作用点距墙脚的高度为P_a分布图形心的高度，即$z_c=\frac{H}{3}$；其作用线方向与墙背法线呈δ角，与水平面呈$\alpha+\delta$角。

E_a可分解为水平向和竖向两个分量：

$$E_{ax}=E_a\cos(\alpha+\delta)$$

$$E_{az}=E_a\sin(\alpha+\delta)$$

其中E_{az}至墙脚的水平距离为$x_c=z_c\cdot\tan\alpha$。

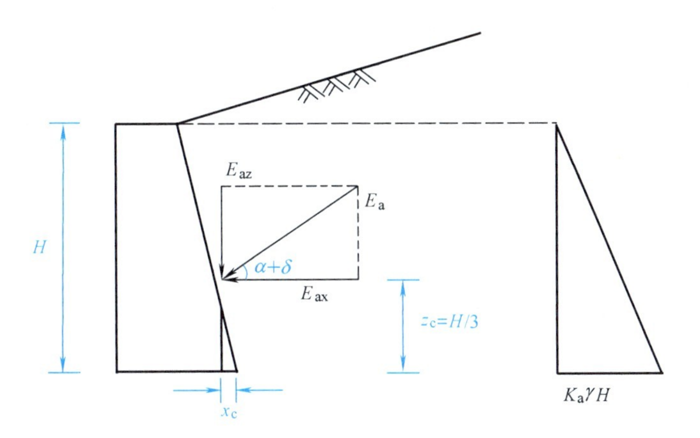

图 6-12　库仑主动土压力强度分布图计算

6.4.2　被动土压力计算

如图 6-13 所示，墙背 AB 在外力作用下，推动土体发生位移，当位移达到一定值时，土体达到被动极限平衡状态，墙后填土中出现滑裂面 AC，土楔体将沿 AB、AC 面向上滑动。因此，在 AB、AC 面上作用于土楔体的摩阻力均向下（与主动极限平衡的方向相反），根据 G、Q、R 三力平衡条件，可推导出被动土压力公式：

$$E_p=\frac{1}{2}\gamma H^2 K_p \tag{6-20}$$

$$K_p=\frac{\cos^2(\varphi+\alpha)}{\cos^2\alpha\cos(\alpha-\delta)\left[1-\sqrt{\frac{\sin(\varphi+\delta)\sin(\varphi+\beta)}{\cos(\alpha-\delta)\cos(\alpha-\beta)}}\right]^2} \tag{6-21}$$

式中　K_p——库仑被动土压力系数；

其他符号意义同前。

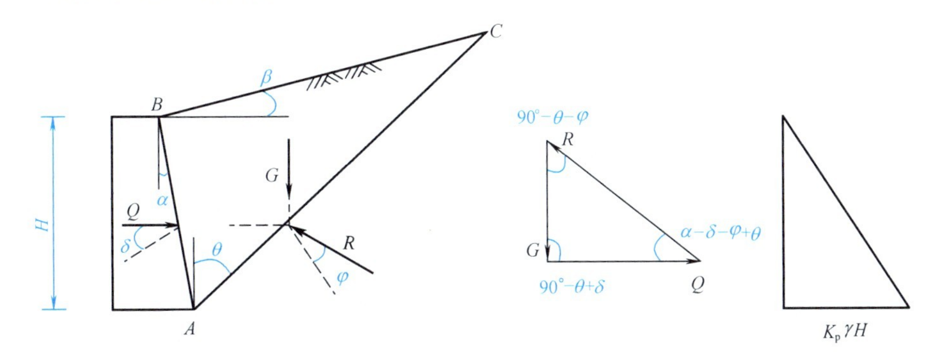

图 6-13　库仑被动土压力

库仑被动土压力强度沿墙高的分布也呈三角形，如图 6-13 所示，合力作用点距离墙脚的高度也为$\frac{H}{3}$。

6.4.3　填土面上有荷载时，库仑公式的应用

1. 有连续均布荷载作用时

如图 6-14 所示，当填土面上有连续均布荷载作用时，可按下列步骤计算：

（1）将均布荷载换算为厚度为 h，重度为 γ 的等代土层，即 $q=\gamma h$，等代土层的厚度 $h=\dfrac{q}{\gamma}$。

（2）设想墙背为 AB'，因而可绘出三角形的土压力强度分布图，如图 6-14 所示。

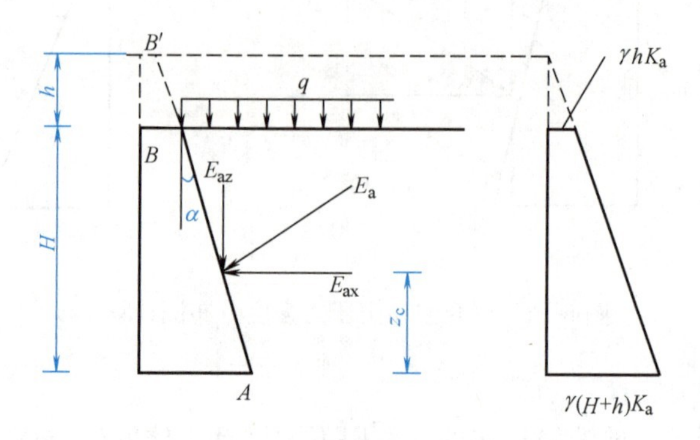

图 6-14　填土面上有均布荷载时土压力

（3）由于 BB' 是虚设的墙背，因此高度 h 范围内的侧压力不应计算，因此作用于墙背 AB 上的土压力，应为实际墙高 H 范围内的梯形面积，即：

$$E_a=\frac{H}{2}[K_a\gamma h+K_a r(H+h)]$$

$$E_a=\frac{1}{2}K_a\gamma H(H+2h) \tag{6-22}$$

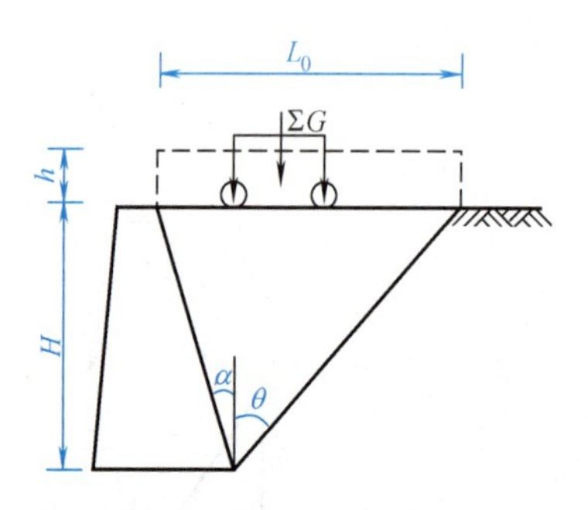

图 6-15　填土面上有车辆荷载时的土压力

E_a 的作用点高度等于梯形形心的高度，即 $z_c=\dfrac{H}{3}\cdot\dfrac{H+3h}{H+2h}$；$E_a$ 的作用方向与水平面呈 $\alpha+\delta$ 角。

2. 有车辆荷载作用时

如图 6-15 所示，当填土面上有车辆荷载时，《城市桥梁设计规范（2019 年版）》CJJ 11—2011 规定：把填土破坏棱体（即滑动土楔）范围内的车辆荷载，换算成等代均布土层，然后按库仑主动土压力公式计算。

首先计算破坏棱体长 L_0，如图 6-16 所示。

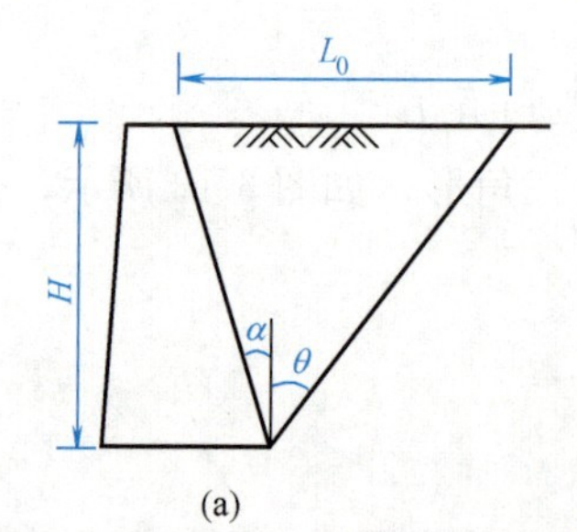

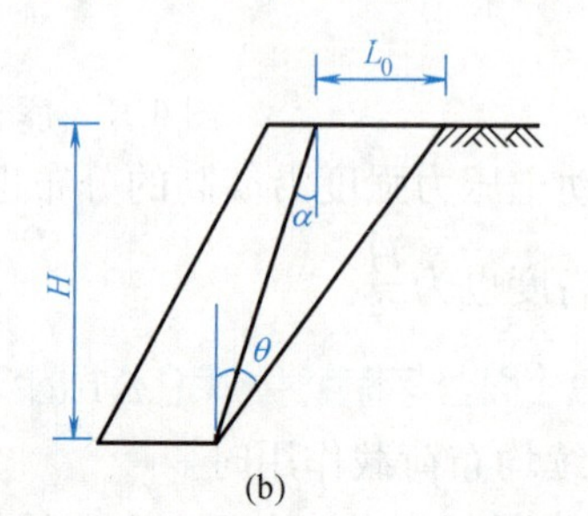

图 6-16　车辆荷载引起的土压力

$$L_0=H(\tan\theta+\tan\alpha) \tag{6-23}$$

式中　α——墙背倾斜角，墙背竖直时 $\alpha=0$；俯斜时（图 6-16a），α 为正值；仰斜时（图 6-16b），α 为负值；

θ——滑裂面与竖直面间的夹角，与填土面水平时，将 $\beta=0$ 代入式（6-16）得：

$$\tan\theta=-\tan(\varphi+\alpha+\beta)+\sqrt{[\cot\varphi+\tan(\varphi+\alpha+\delta)][\tan(\varphi+\alpha+\delta)-\tan\alpha]} \tag{6-24}$$

把作用在破坏棱体范围内的车辆荷载，用式（6-25）换算成等代土层厚 h：

$$q=\frac{\Sigma G}{BL_0}=\gamma h$$

即

$$h=\frac{q}{\gamma}=\frac{\Sigma G}{\gamma BL_0} \tag{6-25}$$

式中　γ——墙背填土的重度（kN/m^3）；

L_0——桥台或挡土墙后填土的破坏棱体长度（m）（用式 6-23 计算），对于墙顶以上有填土的挡土墙，为破坏棱体范围内的路基部分宽度；

ΣG——布置在 $B\times L_0$ 面积内的车辆荷载车轮的重力（kN）；

B——桥台的计算宽度或挡土墙的计算长度（m），桥台的计算宽度或挡土墙的计算长度 B 应符合下列规定：

（1）桥台的计算宽度为桥台的横桥向全部宽度。

（2）挡土墙的计算长度可按以下两种情况取用：

① 按城-A 级车辆荷载设计时，采用标准载重汽车的扩散长度，但不超过 25m；

② 按城-B 级车辆荷载设计时，采用标准载重汽车的扩散长度。当挡土墙分段长度在 10m 及以下时，扩散长度不得超过 10m；当挡土墙分段长度在 10m 以上时，扩散长度不得超过 15m。

（3）各级标准载重汽车的扩散长度，可按式（6-26）计算：

$$B=l_a+a+H\cdot\tan30° \tag{6-26}$$

式中　B——桥台的设计宽度或挡土墙的计算长度（m）；

l_a——标准载重汽车前后轴距（m）；

a——车轮着地长度（m）；

H——挡土墙高度（m），对于墙顶以上有填土的挡土墙，为 2 倍墙顶填土厚度加墙高。

计算挡土墙时，标准载重汽车的布置应符合下列规定：

① 纵向布置：当采用挡土墙分段长度时，取分段长度内可能布置的车轮；当采用一辆重车的扩散长度时，取一辆重车，如图 6-17（a）（b）所示；

② 横向布置：破坏棱体长度 l_a 范围内可能布置的车轮，车辆外侧车轮中线距路面（或硬路肩）或安全带边缘的距离应为 0.6m，如图 6-18 所示。

当需要进行平板车荷载验算时，桥梁纵向只按一辆车布载。横向应为破坏棱

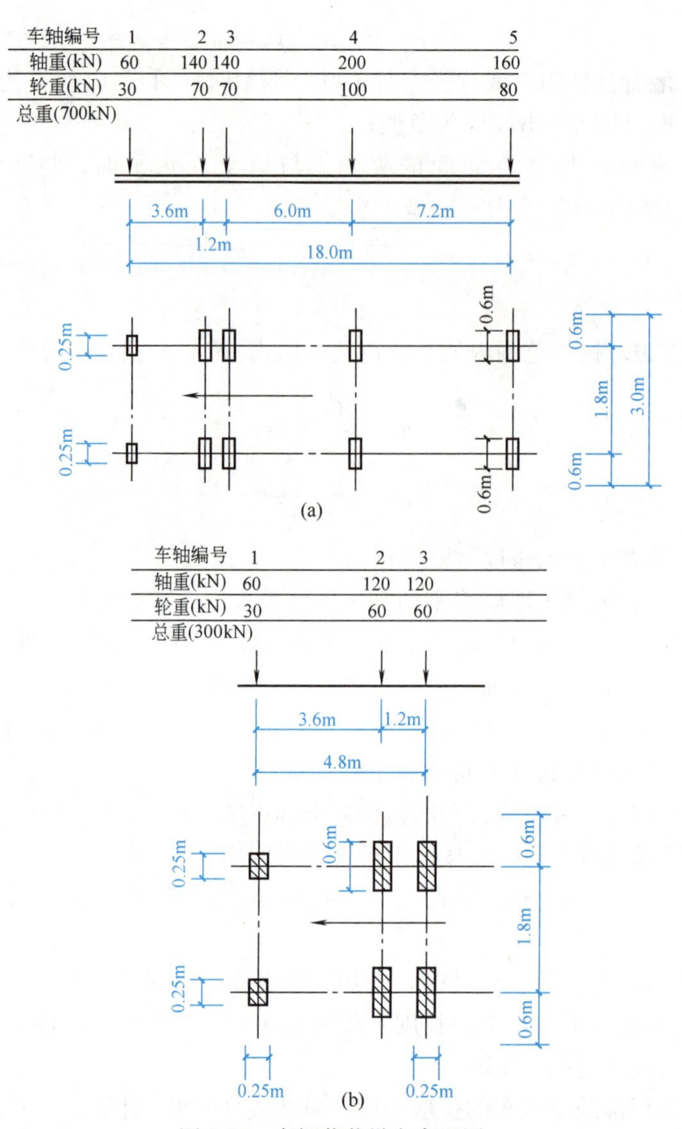

图 6-17 车辆荷载纵向布置图

(a) 城-A 级标准车辆纵、平面布置；(b) 城-B 级标准车辆纵、平面布置

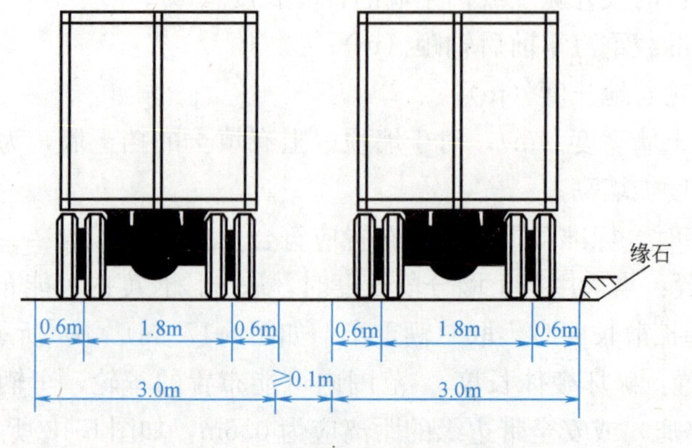

图 6-18 车辆荷载横向布置图

体长度 l_a 范围内可能布置的车轮，车辆外侧车轮距路面（或硬肩）或安全边缘的距离应为 1.0m。

【例 6-3】某梁桥桥台如图 6-19 所示，桥台宽度为 8.5m。汽车荷载为城-B 级，土的重度 $\gamma=18\text{kN/m}^3$，$\varphi=35°$，$c=0$，填土与墙背间的摩擦角 $\delta=\frac{2}{3}\varphi$，桥台高 $H=0.8$m，求作用于台背上的主动土压力。

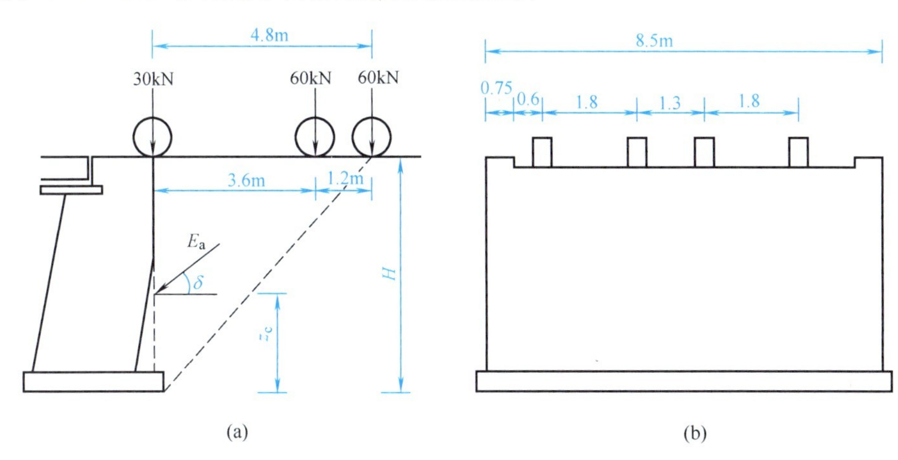

图 6-19　例 6-3 图

【解】(1) 确定 B、L_0

对于桥台，B 取横桥向宽度，即 $B=8.5$m。

台背按竖直计算，$\alpha=0$；填土面水平，$\beta=0$；$\delta=\frac{2}{3}\varphi=23.33°$，代入式 (6-24) 得：

$$\tan\theta=-\tan(\varphi+\delta)+\sqrt{[\cot\varphi+\tan(\varphi+\delta)]\tan(\varphi+\delta)}$$

$$=-\tan(35°+23.33°)+\sqrt{[\cot35°+\tan(35°+23.33°)]\tan(35°+23.33°)}$$

$$=-1.62+2.22=0.60$$

$$L_0=H\tan\theta=8\times0.6=4.8\text{m}$$

(2) 求等代土层厚度 h

对于桥台，L_0 为纵向，B 为横向。

由图 6-19 (a) 可见，纵向 L_0 范围内可布置一辆重车，从图 6-19 (b) 可见，横向 B 范围内可布置两辆汽车；$B\times L_0$ 范围内可布置的车轮总重为：

$$\Sigma G=2\times(30+60+60)=300\text{kN}$$

$$h=\frac{\Sigma G}{\gamma BL_0}=\frac{300}{18\times8.5\times4.8}=0.408\text{m}$$

(3) 求主动土压力

根据规范要求，采用库仑公式计算主动土压力。由 $\varphi=35°$，$\delta=\frac{2}{3}\varphi$，$\alpha=0$ 查表 6-2 得，$K_a=0.245$，则

$$E_a=\frac{1}{2}\gamma H(H+2h)K_a=\frac{1}{2}\times18\times8(8+2\times0.408)\times0.245=155.5\text{kN/m}$$

E_a 与水平面的夹角为 23.33°，E_a 的作用点离台脚的高度为：

$$z_c=\frac{H}{3}\cdot\frac{H+3h}{H+2h}=\frac{8}{3}\times\frac{8+3\times0.408}{7+2\times0.408}=\frac{8}{3}\times\frac{9.224}{7.816}=3.15\text{m}$$

作用于整个桥台上的主动土压力为：

$$B\times E_a=8.5\times155.5=1321.75\text{kN}$$

6.4.4 朗肯土压力与库仑土压力理论的比较

朗肯土压力理论和库仑土压力理论分别根据不同的假设，以不同的分析方法计算土压力，只有在最简单的情况（$\alpha=0$，$\beta=0$，$\delta=0$）下，用这两种理论计算的结果才相同，否则将得出不同的结果。

朗肯土压力理论应用半空间中的应力状态和极限平衡理论的概念比较明确，公式简单，便于记忆，对于黏性土、粉土和无黏性土都可以用该公式计算，故在工程中得到广泛应用。但为了使墙后的应力状态符合半空间的应力状态，必须假设墙背是垂直的、光滑的，墙后填土是水平的，而且该理论忽略了墙背与填土间摩擦影响，使计算的主动土压力偏大，被动土压力偏小。

库仑土压力理论根据墙后滑动土楔的静力平衡条件推导出土压力计算公式，考虑了墙背与土之间的摩擦力，并可用于墙背倾斜、填土面倾斜的情况，但由于该理论假设填土是无黏性土，因此计算黏性土和粉土的土压力时不能直接用库仑理论的原始公式。库仑理论假设墙后填土破坏时，破坏面是一平面，而实际上却是一曲面。实验证明，在计算主动土压力时，只有当墙背的斜度不大、墙背与填土间的摩擦角较小时，破坏面才接近于一平面，因此，计算结果与按曲线滑动面计算不同。

6.5 土坡稳定分析

在市政工程施工中常会遇到边坡失稳的问题，如路堑或基坑的开挖造成边坡的失稳等。土坡失稳而产生滑坡不仅影响工程的正常施工，严重时还会造成人身伤亡，结构物破坏。本节主要介绍土坡稳定分析的基本原理。

6.5.1 无黏性土土坡的稳定分析

由于无黏性土颗粒间无黏聚力存在，只有摩阻力，因此，只要坡面不滑动，土坡就能保持稳定，其稳定平衡条件如图 6-20 所示。

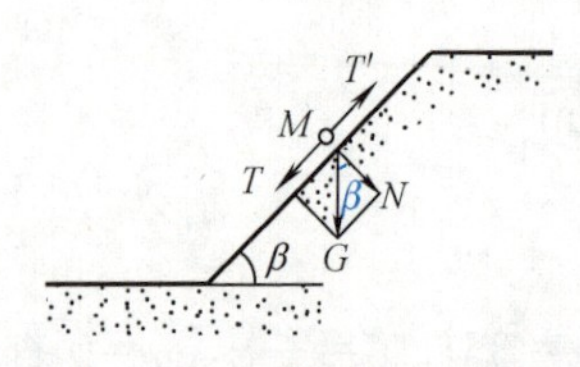

图 6-20　无黏性土土坡稳定性分析

设坡面上土颗粒 M 所受重力为 G，砂土的内摩擦角为 φ，坡角为 β，重力 G 沿坡面的切向分力为 $T=G\sin\beta$，法向分力为 $N=G\cos\beta$。分力 T 使土颗粒 M 向下滑动，而法向力 N 在坡面上引起的摩擦力为 $T'=N\tan\varphi=G\cos\beta\tan\varphi$，其阻止土颗粒下滑。抗滑力与滑动力的比值称为稳定安全系数，用 K 表示，即

$$K=\frac{T'}{T}=\frac{G\cos\beta\tan\varphi}{G\sin\beta}=\frac{\tan\varphi}{\tan\beta} \tag{6-27}$$

由式（6-27）可知，当 $\varphi=\beta$ 时，$K=1$，即抗滑力等于滑动力，土坡处于极限平衡状态。因此土坡稳定的极限坡角等于砂土的内摩擦角 φ，此坡角称为自然休止角。从式（6-27）还可以看出，无黏性土坡的稳定与坡高无关，而仅与坡角 β 有关，只要 $\beta<\varphi$（$K>1$），土坡就是稳定的。为了保证土坡具有足够的安全储备，可取 $K=1.1\sim1.5$。

6.5.2　黏性土土坡的稳定分析

均质黏性土坡发生滑坡时，其滑动面形状大多数为一近似于圆弧面的曲面（图 6-21）。在进行理论分析时通常采用圆弧面计算。

黏性土坡稳定性分析的常用方法有条分法和稳定数法。

条分法是一种试算法，其计算比较简单合理，在工程中应用较广，具体分析步骤如下：

（1）按比例绘制土坡剖面图（图 6-22）。

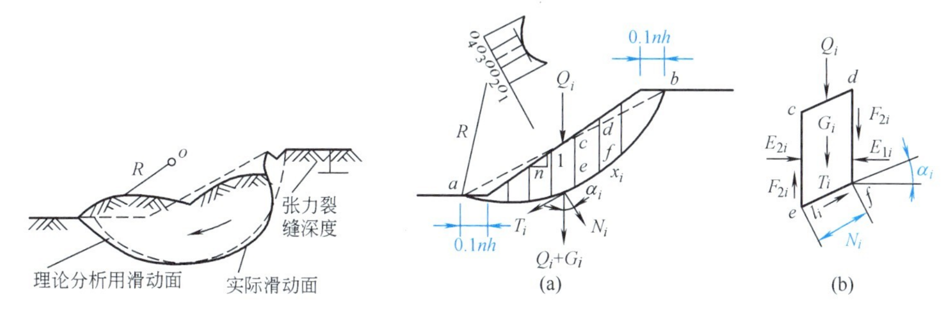

图 6-21　均质黏性土土坡滑动面

图 6-22　土坡稳定分析的条分法
（a）土坡剖面；（b）作用在 i 土条上的力

（2）任选一点 o 为圆心，以 oa 为半径（R）作圆弧 ab，ab 即为滑圆弧面。

（3）将滑动面以上土体竖直分成宽度相等的若干土条并编号。编号时可以圆心 o 的铅垂线为第 0 条，图中向右为正，向左为负。为使计算方便，可取各分条宽度 $b=R/10$，则 $\sin\alpha_1=0.1$，$\sin\alpha_2=0.2$，$\sin\alpha_i=0.1i$，$\cos\alpha_1=\sqrt{1-\alpha^2\alpha_1}=0.995$，$\cos\alpha_2=0.980$，可减少大量三角函数计算。

（4）计算作用在土条 $cdfe$ 上的剪切力 T_i 和抗剪力 S_i。土条自重 G_i 和荷载 Q_i，在滑动面 ef 上的法向反力 N_i 和切向反力 T_i 分别为：

$$N_i=(G_i+Q_i)\cos\alpha_i \tag{6-28}$$

$$T_i=(G_i+Q_i)\sin\alpha_i \tag{6-29}$$

抗剪力 S_i 为：

$$S_i=C_iT_i+(C_i+Q_i)\cos\alpha_i\tan\varphi_i \tag{6-30}$$

（5）计算稳定安全系数 K（沿整个滑动面上的抗剪力与剪切力之比）：

$$K=\frac{S}{T}=\frac{\sum[c_i l_i+(G_i+Q_i)\cos\alpha_i\tan\varphi_i]}{\sum(G_i+Q_i)\sin\alpha_i} \tag{6-31}$$

如果考虑 E_i、F_i 的影响，可以提高分析精度，此时可由图 6-22（b）中单元的静力平衡求得作用在 $cdfe$ 土条上的法向力 N_i，将其代上式可得：

$$K=\frac{\sum[c_i l_i\cos\alpha_i+(G_i+Q_i+F_{1i}-F_{2i})\tan\varphi_i]}{\sum(G_i+Q_i)\sin\alpha_i(\cos\alpha_i+\tan\varphi_i\sin\alpha_i/K)} \tag{6-32}$$

为了求得安全系数 K 值，（$F_{1i}-F_{2i}$）值必须采用逐次逼近法计算。可用满足每一土条的静力平衡条件的 N_{1i} 和 F_{1i} 试算值及下列条件求得：

$$\sum(E_{1i}-E_{2i})=0$$

$$\sum(F_{1i}-F_{2i})=0$$

如果假定（$F_{1i}-F_{2i}$）=0，则式（6-32）的计算可大大简化。计算时首先任意假定一个 K 值，把这个假定值连同土的性质 c_i 和几何形状 i 一并代入式（6-32），即可算出一个新的 K 值，如此反复进行，直至计算值与假定值相符为止。

当采用有效应力法分析时，式（6-32）中的 G_i 应取有效应力计算，即减去总的孔隙水压力 U_iL_i，并采用有效应力强度指标 c_i，故式（6-32）变为：

$$K=\frac{\sum[c'_i l_i\cos\alpha_i+(G_i-u_i l_i\cos\alpha_i+Q_i+F_{1i}-F_{2i})\tan\varphi'_i]}{\sum(G_i+Q_i)\sin\alpha_i(\cos\alpha_i+\tan\varphi'_i\sin\alpha_i/K)} \tag{6-33}$$

（6）假定几个可能的滑动面，分别计算相应的 K 值，其中 K 所对应的滑动面则为最危险滑动面。当 $K>1$ 时，土坡是稳定的，根据工程性质，一般可取 $K=1.1\sim1.5$。

这种试算法工作量很大，可采用计算机求解。陈惠发（Chen，1980）根据大量计算经验指出，最危险滑动圆弧的两端距坡顶点和坡脚点各为 $0.1nh$，且最危险滑弧中心在 ab 的垂直平分线上，如图 6-22（a）所示，因此，只需在此垂直平分线上取若干点作为滑弧圆心，按上述方法分别计算相应的稳定安全系数，就可求得最小安全系数 $K_{\min}$。

6.6 挡 土 墙

6.6.1 挡土墙的类型

挡土墙按其结构形式可分为重力式、悬臂式、扶壁式、锚杆及锚定板式、加筋挡土墙等。一般应根据工程需要、土质情况、材料供应、施工技术以及造价等因素合理地选择挡土墙类型。

1. 重力式挡土墙

这种形式的挡土墙，墙面暴露于外，墙背可以做成仰斜、直立、俯斜、衡重式等形式（图 6-23）。一般由块石或混凝土材料砌筑，墙身截面较大。墙高一般小于 8m，当 h=8～12m 时，宜用衡重式（图 6-23d）。重力式挡土墙依靠墙身自

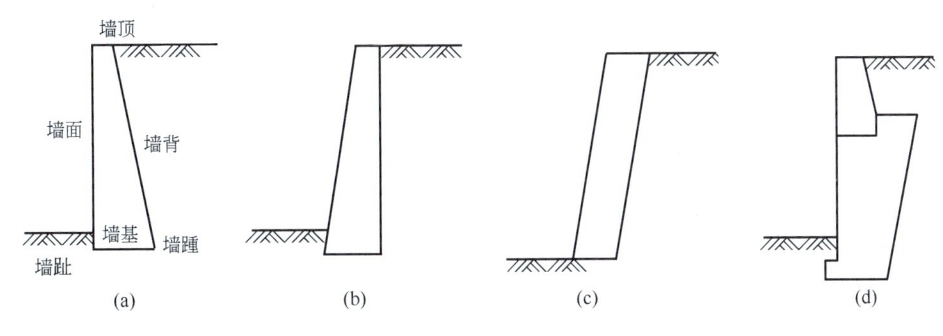

图 6-23　重力式挡土墙形式

（a）俯斜；（b）直立；（c）仰斜；（d）衡重式

重抵抗土压力引起的倾覆弯矩。其结构简单，施工方便，能就地取材，在建筑工程中应用最广。

2. 悬臂式挡土墙

悬臂式挡土墙一般由钢筋混凝土建造，墙的稳定主要依靠墙踵悬臂以上土重维持。拉应力由墙体内设置钢筋承受，故墙身截面较小。初步设计时可按图 6-24 选取截面尺寸。其优点是能充分利用钢筋混凝土的受力特点。其多用于市政工程及厂矿贮料仓库。

3. 扶壁式挡土墙

当墙后填土较高时，挡土墙立壁挠度较大，为了增强立壁的抗弯性能，常沿墙的纵向每隔一定距离设置一道扶壁，称为扶壁式挡土墙。扶壁间填土可增强抗滑和抗倾覆能力，一般用于重要的大型土建工程。扶壁式挡土墙设计时可按图 6-25初选截面尺寸，用有限元或有限差分进行优化设计。

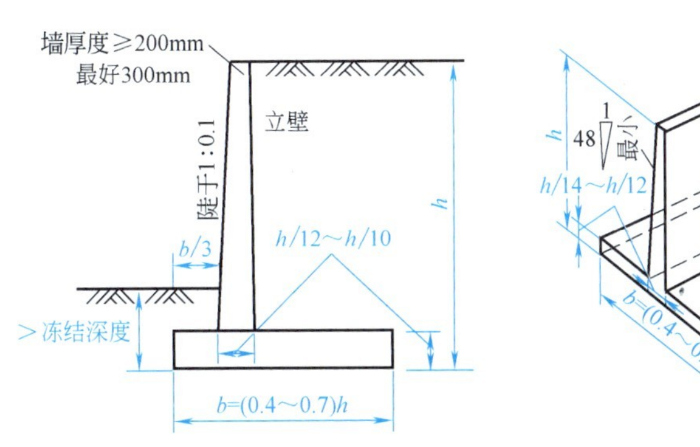

图 6-24　悬臂式挡土墙初步设计尺寸

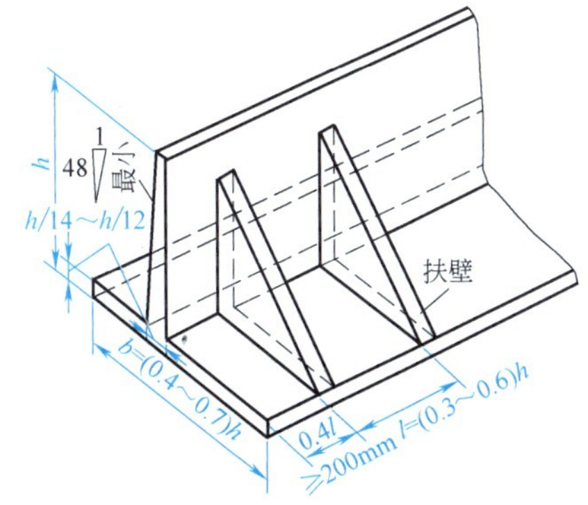

图 6-25　扶壁式挡土墙初步设计尺寸

4. 锚定板及锚杆式挡土墙

锚定板挡土墙由预制的钢筋混凝土立柱、墙面、钢拉杆和埋置在填土中的锚定板在现场拼装而成，依靠填土与结构的相互作用力维持其自身稳定。与重力式挡土墙相比，其结构轻、柔性大、工程量少、造价低、施工方便，特别适用于地基承载力不大的地区。设计时，为了维持锚定板挡土结构的内力平衡，必须保证锚定板挡土结构周边的整体稳定和土的摩擦阻力大于由于自重和超载引起的土压力。锚杆式挡土墙是利用嵌入坚实岩层的灌浆锚杆作为拉杆的一种挡土结构。

5. 其他形式的挡土结构

此外，还有混合式挡土墙（图 6-26a)、构架式挡土墙（图 6-26b)、板桩式挡土墙（图 6-26c)、加筋土挡土墙以及近年来发展的土工合成材料挡土墙(图 6-16d)等。

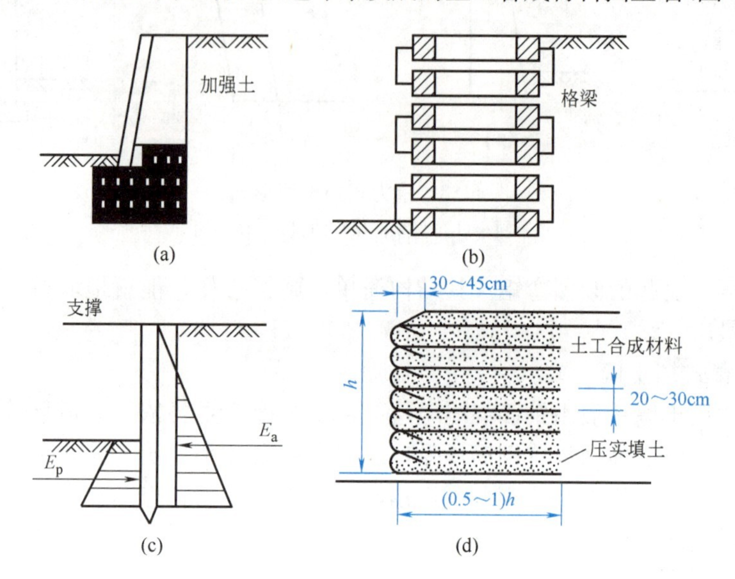

图 6-26　其他各种形式的挡土结构

6.6.2 重力式挡土墙的设计与施工

1. 挡土墙的基础埋置深度及构造要求

(1) 埋置深度

挡土墙的基础埋置深度（如基底倾斜，基础埋置深度从最浅处的墙趾处计算）应根据持力层土的承载力、冻结深度、岩石风化程度、流水冲刷等因素确定，一般不应小于 0.5m 。

(2) 构造要求

挡土墙各部分的构造必须符合强度和稳定性的要求，并考虑就地取材、截面经济、施工及养护方便，按地质地形条件通过技术经济比较后确定。块石挡土墙的顶宽一般不小于 0.5m (用砖或条石砌造时，可适当减小)。墙胸坡度一般采用 1∶0.2～1∶0.05，当墙高较小时，可采用垂直的挡土墙。墙背可做成斜的、垂直的或台阶形的。仰斜墙墙背的坡度越缓（即 α 值越大)，主动土压力越小，但施工不便；一般其倾斜度不宜小于 1∶0.25。面坡应尽量与背坡平行，宜采用 1∶0.25。俯斜墙墙背的坡度不大于 1∶0.36。一般情况下，挡土墙基础的宽度与墙高之比约为 1/2～2/3。为了增加基础的抗滑稳定性，常将基底做成逆坡，一般坡度为0.1∶1.0（土质地基)～0.2∶1.0（岩石地基)。但是应该注意：这样处理后，基底倾斜使岩土的承载力降低，因此，计算时应将地基土的承载力折减，按前述逆坡大小分别取折减系数为 0.9 和 0.8 。

挡土墙常因排水不良而大量积水，使土的抗剪强度指标下降，土压力增大，导致挡土墙破坏。因此，挡土墙应设置泄水孔，其间距宜取 2～3m，外斜 5%，

孔眼尺寸大于等于 ϕ100mm。墙后要做好反滤层和必要的排水盲沟，在墙顶地面宜铺设防水层。当墙后有山坡时，还应在坡下设置截水沟。图 6-27 给出了两个排水处理的工程实例。

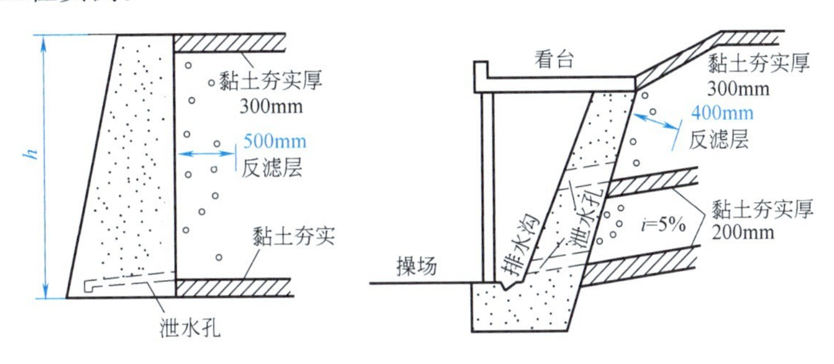

图 6-27　挡土墙排水措施举例

由于墙高、土压力和地基土压缩性的差异，应设置沉降缝，并兼作伸缩缝。一般每隔 10～25m 设置一道，缝内嵌填柔性防水材料，缝的两侧要力求平整，缝宽约 2cm。在拐角处应适当采取加强的构造措施，凡用沉降缝隔开的各段必须设置在同一土层上。

填土的重度越大，则主动土压力越大；而填土的内摩擦角越大，则主动土压力越小。所以，在选择填料时，应从填料的重度和内摩擦角来考虑。一般说来，选用内摩擦角较大的粗粒填料，如粗砂、砂砾、块石等，能够显著减小主动土压力，而且它们的内摩擦角受浸水的影响也很小。所以，墙后填土应选择透水性较强的填料；当采用黏性土时，应掺入适量的块石。在季节性冻土地区，墙后填土应选用非冻胀性填料，如炉渣、碎石、粗砂等。墙后填土必须分层夯实，保证质量。

2. 挡土墙的计算

（1）作用在挡土墙上的力

挡土墙的设计中首要的问题是确定作用在挡土墙上有哪些力，其中的关键是确定作用在墙上的土压力的性质、大小、方向与作用点。作用在挡土墙上主要的力有土压力、自重力、基底反力，在这些力的作用下要求挡土墙不产生滑移和倾覆而保持稳定状态，如图 6-28 所示。

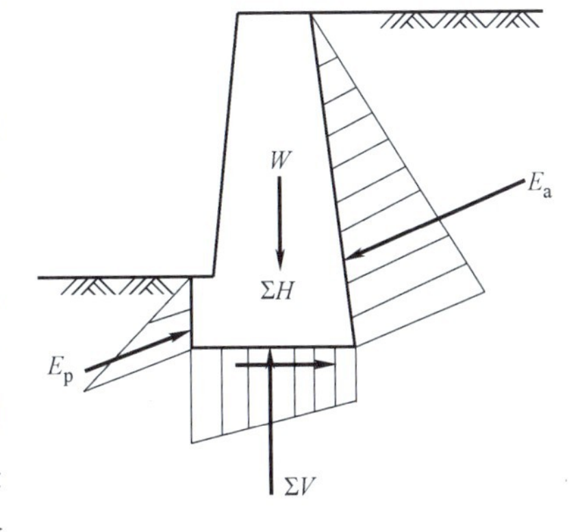

图 6-28　作用在挡土墙上的力

1）土压力。这是挡土墙的主要荷载。通常墙体可能向前移动或转动时，墙背作用有主动土压力 σ_a。如果墙基有一定的埋深，则墙面在埋入土中部分有被动土压力 σ_p，但是在一般挡土墙设计中，常常忽略不计这部分土压力，其结果偏于安全。

2）墙体自重力。作用在墙体的重心上，方向垂直向下。在实际计算中，常将截面分成容易确定其面积和重心的三角形或矩形，再分别计算各分块的自重。

3）基底反力。假定基底反力的法向分力沿基底呈直线分布，其计算方法与偏心受压基础反力计算方法相同。法向总反力作用在梯形的重心，用$\sum V$表示；基底总反力的水平分力用$\sum H$表示，作用在基底的表面。

以上是作用在挡土墙上的基本荷载，如果墙背后的排水措施不好，有积水时，还有静水压力作用在墙背；如果挡土墙的填土表面上有堆放物、建筑物或公路等超载，还应考虑附加的压力；在地震区还需计算地震作用的附加作用力。

（2）截面尺寸的选取及验算

挡土墙的断面尺寸用试算的方法确定。根据经验初步拟定挡土墙的尺寸，然后进行挡土墙的各种验算，分析是否满足稳定的要求，若不满足要求，需修改尺寸，再验算，直到满足要求为止。挡土墙的验算通常应包括抗倾覆稳定性验算、抗滑动稳定性验算、地基土承载力的验算、墙身应力验算，其中墙身应力验算根据墙体材料及有关规范方法进行。

（3）抗倾覆稳定性验算

工程实际中，大部分挡土墙的破坏属倾覆破坏。要保证挡土墙在土压力的作用下不发生绕墙趾o点的倾覆（图6-29），必须使抗倾覆力矩大于倾覆力矩，两者的比值称为抗倾覆安全系数K_t，即

$$K_t=\frac{Gx_o+E_{az}x_f}{E_{ax}z_f}\geqslant 1.5 \tag{6-34}$$

式中 K_t——抗倾覆安全系数，根据《建筑地基基础设计规范》GB 50007—2011规定，$K_t\geqslant 1.5$；

E_{ax}、E_{az}——分别为E_a的水平分力和竖向分力（kN/m）；

G——挡土墙每延米自重（kN/m）；

z_f、x_f、x_o——分别为E_{ax}、E_{az}、G对o点的力臂（m）。

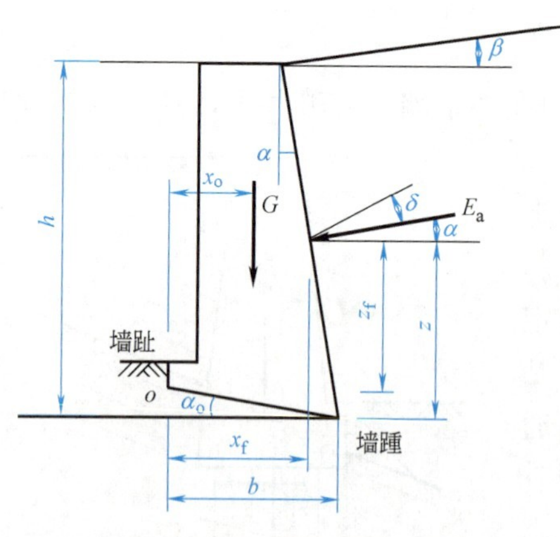

图6-29 挡土墙的稳定性验算

图6-29中，α_o为挡土墙的基底倾角，b为基底的水平投影宽度，z为土压力作用点离墙踵的高度。

在软弱地基上倾覆时，墙趾可能陷入土中，使力矩中心点内移，导致抗倾覆安全系数降低，有时甚至会沿圆弧滑动而发生整体破坏，因此验算时应注意土的压缩性。验算悬臂式挡土墙时，可视土压力作用在墙踵的垂直面上，将墙踵悬臂以上土重计入挡土墙自重。

若验算结果不能满足式（6-34）的要求时，可按以下措施处理：

1）增大挡土墙断面尺寸，使G增大，但工程量也相应增大。

2）加大x_o，伸长墙趾尺寸，但墙趾尺寸过长，若其厚度不够，则需配置钢筋。

3）墙背做成仰斜，可减小土压力。

4）在挡土墙垂直墙背上做卸荷台，形状如牛腿（图6-30），则平台以上土压力不能传到平台以下，总土压力减小，抗倾覆稳定性增大。

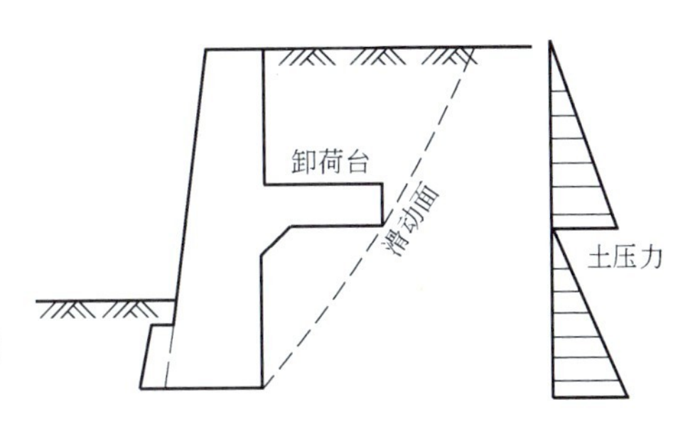

图6-30　有卸荷台的挡土墙

（4）抗滑动稳定性验算

在土压力的作用下，挡土墙也可能沿基础底面发生滑动。滑动力为E_{ax}，抗滑力为G和E_{az}在基底产生的摩擦力。抗滑力和滑动力的比值称为抗滑安全系数K_s，即

$$K_s=\frac{(G_n+E_{an})\mu}{E_{at}-G_t}\geqslant 1.3 \quad (6\text{-}35)$$

式中　G_t、G_n——分别为挡土墙自重在平行和垂直于基底平面方向的分力；

E_{at}、E_{an}——分别为主动土压力在平行和垂直于基底平面方向的分力；

μ——土对挡土墙基底的摩擦系数，宜按试验确定，也可按表6-3选用。

土对挡土墙基底的摩擦系数μ　　表6-3

土的类别		摩擦系数μ
黏性土	可塑 硬塑 坚硬	0.25～0.30 0.30～0.35 0.35～0.45
粉土	$S_r\leqslant 0.5$	0.30～0.40
中砂、粗砂、砾砂 碎石土 软质岩石 表面粗糙的硬质岩石		0.40～0.50 0.40～0.60 0.40～0.60 0.65～0.75

注：对易风化的软质岩石和$I_P>22$的黏性土，μ值应通过试验测定；对碎石土，可根据其密实度、填充物状况、风化程度等确定。

若验算不能满足式（6-35）的要求，可采取以下措施加以解决：

1）修改挡土墙断面尺寸，以加大G值。

2）墙基底面做成砂石垫层，以提高摩擦力。

3）墙底做成逆坡，利用滑动面上部分反力来抗滑。

4）在软土地基上，其他方法无效或不经济时，可在墙踵后加拖板，利用拖板上的土重来抗滑。拖板与挡土墙之间应用钢筋连接。

以上倾覆和滑动稳定验算中，$K_t\geqslant 1.5$及$K_s\geqslant 1.3$系指一般挡土墙，对于大于或等于12m高的挡土墙，根据有些地区的经验认为，K_t和K_s值还应适当提高。

（5）地基土承载力的验算

地基土承载力按式（6-36）计算：

$$p_{\substack{max\\min}}=\frac{G+E_{an}}{b}\left(1\pm\frac{6e}{b}\right) \tag{6-36}$$

而

$$p_{max}\leqslant 1.2f,\ p_{min}\geqslant 0$$

式中 $p_{\substack{max\\min}}$——基础底面边缘处的最大和最小压力；

b——墙底宽度；

e——荷载作用于基础底面上的偏心距，$e=\frac{b}{2}-\frac{Gb'+E_{an}a-E_{at}h'}{G+E_y}$；

f——地基土承载力的设计值。

当 $e>\frac{b}{6}$ 时，式（6-36）不再适用，这时基底压力分布图形将为一个三角形，三角形边长为 $3k$，而 $k=\frac{Gb'+E_{an}a-E_{at}h'}{G+E_y}$，墙趾处的最大压力为

$$p_{max}=\frac{2(G+E_{an})}{3k}\leqslant 1.2f \tag{6-37}$$

当基底压力超过地基土承载力的设计值时，可设置墙趾台阶，它有利于挡土墙抗滑动和抗倾覆。

（6）墙身应力验算

按《砌体结构设计规范》GB 50003—2011 规定，验算任意墙身截面处的法向应力和剪切应力是否超过墙身材料强度的容许值。原则上，应取若干有代表性的截面（如截面急剧变化和转折处）验算。一般说来，如能满足墙身和基础结合面处的强度，则其上截面可不再验算，总能满足。关于地震区挡土墙的计算问题，除 E_a 值增大外，仍按式（6-34）、式（6-35）进行验算，但 K_t 和 K_s 可改为 1.2。计算时应注意到墙身上还作用有墙身地震水平惯性力，它作用在墙的重心上，方向水平，并朝向墙胸。因此，在考虑地震作用时，有可能计算出的墙身断面比无地震作用时小。所以，在计算地震区挡土墙时，应按有地震和无地震时两种情况分别计算，而选用较大的墙身断面尺寸作为最后尺寸。

【例 6-4】 某挡土墙高 H 为 6m，墙背直立（$\alpha=0°$），填土面水平（$\beta=0°$），墙背光滑（$\delta=0°$），用毛石和 M5 水泥砂浆砌筑。砌体抗压强度 $f_y=1600\text{N/mm}^2$，砌体重度 $\gamma_k=22\text{kN/m}^3$，填土内摩擦角 $\varphi=40°$，$c=0$，$\gamma=19\text{kN/m}^3$，基底摩擦系数 $\mu=0.5$，地基土的容许承载力 $f=180\text{kN/m}^2$。试设计此挡土墙。

【解】 ① 挡土墙断面尺寸的选择。

重力式挡土墙的顶宽约为 $\frac{1}{12}H$，底宽可取 $\left(\frac{1}{3}\sim\frac{1}{2}\right)H$，初步选择顶宽 $b=0.7\text{m}$，底宽 $B=2.5\text{m}$。

② 土压力计算。

$$E_a=\frac{1}{2}\gamma H^2\tan^2\left(45°-\frac{\varphi}{2}\right)=\frac{1}{2}\times 19\times 6^2\times\tan^2\left(45°-\frac{40°}{2}\right)=74.4\text{kN/m}$$

土压力作用点离墙底的距离为 $h=\frac{1}{3}H=\frac{1}{3}\times 6=2\text{m}$

③ 挡土墙自重及重心。

将挡土墙截面分成一个三角形和一个矩形，如图 6-31（a）所示，分别计算它们的自重：

$$W_1=\frac{1}{2}(2.5-0.7)\times22\times6=119\text{kN/m}\qquad W_2=0.7\times22\times6=92.4\text{kN/m}$$

W_1和W_2的作用点离 o 点的距离分别为：

$$a_1=\frac{2}{3}\times1.8=1.2\text{m},\ a_2=1.8+\frac{1}{2}\times0.7=2.15\text{m}$$

④ 倾覆稳定验算。

$$K_t=\frac{W_1a_1+W_2a_2}{E_ah}=\frac{119\times1.2+92.4\times2.15}{74.4\times2}=2.29>1.5$$

⑤ 滑动稳定验算。

$$K_s=\frac{(W_1+W_2)\mu}{E_a}=\frac{(119+92.4)\times0.5}{74.4}=1.42>1.3$$

⑥ 地基承载力验算（图 6-31b）。

作用在基底的总垂直力：$N=W_1+W_2=119+92.4=211.4\text{kN/m}$

合力作用点离 o 点距离：

$$c=\frac{W_1a_1+W_2a_2-E_ah}{N}=\frac{119\times1.2+92.4\times2.15-74.4\times2}{211.4}=0.911\text{m}$$

偏心距：$e=\frac{B}{2}-c=\frac{2.5}{2}-0.911=0.339\text{m}<\frac{B}{6}$

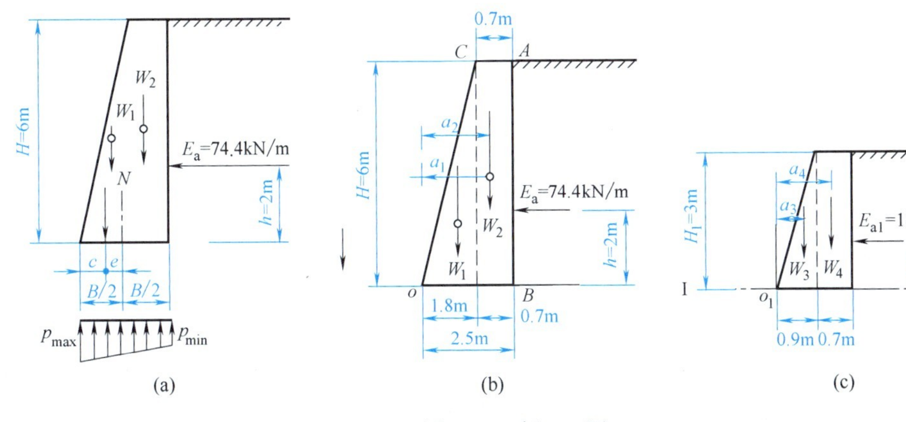

图 6-31　例 6-4 图

基底的应力：

$$p_{\substack{\max\\\min}}=\frac{N}{B}\left(1\pm\frac{6e}{B}\right)=\frac{211.4}{2.5}\times\left(1\pm\frac{6\times0.339}{2.5}\right)$$

$$=8.46\times(1\pm0.814)=\begin{matrix}153.4\\15.7\end{matrix}\text{kN/m}^2$$

$p_{\max}<1.2f=1.2\times180=216\text{kN/m}^2$

⑦ 墙身强度验算。

验算离墙顶 3m 处截面Ⅰ—Ⅰ（图 6-31c）的应力：

截面Ⅰ—Ⅰ以上的主动土压力

$$E_{a1}=\frac{1}{2}\gamma H^2\tan^2\left(45°-\frac{\varphi}{2}\right)=\frac{1}{2}\times19\times3^2\times0.217=18.5\text{kN/m}$$

截面Ⅰ—Ⅰ以上挡土墙自重

$$W_3=\frac{1}{2}\times0.9\times22\times3=29.7\text{kN/m} \qquad W_4=0.7\times22\times3=46.2\text{kN/m}$$

W_3 和 W_4 作用点离 o_1 点的距离

$$a_3=\frac{2}{3}\times0.9=0.6\text{m} \qquad a_4=0.9+0.35=1.25\text{m}$$

截面Ⅰ—Ⅰ上的总法向压力

$$N=W_3+W_4=29.7+46.2=75.9\text{kN/m}$$

N_1 作用点离 o_1 点的距离

$$c_1=\frac{W_3a_3+W_4a_4-E_{a1}h_1}{N_1}=\frac{29.7\times0.6+46.2\times1.25-18.5\times1}{75.9}=0.75\text{m}$$

偏心距：$e_1=\frac{B_1}{2}-c_1=\frac{1.6}{2}-0.75=0.05$

截面上的法向应力

$$\sigma_{\min}^{\max}=\frac{N_1}{B_1}\left(1\pm\frac{6e_1}{B_1}\right)=\frac{75.9}{1.6}\times\left(1\pm\frac{6\times0.05}{1.6}\right)=4.74\times(1\pm0.19)=\begin{matrix}56.4\\38.4\end{matrix}\text{kN/m}^2<f_y$$

截面上的剪应力

$$\tau=\frac{Ea_1-(W_3+W_4)f}{B_1}=\frac{18.5-(29.7+46.2)\times0.6}{1.6}<0$$

式中，f 为砌体的摩擦系数，按《砌体结构设计规范》GB 50003—2011，取 $f=0.6$。

思考题与习题

1. 什么是静止土压力、主动土压力和被动土压力？如何根据挡土墙位移情况来确定为何种土压力？

2. 朗肯土压力的基本假定是什么？

3. 按朗肯理论如何求土压力合力（包括大小、方向、作用点）？当填土面上有连续均布荷载或填土由多层土组成或有地下水时，应如何处理？

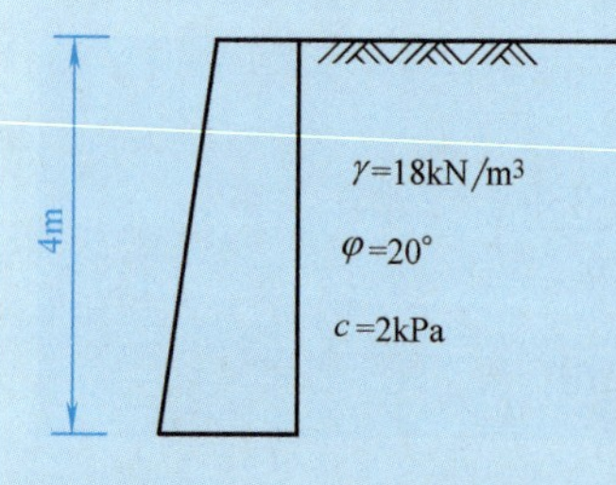

图 6-32 习题 9 附图

4. 库仑土压力的基本假定是什么？

5. 当填土为黏性土时，库仑理论是如何处理的？

6. 什么叫等代土层厚度？当填土面上有车辆荷载作用时，如何换算成等代土层厚度？

7. 试比较朗肯土压力与库仑土压力理论的适用范围。

8. 影响土坡稳定的因素有哪些？

9. 某挡土墙墙高 4m，挡土墙填土情况如图 6-32 所示，墙背垂直光滑，填土面水平，试求主动土压力及其作用点，并绘出主动土压力强度分布图。

10. 挡土墙及墙后填土情况如图 6-33 所示，填土面上作用有连续均布荷载$q=10\text{kPa}$，试用朗金理论求主动土压力并绘出土压力强度分布图。

11. 挡土墙高 6m，填土面水平，墙背填土$\gamma=19\text{kN/m}^3$，$\varphi=35°$，$c=0$，$\delta=\frac{\varphi}{2}$，$\alpha=14°$，求作用于墙背上的库仑主动土压力。

12. 已知挡土墙分段长为 12m，当填土面上有城-B 级荷载作用时，其墙后填土情况如图 6-34 所示，求作用于墙背上的主动土压力。

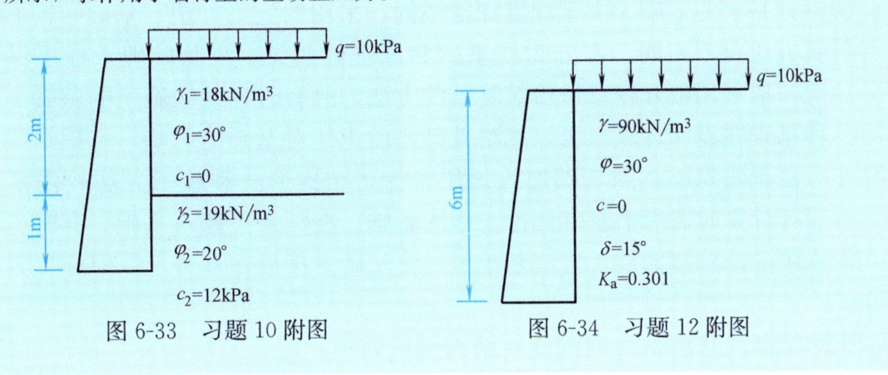

图 6-33 习题 10 附图

图 6-34 习题 12 附图

教学单元 7　天然地基上浅基础

天然地基上的基础，由于埋置深度不同，采用的施工方法、基础结构形式和设计计算方法也不相同，可分为浅基础和深基础两类。浅基础埋入地层深度较浅，施工一般采用敞开挖基坑修筑基础的方法，故有时称此法施工的基础为明挖基础。浅基础在设计计算时可以忽略基础侧面土体对基础的影响，基础结构形式和施工方法也较简单。深基础埋入地层较深，结构形式和施工方法较浅基础复杂，在设计计算时需考虑基础侧面土体的影响。在深水中修筑基础，有时也可以采用深水围堰清除覆盖层，按浅基础形式将基础直接放在基岩上，但施工方法较复杂。

天然地基浅基础由于埋深浅，结构形式简单，施工方法简便，造价也较低，成为建筑物最常用的基础类型。

7.1　浅基础的分类及构造

7.1.1　浅基础的分类

天然地基浅基础，根据受力条件及构造可分为刚性基础和柔性基础两大类。当基础在外力（包括基础自重）作用下，基底承受着强度为 σ 的地基反力，基础的悬出部分（图 7-1b）a-a 断面左端，相当于承受着强度为 σ 的均布荷载的悬臂梁，在荷载作用下，a-a 断面将产生弯曲拉应力和剪应力。基础圬工具有足够的截面使材料的容许应力大于由地基反力产生的弯曲拉应力和剪应力时，a-a 断面不会出现裂痕，这时，基础内不需配置受力钢筋，这种基础称为刚性基础（图 7-1b）。它是桥梁、涵洞和房屋等建筑物常用的基础类型。其形式有：刚性扩大基础（图 7-1b 及图 7-2）、单独柱下基础（图 7-3a、d）、条形基础（图 7-4）等。

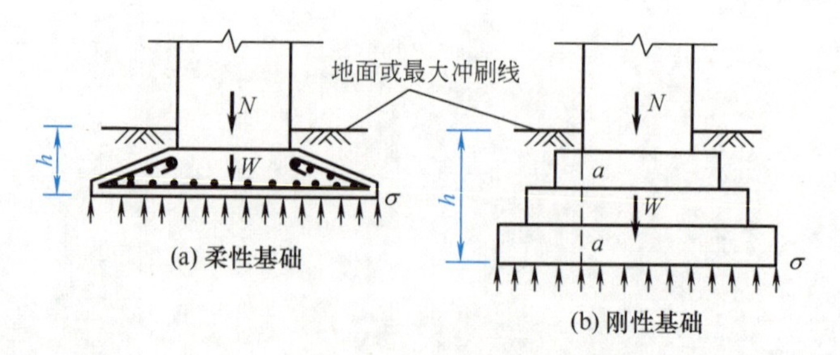

图 7-1　基础类型

结构物基础在一般情况下均砌筑在土中或水下，所以要求所有材料要有良好的耐久性和较高的强度。刚性基础常用的材料有：

（1）混凝土。混凝土是修筑基础最常用的材料。它的优点是抗压强度高、耐久性好、可浇筑成任意形状的砌体，强度等级一般不宜小于 C15。对于大体积混凝土基础，为了节约水泥用量，可掺入不多于砌体体积 25%的片石（称片石混凝土），但片石的强度等级不应低于 C25，也不应低于混凝土强度等级。

（2）粗料石或片石。采用粗料石砌筑桥、涵和挡墙等基础时，要求石料外形大致方整，厚度约 20～30cm，宽度和长度分别为厚度 1.0～1.5 倍和 2.5～4.0 倍，石料强度等级不应小于 C25，砌筑时应错缝，一般采用 M5 水泥砂浆。片石常用于小桥涵基础，石料厚度不小于 15cm，强度等级不小于 C25，一般采用 M5 或 M2.5 砂浆砌筑。

刚性基础的特点是稳定性好、施工简便、能承受较大的荷载，所以只要地基强度能满足要求，它是桥梁和涵洞等结构物首先考虑的基础形式。它的主要缺点是自重大，并且当持力层为软弱土时，由于扩大基础面积有一定限制，需要对地基进行处理或加固后才能采用，否则会因所受的荷载超过地基强度而影响结构物的正常使用。所以对于荷载大或上部结构对沉降差较敏感的结构物，当持力层的土质较差又较厚时，刚性基础作为浅基础是不适宜的。

基础在基底反力作用下（图 7-1），*a-a* 断面的弯曲拉应力和剪应力若超过了基础圬工的强度极限值，为了防止基础在 *a-a* 断面开裂甚至断裂，必须在基础中配置足够数量的钢筋，这种基础称为柔性基础。

柔性基础主要是用钢筋混凝土灌注，常见的形式有柱下扩展基础、柱下条形基础（图 7-5）和十字形基础、筏板及箱形基础（图 7-6、图 7-7），其整体性能较好，抗弯刚度较大。如筏板和箱形基础，在外力作用下只产生均匀沉降或整体倾斜，这样对上部结构产生的附加应力比较小，基本上消除了由于地基沉降不均匀引起结构物损坏的影响。所以在土质较差的地基上修建高层建筑时，采用这种基础形式是适宜的。但上述基础形式，特别是箱形基础，钢筋和水泥的用量较大，施工技术的要求也较高，所以应将箱形基础与其他基础形式（如桩基础等）比较后再确定。

7.1.2　浅基础的构造

1. 刚性扩大基础（图 7-2）

由于地基承载力一般较墩台或墙柱圬工的承载力低，因而需要将其基础平面尺寸扩大以满足地基承载力要求，这种刚性基础又称刚性扩大基础。它是桥涵及其他构造物常用的基础形式，其平面形状常为矩形。其每边扩大的尺寸最小为 0.20～0.50m，视土质、基础厚度、埋置深度和施工方法而定。作为刚性基础，每边扩大的最大尺寸受到材料刚性角的限制（关于刚性角的讨论见本章中刚性扩大基础尺寸的拟定）。当基础较厚时，可在纵横两个剖面上都做成台阶形，以减少基础自

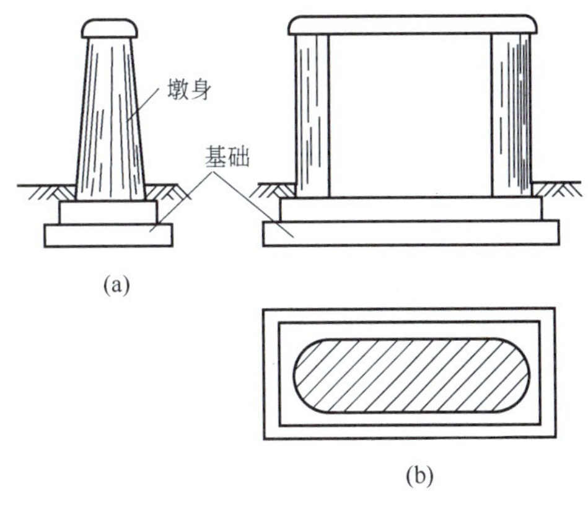

图 7-2　刚性扩大基础

重，节省材料。

2. 单独和联合基础（图 7-3）

单独基础是立柱式桥墩常用的基础形式之一。它的纵横剖面均可砌筑成台阶式（图 7-3a、d），但柱下单独基础用石或砖砌筑时，则在柱子与基础之间用混凝土墩连接。个别情况下柱下基础用钢筋混凝土浇筑时，其剖面也可浇筑成锥形（图 7-3c）。

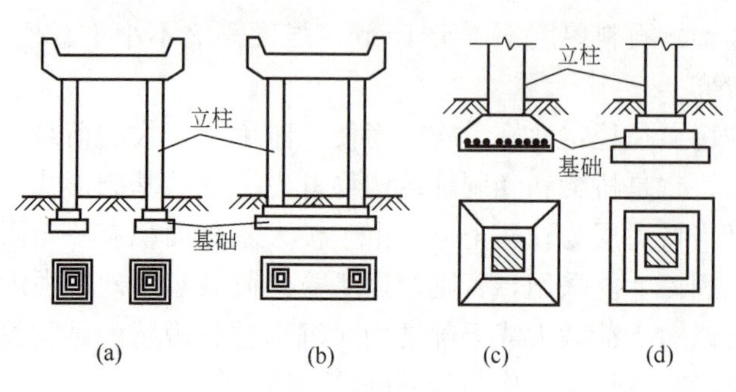

图 7-3　单独和联合基础

3. 条形基础（图 7-4、图 7-5）

条形基础分为墙下和柱下条形基础，墙下条形基础是挡土墙下或涵洞下常用的基础形式。在横剖面可以是矩形或将一侧砌成台阶形。如挡土墙很长，为了避免在沿墙长方向因沉降不均而开裂，可根据土质和地形予以分段，设置沉降缝。有时为了增强桥柱下基础的承载能力，将同一排若干个柱子的基础联合起来，也就成为柱下条形基础（图 7-5）。其构造与倒置的 T 形截面梁相类似，在沿柱子的排列方向的剖面可以是等截面的，也可以在柱位处加腋。在桥梁基础中，它一般是做成刚性基础，个别也可做成柔性基础。

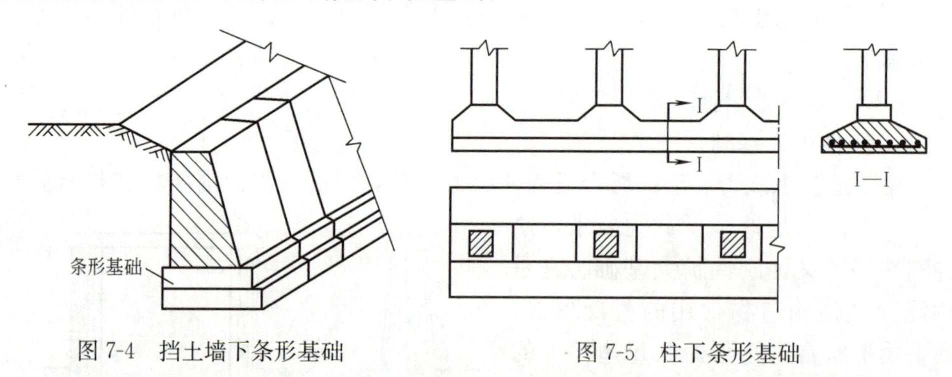

图 7-4　挡土墙下条形基础　　图 7-5　柱下条形基础

如地基土很软，基础在宽度方向需进一步扩大面积，同时又要求基础具有空间的刚度来调整不均匀沉降时，可在柱下纵、横两个方向均设置条形基础，这便成为十字形基础。

4. 筏板和箱形基础（图 7-6、图 7-7）

筏板和箱形基础都是房屋建筑常用的基础形式。

当立柱或承重墙传来的荷载较大，地基土质软弱又不均匀，采用单独或条形基础均不能满足地基承载力或沉降要求时，可采用筏板式钢筋混凝土基础，这样既扩大了基底面积又增强了基础的整体性，并避免结构物局部发生的不均匀沉降。

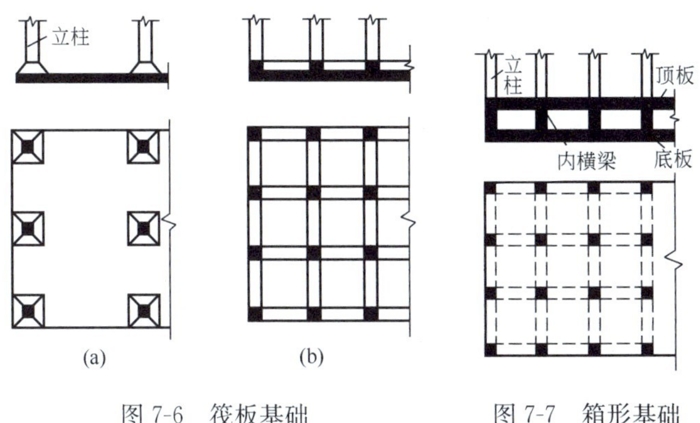

图 7-6　筏板基础　　　　图 7-7　箱形基础

筏板基础在构造上类似于倒置的钢筋混凝土楼盖，它可以分为平板式（图 7-6a）和梁板式（图 7-6b）。平板式常用于柱荷载较小而且柱子排列较均匀和间距也较小的情况。

为增大基础刚度，可将基础做成由钢筋混凝土顶板、底板及纵横隔墙组成的箱形基础（图 7-7），它的刚度远大于筏板基础，而且基础顶板和底板间空间常可作为地下室。它适用于地基较弱土层，建筑物对不均匀沉降较敏感时或荷载较大而基础建筑面积不太大的高层建筑。

以上仅对较常见的浅基础形式的构造做了概括介绍，在实践中必须因地制宜地选用基础形式。

7.2　城市桥梁设计采用的作用（荷载）及作用效应组合

7.2.1　荷载的分类

根据《城市桥梁设计规范（2019 年版）》CJJ 11—2011 规定：桥梁设计采用的作用可分为永久作用、可变作用、偶然作用三类。

1. 永久作用

永久作用是在设计有效期内，其值不随时间变化，或其变化与平均值相比可忽略不计的作用，有结构重力、预加应力、土的重力及土侧压力、混凝土收缩及徐变影响力、基础变位影响力、水的浮力。

2. 可变作用

可变作用是在设计有效期内，其值随时间变化，且其变化与平均值相比可忽略的作用，按其对桥梁结构的影响程度，可分为基本可变作用和其他可变作用。

基本可变作用有汽车、汽车冲击力、离心力、汽车引起的土侧压力、人群。

其他可变作用有风力、汽车制动力、流水压力、冰压力、温度（均匀温度、梯度温度）作用、支座摩阻力。

3. 偶然作用

偶然作用是在设计有效期内，不一定出现，一旦出现，其值将很大且持续时间很短的荷载，偶然荷载有船只或漂流物撞击力、汽车撞击作用等。

属于偶然作用的地震作用分常遇和罕见两种。地震作用的标准应根据《公路工程抗震规范》JTG B02—2013 的规定确定，不与偶然作用同时参与组合。

7.2.2 作用效应组合

在进行基础设计时，应根据可能同时出现的作用，选择下列作用组合：

组合Ⅰ：一种或几种基本可变作用与一种或几种永久作用相组合。

组合Ⅱ：一种或几种基本可变作用和一种或几种永久作用叠加后与一种或几种其他可变作用相组合。

当设计弯桥并采用离心力与制动力组合时，制动力应按 70%计算。

组合Ⅲ：一种或几种基本可变作用和一种或几种永久作用叠加后与偶然作用中的船只或漂流物撞击力相组合。

组合Ⅳ：桥梁在进行施工阶段的验算时，根据可能出现的结构重力、脚手架、材料机具、人群、风力以及拱桥的单向推力等施工作用进行组合。

当桥梁构件在施工吊装时或运输时所产生的冲击力，应根据现场具体情况和设计经验，计入构件的动力系数。

组合Ⅴ：结构重力、预加力、土重及土侧压力，其中的一种或几种与地震作用相组合。

7.2.3 汽车荷载等级

(1) 汽车荷载等级可划分为城-A 级汽车荷载和城-B 级汽车荷载两个等级。

(2) 汽车荷载可分为车辆荷载、车道荷载。

桥梁的横隔梁、行车道板、桥台或挡土墙后土压力的计算应采用车辆荷载。桥梁的主梁、主拱和主桁架等的计算应采用车道荷载。当桥面车行道内有轻轨车辆混合运行时，应按有关轻轨荷载规定进行验算，并取其最不利者进行设计。

当进行桥梁结构计算时不得将车辆荷载和车道荷载的作用叠加。

(3) 城-A 级车辆荷载和城-B 级车辆荷载的标准载重汽车应符合下列规定：

① 城-A 级标准载重汽车应采用五轴式货车加载，总重 700kN，前后轴距为 18.0m，行车限界横向宽度为 3.0m（图 6-17a）；

② 城-B 级标准载重汽车应采用三轴式货车加载，总重 300kN，前后轴距为 4.8m，行车限界横向宽度为 3.0m（图 6-17b）；

③ 城-A 级和城-B 级标准载重汽车的横断面尺寸相同，其横桥向布置应符合图 6-18 的规定。

所有荷载均通过基础传给地基，具体验算时，常把各荷载组合的合力简化到基础底面形心处，用竖向力、水平力和力矩表示，如图 7-8 中的 N、H 和 M。通常基础多为矩形底面，形心轴和对称轴重合。但要注意，对 U 形或 T 形桥台基础（如图 7-9 中的 T 形基础底面），由于底面只有一个对称轴，所以另一个方向上的形心轴位置与基础立面的中轴不重合，这时 N、M 应算至形心轴位置上。

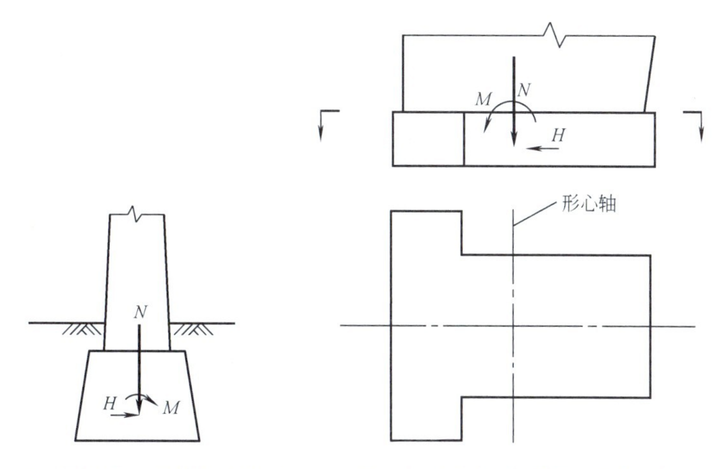

图 7-8　矩形基础荷载计算位置　　　图 7-9　T 形基础荷载计算位置

进行具体计算时，一般分别考虑作用的纵向和横向效用，不相互叠加。对桥梁墩台基础来说，纵向是指与车辆行驶方向一致的方向，即桥的长度方向，也称顺桥向；横向则与车辆行驶方向相垂直，即桥的宽度方向。所以每一个验算项目多数也分纵向验算和横向验算两部分，不予叠加。但对多数桥梁基础来说，往往纵向验算控制设计，因为通常纵向水平力较大，而基础的纵向尺寸（宽度）又比横向尺寸（长度）小，明显地处于不利的地位。所以一般可不进行横向验算。但当横向有较大的水平力作用时，就必须同时进行纵横向验算。

7.3　基础埋置深度的选择

基础的埋置深度是指从设计地面到基础底面的距离。选择基础埋置深度也就是选择合适的地基持力层。基础埋置深度的大小，对桥梁工程的造价、工期、材料的消耗和施工技术等有很大影响。基础埋得太深，将会增加施工困难和造价；埋得太浅，又不能保证桥梁的稳定性。因此，在确定基础的埋置深度时，应考虑以下几个因素：

1. 地基的工程地质条件

地基的地质条件是确定基础埋置深度的重要因素之一。在岩石地基上有较薄覆盖土层及风化层时，应该清除覆盖土和风化层后，将基础直接修建在新鲜岩面上；如岩石的风化层很厚，难以全部清除时，应根据其风化程度、冲刷深度及相应的容许承载力来确定基础埋深。若岩层表面倾斜，为防止基础产生不均匀沉降而发生倾斜甚至断裂，不得将基础的一部分置于岩层上，而另一部分则置于土层上。

当基础埋置在非岩石地基上，如受压层范围内为均质土，基础埋置深度既要满足冲刷、冻结等要求外，又要根据荷载大小，由地基土的承载力和沉降特性来确定；当地质条件复杂时，对大中型桥梁、结构物基础持力层的选定应通过较详细计算或方案比较后确定。

2. 水文条件

地下水的情况与基础埋深也有密切关系。基础尽量做在地下水位以上，便于施工，如必须将基础埋在地下水位以下时，则应采取施工排水措施，保护地基不受扰动。

当基础位于河岸边时，为防止桥梁基础四周和基底下土层被水流掏空冲走以至倒塌，基础必须埋置在设计洪水的最大冲刷线以下一定的深度，以保证基础的稳定性。对小桥涵基础，应埋置于最大冲刷线以下至少 1.0m；当河床上有铺砌层时，一般应设置在铺砌层顶面以下 1.0m；大桥的墩台基础，当建造在岩石上的河流冲刷又较严重时，除应清除风化层外，还应根据基岩强度嵌入岩层一定深度，或采用其他锚固措施，使基础与岩石连成整体。大中桥基底埋置在最大冲刷线以下的安全值可按表 7-1 采用。

大中桥基底最小埋深安全值（m） 表 7-1

冲刷总深度		0	<3	≥3	≥8	≥15	≥20
安全值	一般桥梁	1.0	1.5	2.0	2.5	3.0	3.5
	技术复杂、修复困难的大桥和主要大桥	1.5	2.0	2.5	3.0	3.5	4.0

对于埋藏有承压水层的地基，确定基础埋深时，必须控制基础开挖深度，防止基坑因挖土减压而引起开裂，并要求基底至承压水层顶间保留一定土层厚度。

3. 上部结构的形式

上部结构的形式不同，对基础产生的位移要求也不同。对中小跨度的简支梁来说，这项因素对确定基础的埋置深度影响不大。但对超静定结构，即使基础发生较小的不均匀沉降也会使内力产生一定变化，这样上部结构的形式也会影响基础埋置深度的选择。

4. 作用在地基上的荷载大小和性质

作用在地基上的荷载大小和性质问题也是一个涉及结构物安全、稳定的问题，跨度大的桥梁，传至基础的荷载就大，因此基础埋置就深。

结构物荷载的性质对基础埋置深度的影响也很明显。对于承受水平荷载的基础，必须有足够的埋置深度来获得土的侧向抗力，以保证基础的稳定性，减少结构物的整体倾斜，防止倾覆及滑移；对于承受上拔力的基础，如输电塔的基础，要求较大的基础埋深以提供足够的抗阻力；对承受动荷载的基础，则不宜选择饱和疏松的粉细砂作为持力层，防止这些土层液化而丧失承载力，造成地基失稳。

5. 当地的冻结深度

在寒冷地区，应该考虑由于季节性的冻结和融化对地基土引起的冻胀影响。

对于冻胀性土，如土温在较长时间内保持在冻结温度以下，水分能从未冻结土层不断向冻结区迁移，引起地基的冻胀和隆起，这些都可能使基础遭受损坏。为了保证结构物不受地基土季节性冻胀的影响，除持力层选择在非冻胀性土层外，基础底面应埋置在天然最大冻结线以下深度。当上部结构为超静定结构时，基底应埋置在最深冻结线以下不小于 0.25m；对于静定结构的基础一般也按此规定，但在最大冻结深度较深地区，为了减少埋置深度，经计算后也可将基底置于最大冻结线以上；桥墩和基底设置在不冻胀土层中时，基底埋深可不受冻结深度的限制。

6. 最小埋置深度

地基土在温度和湿度的影响下会产生一定风化作用，其性质是不稳定的，加上人类和动物活动以及植物的生长作用，也会破坏地表土层的结构，而影响其强度和稳定，所以一般地表不能作为持力层。为了保证地基和基础的稳定性，基础的埋置深度（除岩石地基外）应在天然地面或无冲刷河流的河底以下不小于 1.0m。

除此之外，在确定基础埋置深度时，还应考虑相邻结构物的影响，如新结构物基础比原本结构基础深，则施工挖土有可能影响原有基础的稳定，同时还应考虑施工技术条件及经济分析的影响。上述影响基础埋深的因素不仅适用于天然地基上的浅基础，也适用于其他类型的基础（如沉井基础）。

7.4 基础设计的原则及步骤

7.4.1 基础设计原则

基础工程设计计算的目的是设计一个安全、经济和可行的地基及基础，以保证结构物的安全和正常使用。因此，基础工程设计计算的基本原则是：

（1）基础底面的压力小于地基的容许承载力；

（2）地基及基础的变形量小于结构物要求的沉降值；

（3）地基及基础整体稳定有足够保证；

（4）基础本身的强度满足要求。

地基与基础方案的确定主要取决于地基土层的工程性质与水文地质条件、荷载特性、上部结构的结构形式及使用要求，以及材料的供应和施工技术等因素。方案选择的原则是：力求使用上安全可靠、施工技术上简单可行和经济上合理。因此，必要时应作不同方案的比较，从中选出较为适宜与合理的设计方案和施工方案。

7.4.2 建筑物对地基与基础的要求

要保证建筑物的质量，首先必须保证有可靠的地基与基础，否则整个建筑物就可能遭到损坏或影响正常使用。例如：地基的不均匀沉降，可导致上部结构产生裂缝或建筑物发生倾斜；如果地基设置不当，地基承载力不够，还有可能使整个结构物倒塌。而已建成的建筑物一旦由于地基基础方面的原因而出现事故，往往很难进行加固处理。此外，地基与基础部分的造价在建筑物总造价中往往占很大比例。所以不管从保证建筑物质量方面，还是从建筑物的经济合理性方面考虑，地基和基础的设计和施工都是建筑物设计和施工中十分重要的组成部分。

建筑物对地基与基础的要求可归纳为下列几点：

(1) 地基有足够的强度，也就是说地基在建筑物等外荷载作用下，不允许出现过大的、有可能危及建筑物安全的塑性变形或丧失稳定性的现象。

(2) 地基的压缩变形在允许范围以内，以保证建筑物的正常使用。地基变形的允许值决定于上部结构的结构类型、尺寸和使用要求等因素。

(3) 防止地基土从基础底面被水流冲刷掉。

(4) 防止地基土发生冻胀。当基础底面以下的地基土发生严重冻胀时，对建筑物往往是十分有害的。冻胀时地基虽有很大的承载能力，但其所产生的冻胀力有可能将基础向上抬起，而冻土一旦融化，土体中含水量很大，地基承载力忽然大幅降低，地基有可能发生较大的沉降，甚至发生剪切破坏，这是不能允许的。所以对寒冷地区，这一点必须予以考虑。

(5) 基础有足够的强度和耐久性，基础的强度和耐久性与砌筑基础的材料有关，只要施工能保证质量，一般比较容易得到保证。

(6) 基础有足够的稳定性，基础稳定性包括防止倾覆和防止滑动两方面，这个问题与荷载作用情况、基础尺寸和埋置深度及地基土的性质有关系。

此外，整个建筑物还必须处于稳定的地层上，否则上述要求虽然都得到满足，也可能导致刚性浅基础出现事故。

7.4.3 基础设计计算的一般步骤和内容

基础设计主要包括对地基作出评价，结合建筑物和其他具体条件初步拟定基础的材料、埋置深度、类型及尺寸，通过验算，证实各项设计要求是否能得到满足，最后确定方案。

浅基础设计计算的一般步骤和内容为：

(1) 初步选定基础的埋置深度；

(2) 选定基础的材料（用块石砌筑还是片石混凝土），初步拟定基础的形状和尺寸；

(3) 验算地基承载力（包括持力层和软弱下卧层承载力）；

(4) 验算基底的合力偏心距；

(5) 验算基础的抗滑动和抗倾覆稳定性；

(6) 必要时验算基础的沉降。

验算中如果出现某项设计要求得不到满足，或虽然满足，但尺寸或埋深显得过大而不经济，则需适当修改基础尺寸或埋置深度，重复各项验算，直到各项要求全部满足，使基础尺寸较为合理。

7.5 基础尺寸的拟定

基础尺寸的拟定是基础设计的重要内容之一，尺寸拟定恰当，可以减少重复设计工作。浅基础尺寸的拟定包括基础平面尺寸和基础分层厚度两方面。一般要考虑上部结构的形式、荷载大小、初步拟定的基础埋置深度、地基允许承载力及墩台底面的形状和尺寸等因素。

7.5.1　基础平面尺寸

基础平面尺寸主要是基础顶面和底面尺寸，基础平面形式一般应考虑墩、台身底面的形状而确定，基础平面形状常用矩形，基础顶面的尺寸应大于墩台底部的尺寸，即要有一定的襟边宽度，基础顶面边缘到墩台底部边缘的距离，称为基础的襟边宽度，如图7-10中 c 所示，襟边宽度一般不小于15～30cm，其作用主要是：

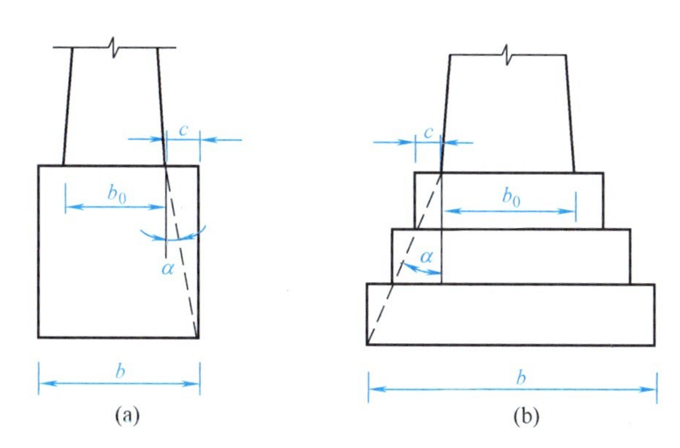

图7-10　基础襟边和扩展角

（1）扩大基底面积，增加基础承载力；

（2）调整基础施工时在平面尺寸上可能产生的误差；

（3）便于支立墩、台模板的需要。

因此基础顶面的最小尺寸应为：

$$b_{\min}=b_0+2c \tag{7-1}$$

式中　$b_{\min}$——基础顶面的最小宽度或长度；

b_0——墩台底部的宽度或长度；

c——襟边宽度，一般不小于15～30cm。

基础底面尺寸不能小于基础顶面的最小尺寸。对于刚性基础来说，在基础高度已经确定的情况下，基础底面的最大尺寸也要受到一定限制。因为基础底面尺寸超过墩台底面较大时，在基础上所产生的最大弯拉应力和最大剪应力，有可能超过圬工材料的强度，使基础底面产生开裂以致破坏。从墩台底部外缘到基础底面外缘的连线与竖线的夹角，常称为基础扩展角，如图7-10中 α 所示。为了保证刚性基础本身有足够的强度，通常限制扩展角不超过一定的极限值，该扩展角的极限值常称为基础的刚性角，用 $\alpha_{\max}$ 表示，刚性角与基础所采用的材料有关，规范规定：

用M5及以下水泥砂浆砌筑块石时 $\alpha_{\max}=30°$；

用M5以上水泥砂浆砌筑块石时 $\alpha_{\max}=35°$；

水泥混凝土时 $\alpha_{\max}=40°$。

因此必须使基础的扩展角 $\alpha\leqslant\alpha_{\max}$，这样基础底面的最大尺寸应为：

$$b_{\max}=b_0+2H\cdot\tan\alpha_{\max} \tag{7-2}$$

基础底面形状应与顶面相配合，其合理的尺寸一般要通过试算最后确定。应先根据荷载大小和地基强度，参照上述最小襟边宽度和刚性角所要求的最小和最大尺寸，从中初选一个底面尺寸，然后进行各项验算，根据验算结果，再作适当修改，如果采用最大尺寸还不能满足验算需求，那就应改用强度较大的圬工材料或加大基础的埋置深度。

7.5.2 基础立面尺寸

考虑到整个建筑物的美观并保护基础不受外力破坏，基础一般不能外露。墩台基础顶面不应高于最低水位或地面的标高，在基础埋置深度即基础底面标高已选定的情况下，基础顶面标高一经确定，基础总高度即为顶面标高和底面标高之差。一般情况下，大、中桥墩、台混凝土基础总高度在 1.0～2.0m。基础较厚时（超过 1m 以上），可将基础的剖面浇砌成台阶形，如图 7-10（b）所示，基础每层台阶高度通常为 0.50～1.00m，在一般情况下每层台阶宜采取相同厚度。台阶扩展角不能超过刚性角。

所拟定的基础尺寸，是在可能的最不利荷载组合的条件下，能保证基础本身有足够的结构强度并能使地基与基础的承载力和稳定性均能满足规定要求，并且是经济合理的。

7.6 地基与基础的验算

基础埋置深度和尺寸初步拟定后，是否符合各项设计要求，还必须根据可能产生的最不利荷载组合对地基与基础进行验算，从而保证结构物的安全和正常使用，地基基础验算的主要内容有地基承载力、基底合力偏心距、地基与基础稳定性、基础沉降等。

7.6.1 地基承载力验算

地基承载力验算包括持力层强度验算、软弱下卧层强度验算和地基容许承载力验算（验算方法见教学单元 5）。

1. 持力层强度验算

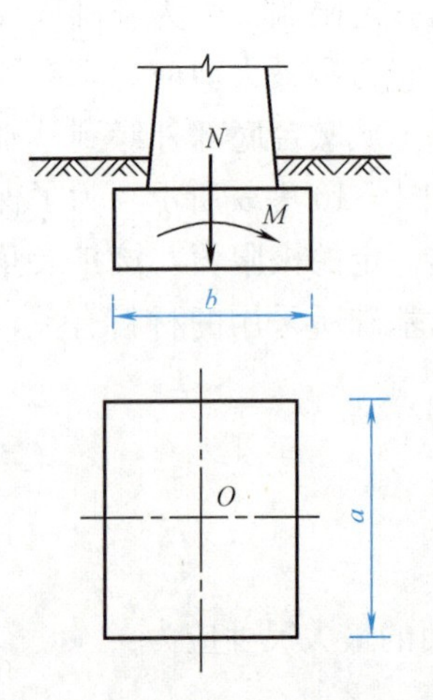

图 7-11 持力层强度验算

持力层是直接与基底相接触的土层，持力层承载力验算要求荷载在基底产生的地基应力不超过持力层的地基容许承载力，即：

$$\sigma_{max} \leqslant k[\sigma_0] \tag{7-3}$$

式中 k——地基土容许承载力的提高系数，查表 5-8；

σ_{max}——基底最大压力；

$[\sigma_0]$——地基容许承载力（确定方法见教学单元 5 的 5.5 节）。

如图 7-11 所示，N 与 M 为作用于基础底面形心上的竖向合力和力矩，当合力偏心距不超出截面核心半径 $\rho=\frac{b}{6}$ 时，则基础底面压力按式（7-4）

计算：

$$\sigma_{\substack{max\\min}}=\frac{N}{F}\pm\frac{M}{W} \tag{7-4}$$

基础底面为矩形时，

$$W=\frac{ab^2}{6}$$

对设置在基岩上的基础，当基底合力偏心距超出核心半径（$e_0>\rho$）时，若墩台基底为矩形，则

$$\sigma_{max}=\frac{2N}{3\left(\frac{b}{2}-e_0\right)a} \tag{7-5}$$

从式（7-4）和式（7-5）可知，当基础底面尺寸一定时，N 和 M 值越大，σ_{max}越大。可见在验算地基强度时，应选用能使 N 和 M 值尽可能大的荷载组合为最不利的荷载组合。

基底应力一般按式（7-4）和式（7-5）计算即可，但当桥台填土高度大于 5m 时，规范规定还要考虑桥台后填土荷载对基底压力的影响。

如图 7-12 所示，当 $H_1\geqslant 5$m 时，还应计入填土对桥台基底（或桩尖平面）处的附加压力，即：

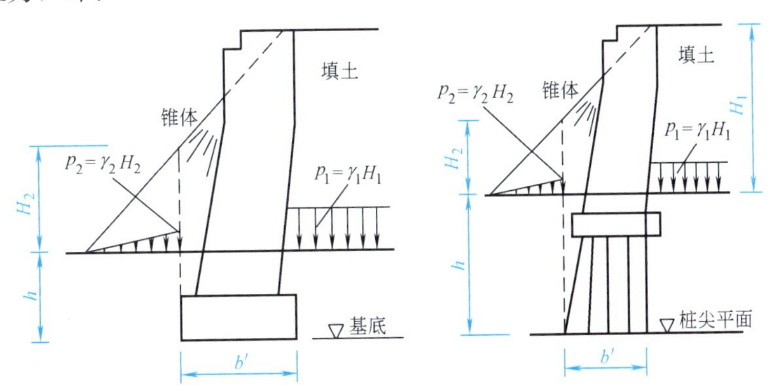

图 7-12　桥台填土荷载对基底应力的影响

$$\sigma_1'=\alpha_1\gamma_1 H_1 \tag{7-6}$$

对于埋置式桥台，应按式（7-7）计算台前锥体对基底（或桩尖平面）处前边缘引起的附加压力：

$$\sigma_2'=\alpha_2\gamma_2 H_2 \tag{7-7}$$

式（7-6）、式（7-7）和图 7-12 中

p_1——台前路基填土对原地面的竖向压力（kPa）；

p_2——台前锥体对原地面的竖向压力（kPa）；

γ_1——路基填土的天然重度（kN/m^3）；

γ_2——锥体填土的天然重度（kN/m^3）；

H_1——台背路基填土高度（m）；

H_2——基底（或桩尖平面）处前边缘上的锥体高度（m）；

b'——基底（或桩尖平面）处后边缘上的锥体宽度（m）；

h——原地面至基底（或桩尖平面）处的深度（m）；

α_1、α_2——附加竖向压力系数，见表 7-2 和表 7-3。

系数 α_1　　　　表 7-2

基础埋置深度 h(m)	填土高度 H_1(m)	系数 α_1(对桥台边缘)			
		后边缘	前边缘，当基底平面的基础长度为		
			5(m)	10(m)	15(m)
5	5 10 20	0.44 0.47 0.48	0.07 0.09 0.11	0.01 0.02 0.04	0 0 0.01
10	5 10 20	0.33 0.40 0.45	0.13 0.17 0.19	0.05 0.06 0.08	0.02 0.02 0.03
15	5 10 20	0.26 0.33 0.41	0.15 0.19 0.24	0.08 0.10 0.14	0.04 0.05 0.07
20	5 10 20	0.17 0.24 0.33	0.12 0.17 0.24	0.08 0.12 0.17	0.05 0.08 0.10
25	5 10 20	0.17 0.24 0.33	0.12 0.17 0.24	0.08 0.12 0.17	0.05 0.08 0.10
30	5 10 20	0.15 0.21 0.31	0.11 0.16 0.24	0.08 0.12 0.18	0.06 0.08 0.12

系数 α_2　　　　表 7-3

基础埋置深度 h(m)	系数 α_2		基础埋置深度 h(m)	系数 α_2	
	当台背路基填土高度 H_1 为			当台背路基填土高度 H_1 为	
	10(m)	20(m)		10(m)	20(m)
5 10 15	0.4 0.3 0.2	0.5 0.4 0.3	20 25 30	0.1 0 0	0.2 0.1 0

将式（7-5）和式（7-6）计算所得应力相加，即为基底（或桩尖平面）处总的基底压力。

2. 软弱下卧层强度验算

当受压层范围内地基为多层土（主要指地基承载力差异而言）组成，且持力层以下有软弱下卧层（指容许承载力小于持力层容许承载力的土层）时，还应验算其强度。软弱下卧层顶面 A（在基底形心轴下）的总应力（包括自重应力及附加应力）不得大于该处地基土的容许承载力（图 7-13），即：

$$\sigma_{h+z}=r_1(h+z)+\alpha(\sigma-r_2h)\leqslant[\sigma_{h+z}] \tag{7-8}$$

式中 r_1——相应于深度（$h+z$）以内土的换算重度（kN/m^3）；

r_2——深度 h 范围内土的换算重度（kN/m^3）；

h——基础的埋置深度（m）；

z——从基础底面到软弱土层层面的距离（m）；

α——基底中心下土中附加应力系数，按表 3-2 查用；

σ——由计算荷载产生的基底压力（kPa），当基底压力为不均匀分布且 $z/b>1$ 或 $z/d>1$ 时，σ 为基底平均压力；当 $z/b\leqslant1$ 或 $z/d\leqslant1$ 时，σ 按基底应力图形采用距最大应力边 $b/4\sim b/3$ 处的压力值，其中 b 为矩形基础的短边宽度（图 7-14），d 为圆形基础的直径；

$[\sigma_{h+z}]$——软弱下卧层顶面处的容许承载力（kPa）。

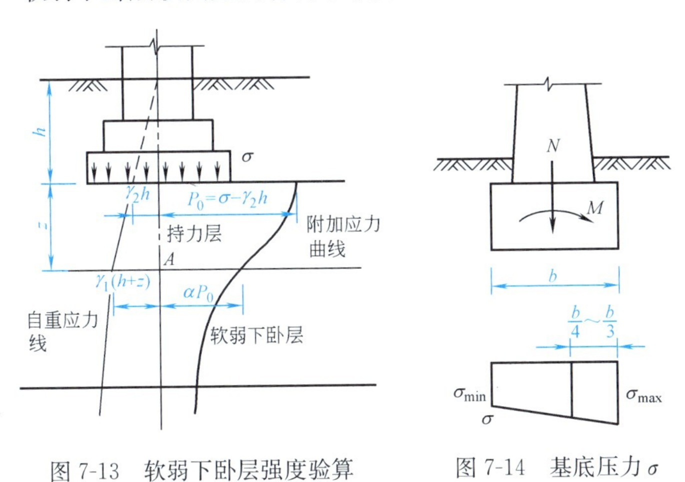

图 7-13　软弱下卧层强度验算　　图 7-14　基底压力 σ

当软弱下卧层顶为沉降量较大而土层又较厚的饱和软黏土，或当上部结构对沉降有一定要求时，除承载力满足上述要求外，还需计算其沉降量。

7.6.2　基底合力偏心距验算

在进行墩、台基础的设计计算时，必须控制基底合力偏心距。因为基底合力偏心距越大，基底压力的最大值和最小值相差越大，基础越易发生较大的不均匀沉降，而使墩台发生倾斜。

桥涵墩台应验算作用于基底的合力偏心距，应满足《公路桥涵地基与基础设计规范》JTG 3363—2019 的下列规定：

1. 桥涵墩台基底的合力偏心距容许值 $[e_0]$ 应符合表 7-4 的规定。

墩台基底的合力偏心距容许值 $[e_0]$　　表 7-4

作用情况	地基条件	$[e_0]$	备注
仅承受永久作用标准值组合	非岩石地基	桥墩，0.1ρ	拱桥、刚构桥墩台，其合力作用点应尽量保持在基底重心附近
		桥台，0.75ρ	

续表

作用情况	地基条件	$[e_0]$	备注
承受作用标准值组合或偶然作用标准值组合	非岩石地基	ρ	拱桥单向推力墩不受限制，但应符合本规范表 5.4.3 规定的抗倾覆稳定系数
	较破碎～极破碎岩石地基	1.2ρ	
	完整、较完整岩石地基	1.5ρ	

注：ρ 为桩底面核心半径。表中本规范指《公路桥涵地基与基础设计规范》JTG 3363—2019。

2. 基底以上外力作用点对基底重心轴的偏心距 e_0 可按式（7-9）计算：

$$e_0=\frac{M}{N}\leqslant[e_0] \tag{7-9}$$

式中 M——所有外力（竖向力、水平力）对基底截面重心的弯矩（kN·m）；

N——作用于基底的竖向力（kN）。

3. 基底承受单向或双向偏心受压的截面核心半径 ρ 值可按式（7-10）计算：

$$\rho=\frac{e_0}{1-\frac{p_{\min}A}{N}} \tag{7-10}$$

$$p_{\min}=\frac{N}{A}-\frac{M_x}{W_x}-\frac{M_y}{W_y} \tag{7-11}$$

式中 $p_{\min}$——基底最小压应力，当为负值时表示拉应力（kPa）。

7.6.3 基础稳定性验算

当基础承受较大的偏心距和水平力时，基础就有可能失去稳定。在基础设计计算时，应对基础进行倾覆稳定性和滑动稳定性验算。此外，对某些土质条件下的桥台、挡土墙还要验算地基的稳定性，以防桥台、挡土墙下地基滑动。

1. 基础倾覆稳定性验算

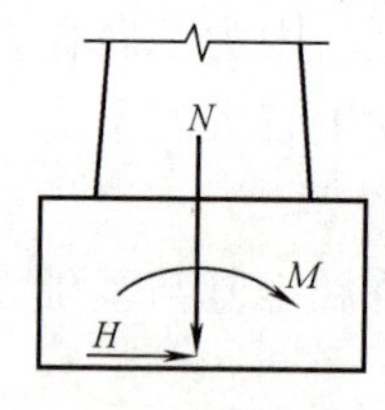

图 7-15 倾覆稳定性验算

如图 7-15 所示，在外力作用下，力矩 M 将会使基础绕基底最大受压边缘转动，并产生倾覆。N 则是抵抗基础产生倾覆的力。因此，必须保证抗倾覆力矩（即稳定力矩）大于倾覆力矩，并具有足够的安全度。

可先按式（7-12）算出抗倾覆稳定系数 K_0：

$$K_0=\frac{Ny}{M}=\frac{Ny}{Ne_0}=\frac{y}{e_0} \tag{7-12}$$

式中 y——基底截面形心至最大受压边缘的距离；

e_0——合力的竖向分力对基底截面形心的偏心距。

要求 K_0 值不小于规范的规定值，见表 7-5。

由式（7-10）可见，e_0 越大，K_0 越小，越不利，所以选最不利荷载组合的原则与验算合力偏心距时相同。

抗倾覆和抗滑动的稳定系数　　表 7-5

荷载情况	验算项目	稳定系数	备注
作用效应组合Ⅰ	抗倾覆 抗滑动	1.5 1.3	作用效应组合Ⅰ，如包括由混凝土收缩、徐变和水的浮力引起的效应，则应采用作用效应组合Ⅱ时的稳定系数
作用效应组合Ⅱ、Ⅲ、Ⅳ	抗倾覆 抗滑动	1.3	
作用效应组合Ⅴ	抗倾覆 抗滑动	1.2	

2. 基础抗滑动稳定性验算

图 7-15 中 H 为滑动力，基底与地基土之间的摩擦力为抗滑力。要求抗滑力大于滑动力，并具有足够的安全度。可按式（7-13）算出抗滑动稳定系数 K_c：

$$K_c=\frac{Nf}{H} \tag{7-13}$$

式中　N——竖向力总和；

H——水平力总和；

f——基底与地基之间的摩擦系数，当缺少资料时，可查表 7-6。

当基础采取抗滑措施时，在抗滑动验算中，除考虑基底摩阻力外，并应考虑由上述措施所产生的阻力。要求 K_c 值不小于规范的规定值，见表 7-5。

基底与地基之间的摩擦系数 f　　表 7-6

地基土分类	f	地基土分类	f
软塑（$1>I_L\geqslant 0.5$）黏土	0.25	碎石类土	0.50
硬塑（$0.5>I_L\geqslant 0$）黏土	0.30	软质岩石	0.40～0.60
砂质粉土、粉质黏土、半硬性（$I_L\leqslant 0$）黏土	0.30～0.40	硬质岩石	0.60～0.70
砂类土	0.40		

由式（7-13）可见，N 越小，H 越大，则 K_c 值越小，越不利，所以对本项验算时应选取 N 小、H 大的作用组合为最不利作用效应组合。

7.6.4　地基稳定性验算

对具有高填土的桥台和挡土墙，当地基土质很差时，除了有可能发生基础沿底面滑动之外，还有可能出现沿着图 7-16 中的滑动面，基础和地基土一起发生滑动的可能。这时需要验算其稳定性。这种地基稳定性验算方法可按土坡稳定分析方法，即圆弧滑动面法来进行验算，但在计算滑动力矩时，应计入桥台上所受的外作用及桥台或挡土墙和基础重量

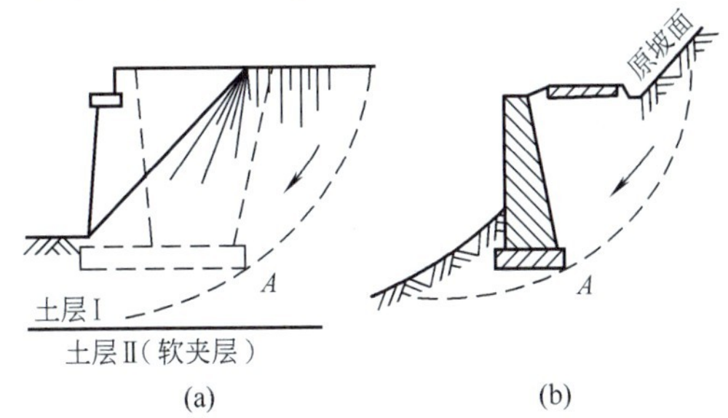

图 7-16　基础和地基土一起发生滑动

的影响，然后求出稳定系数，需满足规定的要求值。

以上对地基与基础的验算，均应满足设计规定的要求，达不到要求时，必须采取设计措施，如梁桥桥台基础在台后土压力引起的倾覆力矩比较大，基础的抗倾覆稳定性不能满足要求时，可将台身做成不对称的形式（如图 7-17 所示后倾形式），这样可以增加台身自重所产生的抗倾覆力矩，达到提高抗倾覆的安全度。如采用这种外形，则在施工台身时应及时在台后填土并夯实，以防台身后倾覆和转动；也可在台后一定长度范围内填碎石、干砌片石或填石灰土以增大填料的内摩擦角减小土压力，达到减小倾覆力矩，提高抗倾覆安全度的目的。

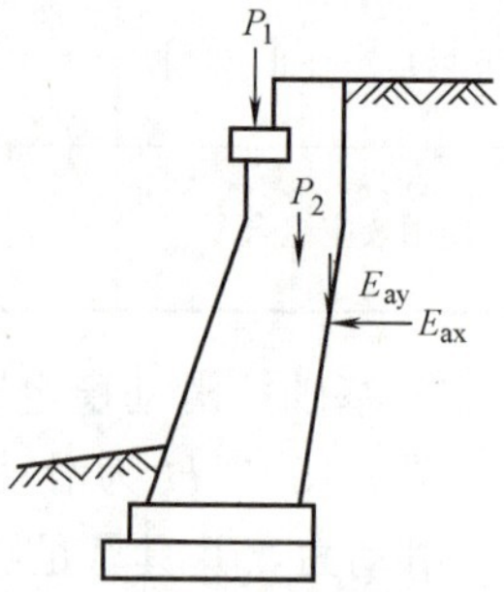

图 7-17　后倾式台身

当高填土的桥台基础或土坡上的挡墙地基可能出现滑动或在土坡上出现裂缝时，可以增加基础的埋置深度或改用桩基础，提高墩台基础下地基的稳定性；或者在土坡上设置地面排水系统，拦截和引走滑坡体以外的地表水，以减少因渗水而引起土坡滑动的不稳定因素。

7.6.5　基础沉降验算

基础的沉降验算包括沉降量、相邻基础沉降差及基础由于地基不均匀沉降而发生的倾斜。基础的沉降主要由竖向荷载作用下土层的压缩变形引起，沉降量过大将影响结构物的正常使用和安全，应加以限制。一般对小桥或跨径不大的简支梁桥，在满足地基容许承载力的情况下，可不进行沉降计算。

桥梁墩台符合下列情况之一时，应按教学单元 4 介绍的方法验算基础沉降量：

（1）墩台建于地质情况复杂、土质不均匀及承载力较差地基上的一般桥梁；

（2）需预先考虑沉降量确定净高的跨线桥；

（3）超静定体系的桥梁（如连续梁桥、两铰或无铰拱桥等），一般应计算墩台基础沉降和相邻基础的沉降差；

（4）相邻跨径差别悬殊必须计算沉降差的桥梁。

计算沉降时，仅考虑恒载的作用。计算所得沉降（cm），不得超过下列规定：

1）墩台均匀总沉降值（不包括施工中的沉降）为 $2.0\sqrt{L}$，单位：cm；

2）相邻墩台均匀总沉降差值（不包括施工中的沉降）为 $1.0\sqrt{L}$，单位：cm。

其中 L 为相邻墩台间最小跨径长度，以“m”计，跨径小于 25m 时仍以 25m 计算。

思考题与习题

1. 浅基础的分类有哪些？其分类的依据是什么？
2. 简述浅基础的构造。
3. 桥涵设计常用的作用有哪些？其作用效应组合包括哪些？
4. 刚性基础和柔性基础有何区别？各有什么特点？

5. 建筑物对地基与基础的要求有哪些？基础设计时如何考虑？

6. 确定基础埋置深度时，应考虑哪些因素？

7. 何谓基础的襟边宽度，其作用是什么？

8. 天然地基上浅基础设计计算包括哪些步骤和内容？需要做哪些验算？

9. 某桥墩为混凝土实体墩刚性扩大基础，作用效应组合Ⅱ控制设计：支座反力 840kN 及 930kN；桥墩及基础自重 5480kN；设计水位以下墩身及基础浮力 1200kN；制动力 84kN；墩帽与墩身风力分别为 2.1kN 和 16.8kN。结构尺寸及地质、水文资料如图 7-11 所示（基底宽 3.1m，长 9.9m）。要求验算：(1) 地基承载力；(2) 基底合力偏心距；(3) 基础稳定性。

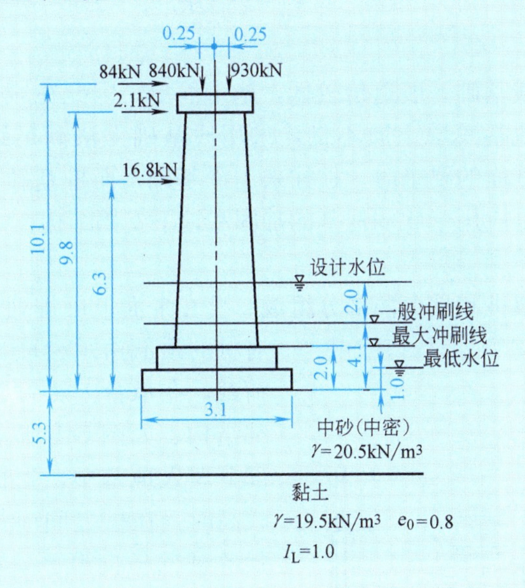

图 7-18　习题 9 图（尺寸单位：m）

教学单元 8　桩基础及其他深基础

8.1　桩基础的类型及构造

天然地基上的浅基础一般造价较低，施工简单，因此在城市桥梁工程中应尽量优先采用，但当地基浅层土质不良，采用浅基础无法满足结构物对地基承载力、变形和稳定性方面的要求时，往往采用深基础，而桩基础是深基础最常采用的一种基础形式，可应用于软弱地基的加固和地下支挡结构。

8.1.1　桩的组成与特点

桩基础由若干根桩和承台两部分组成。桩在平面上可排列成一排或几排。所有桩的顶部由承台联成一个整体并传递荷载，在承台上再修筑桥墩、桥台及上部结构，如图 8-1 所示，桩身可全部或部分埋入地基中，当桩身外露在地面上较高时，在桩之间应加设横系梁，以加强各桩的横向联系。桩可以先预制好，再将其运至现场沉入土中，也可以就地钻孔（或人工挖孔），然后在孔中置入钢筋骨架后再浇筑混凝土而成。

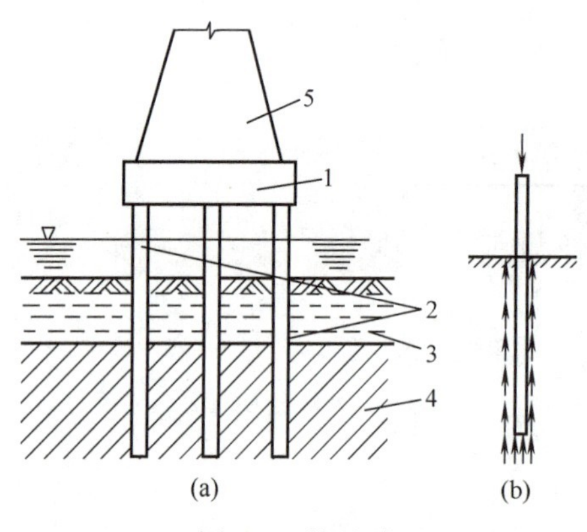

图 8-1　桩基础

1—承台；2—基础；3—松软土层；4—持力层；5—墩身

桩基础的作用是将承台以上结构物传来的外力通过承台，由桩传至较深的地基持力层中去，承台将各桩基础联成整体，共同承担荷载。

桩基础具有承载力高、稳定性好、沉降量小、耗材少、施工简便、在深水河道中可避免水下施工等特点。

8.1.2　桩基础的适用条件

桩基础适宜在下列条件下使用：

（1）荷载较大，地基上部土层软弱，适宜的地基持力层位置较深，采用浅基础或人工地基在技术上、经济上不合理时；

（2）河床冲刷较大，河道不稳定或冲刷深度不易计算正确，采用浅基础施工困难或不能保证基础安全时；

（3）当地基计算沉降过大或结构物对不均匀沉降敏感时，采用桩基础穿过软弱（高压缩性）土层，将荷载传到较坚实（低压缩性）土层，减少结构物沉降并使沉降较均匀；

（4）当施工水位或地下水位较高时，采用桩基础可减小施工困难和避免水下施工；

（5）地震区，在可液化地基中，采用桩基础可增加结构物的抗震能力，桩基础穿越可液化土层并伸入下部密实稳定土层，可消除或减轻地震对结构物的危害。

以上情况也可以采用其他形式的深基础，但桩基础由于耗用材料少、施工快速简便，往往是优先考虑的深基础方案。

8.1.3　桩的类型

1. 按桩的受力条件分

桩在竖向荷载作用下，桩顶荷载由桩侧摩阻力和桩端阻力共同承担，而桩侧摩阻力、桩端阻力的大小及分担荷载的比例是不同的。根据桩的受力条件及桩侧阻力和桩端阻力的发挥程度及分担比例，将桩分为摩擦型桩和端承型桩两大类。

（1）摩擦型桩

在竖向荷载作用下，桩顶荷载全部或主要由桩侧阻力承担。根据桩侧阻力分担荷载的大小，摩擦型桩又分为摩擦桩和端承摩擦桩，如图 8-2 所示。

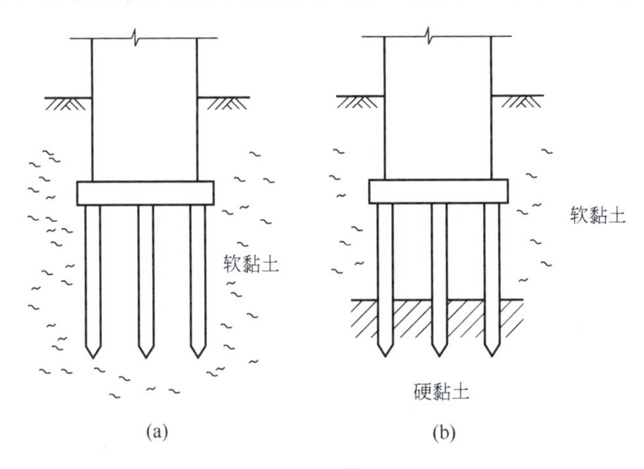

图 8-2　摩擦型桩

（a）摩擦桩；（b）端承摩擦桩

当土层很深，无较硬的土层作为桩端持力层，或桩端持力层虽然较坚硬，但桩的长径比$\frac{l}{d}$很大，传递到桩端的轴力较小，以致在极限荷载作用下，桩顶荷载绝大部分由桩侧阻力承受，桩端阻力可忽略不计，这种桩称为摩擦桩（图8-2a）；当桩的长径比$\frac{l}{d}$较小时，桩端持力层为较坚硬的黏性土、粉土和砂类土时，除桩侧阻力外，还有一定的桩端阻力，桩顶荷载由桩侧阻力和桩端阻力共同承担，但大部分由桩侧阻力承担的桩，称为端承摩擦桩，如图 8-2（b）所示。

（2）端承型桩

在竖向荷载作用下，桩顶荷载全部或主要由桩端阻力承担。根据桩端阻力发挥的程度和分担荷载的比例又分为端承桩和摩擦端承桩。当桩的长径比较小，桩穿过软弱土层，桩底支承在岩层或较硬土层上，桩顶荷载大部分由桩端土来支承，桩侧阻力可忽略不计，这种桩称为端承桩（图 8-3a）；桩端进入中密以上的砂土、碎石类土或中、微风化岩层，桩顶荷载由桩侧阻力和桩端阻力共同承担，而主要由桩端阻力承受的桩称为摩擦端承桩（图 8-3b）。

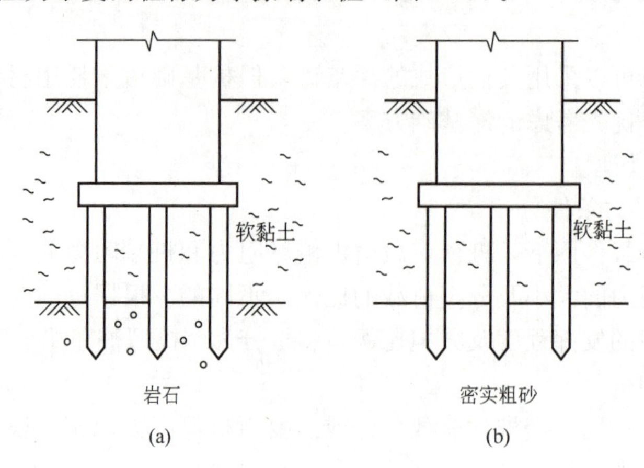

图 8-3　端承型桩

（a）端承桩；（b）摩擦端承桩

2. 按施工方法分

（1）沉桩（预制桩）

沉桩施工方法是把预先制作好的桩（主要是钢筋混凝土桩、预应力混凝土实心桩、管桩、钢桩或木桩），用各种机械设备沉入地基至设计标高。预制桩按不同的沉桩方式可分为：

1）打入桩（锤击桩）：打入桩是通过锤击将预制桩沉入地基，这种方法适用桩径较小，可塑状黏土、砂土、粉土地基；对于有大量漂卵石地基，施工较困难，打入桩伴有较大的振动和噪声，在城市建筑密集地区施工，须考虑对环境的影响。

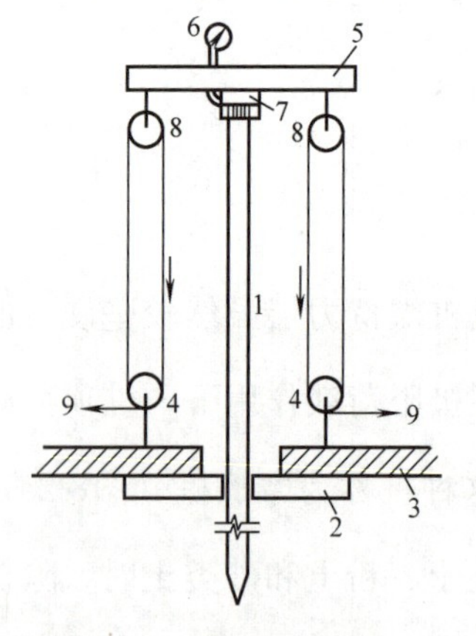

图 8-4　滑轮组压桩法

1—桩身；2—锚梁；3—压桩架底梁；4—定滑轮；5—压梁；6—压力表；7—测力计；8—动滑轮；9—接绞车钢丝绳

2）振动下沉桩：振动下沉桩是将大功率的振动器安装在桩顶，利用振动以减少土对桩的阻力，使桩沉入土中。这种方法适用于可塑状的黏性土和砂土。

3）静力压桩：静力压桩是借助桩架自重及桩架上的压重，通过液压或滑轮组提供的静力将预制桩压入土中，如图 8-4 所示。静力压桩适用于可塑、软塑性的黏性土，对于砂土及其他较坚硬的土层，由于压桩阻力过大，不宜采用。静力压桩在施工过程中无振动、无噪声，并能避免锤击时桩顶及桩身的破坏。

（2）灌注桩

灌注桩是在现场地基钻、挖孔，然后在孔内

放入钢筋骨架，再浇筑混凝土而形成的桩，如图 8-8 所示。灌注桩按成孔方式可分为以下几种：

1）钻孔灌注桩：钻孔灌注桩是在预定桩位，用钻孔机械排土成孔，然后在孔中放入钢筋骨架，灌注混凝土而形成的桩。钻孔灌注桩的施工设备简单，操作方便，适用于各种黏性土、砂土地基，也适用于碎卵石土和岩层地基。

2）挖孔灌注桩：依靠人工（用部分机械配合）或机械在地基中挖出桩孔，然后在孔内放入钢筋骨架，再浇筑混凝土所形成的桩叫挖孔灌注桩。其特点是不受设备限制，施工简单，场区各桩可同时施工。挖孔桩桩径要求要大于 1.4m，以便直接观察地层情况，保证孔底清孔的质量。为确保施工安全，挖孔深度不宜太深。挖孔灌注桩一般适用于无水或渗水量较小的地层，对可能发生流沙或较厚的软黏土地基，施工较困难。挖孔桩能直接检验孔壁和孔底土质以保证桩的质量，同时为增大桩底支承力，可用开挖办法扩大桩底。

3）冲孔灌注桩：利用钻锥不断地提锥、落锥反复冲去孔底土层，把土层中的泥砂、石块挤向四周或打成碎渣，利用掏渣筒取出，形成冲击钻孔。冲击钻孔适用于含有漂卵石、大块石的土层及岩层，成孔深度一般不超过 50m。

4）沉管灌注桩：用捶击或振动的方法把带有钢筋混凝土的桩尖或带有活瓣式桩尖的钢套管沉入土层中成孔，然后在套管内放置钢筋骨架，并一边灌注混凝土一边拔套管而形成的灌注桩，也可将钢套管打入土中成孔后向套管中灌注混凝土并拔出套管成桩。沉管灌注桩适用于黏性土、砂性土、砂土。由于采用了套管，可以避免钻孔灌桩施工中可能产生的流沙、坍孔的危害和由泥浆护壁所带来的排渣等弊病，但其桩径较小。在黏性土中，由于沉管的排土挤压作用对邻桩有挤压影响，挤压产生的孔隙水压力易使拔管时出现混凝土缩颈现象。

5）爆扩桩：成孔后，用炸药爆炸，扩大孔底，浇筑混凝土而形成的桩叫爆扩桩，如图 8-5 所示。这种桩由于扩大了桩底与地基土的接触面积，因此提高了桩的承载力。爆扩桩适用于持力层较浅及在黏土中形成并支承在坚硬密实土层上的地基。

（3）管柱

管柱是将预制的大直径（1～5m）钢筋混凝土或预应力混凝土或钢管柱，用大型的振动桩锤沿导向结构振动下沉到基岩（一般以变压射水和吸泥机辅助下沉），然后在管内钻岩成孔，下放钢筋骨架灌注混凝土，如图 8-6 所示。管柱基础可以在深水及各种覆盖层条件下进行，不受水下作业和季节限制。由于施工中需要振动沉桩锤、凿岩机、起重设备等大型机具，动力要求高，所以一般在大跨径桥梁的深水基础或岩面起伏不平的河床基础上采用。

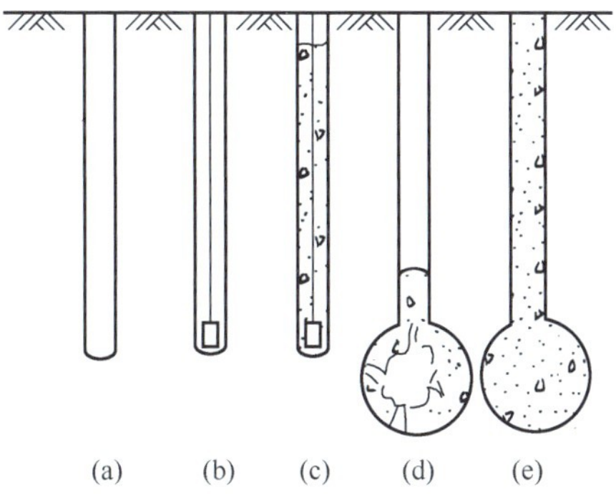

图 8-5　爆扩桩的施工程序

（a）开孔；（b）孔底装放炸药；（c）浇筑第一次混凝土；（d）滞后孔底爆破，桩尖形成混凝土扩大球体；（e）第二次浇筑混凝土，成桩

3. 按承台位置分

桩基础按承台位置可分为高桩承台基础和低桩承台基础，如图 8-7 所示。承台底面位于地面（或冲刷线）以上叫高承台桩基础，也称高桩承台基础；而承台全部沉入土中则叫低承台桩基础，也称低桩承台基础。高桩承台基础结构特点是基桩部分桩身埋入土中，部分桩身外露在地面以上，由于承台位置较高或设在施工水位以上，可减少墩台的圬土数量，避免或减少水下作业，施工较为方便，但高桩承台基础刚度较小，在水平力作用下，由于承台及基桩露出地面的一段自由长度，周围又无土体来共同承受水平外力，基桩的受力情况较为不利，桩身内力和位移都将大于在同样水平外力作用下的低桩承台基础，稳定性方面低桩承台基础也较高桩承台基础好。

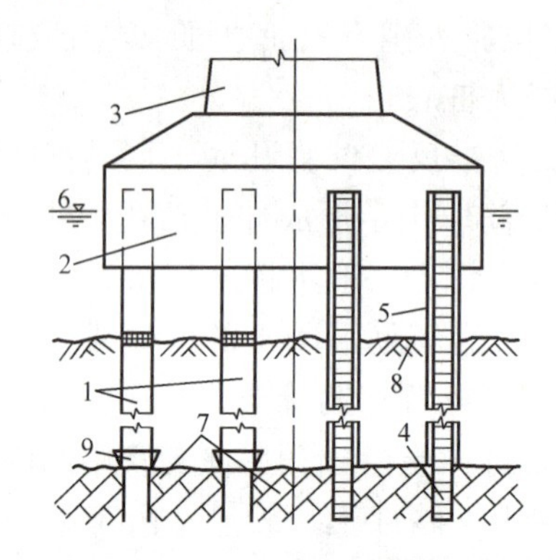

图 8-6　管柱基础

1—管柱；2—承台；3—墩身；4—嵌固于岩层；5—钢筋骨架；6—低水位；7—岩层；8—覆盖层；9—钢管靴

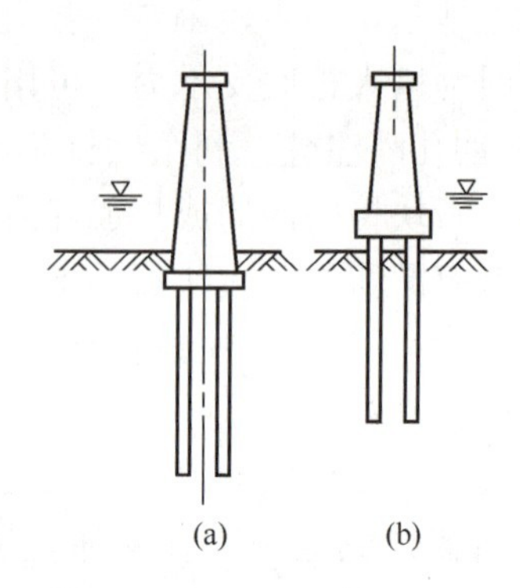

图 8-7　高桩承台和低桩承台

（a）低桩承台；（b）高桩承台

4. 按桩身材料分

按桩身材料可分为：木桩、钢筋混凝土桩和钢桩。

（1）木桩

木桩是古老的预制桩，它常由松木、杉木等制成。其直径一般为 160～260mm，桩长一般为 4～6m。木桩的优点是自重小，加工制作、运输、沉桩方便，但它具有承载力低、材料来源困难等缺点，目前已不大采用，只有在临时性小型工程中使用。

（2）钢筋混凝土桩

钢筋混凝土预制桩，常做成实心的方形、圆形或空心管桩。预制长度一般不超过 12m，当桩长超过一定长度后，在沉桩过程中需要接桩。

钢筋混凝土灌注桩的优点是承载力大，不受地下水位的影响，已广泛地应用到各种工程中。

（3）钢桩

钢桩是用各种型钢做成的桩，常见的有钢管和工字形钢。钢桩的优点是承载力高，运输、吊桩和沉桩方便，但具有耗钢量大、成本高、锈蚀等缺点，适用于大型、重型设备基础。目前我国最长的钢管桩长达 88m。

8.1.4　桩基础构造

1. 基桩的构造

(1) 灌注桩

灌注桩可分为钻孔灌注桩和挖孔灌注桩，桩身常为实心断面，混凝土强度等级不低于 C25，钻孔桩设计直径不宜小于 0.80m，挖孔桩的直径或最小边宽度不宜小于 1.20m。桩内钢筋应根据桩身弯矩分布情况分段配筋，短摩擦桩和柱桩也可按桩身最大弯矩通长均匀配筋，当按内力计算桩身不需要配筋时，应在桩顶 3～5m 内设置构造钢筋。为了保证钢筋骨架有一定的刚性，便于吊装及保证主筋受力后的纵向稳定，主筋不宜过细过少（直径不应小于 16mm），每根桩不应少于 8 根，主筋净距不应小于 8cm 且不应大于 35cm，保护层净距不应小于 6cm，主筋若需焊接，焊接长度应符合规定：双面缝大于 $5d$，单面缝大于 $10d$（d 为钢筋直径），箍筋应适当加强，箍筋直径不应小于主筋直径 1/4，且不应小于 8mm，其中距不应大于主筋直径的 15 倍且不应大于 30cm。钢筋笼骨架上每隔 2.0～2.5m 设置直径16～32mm 的加劲箍一道，如图 8-8 所示。

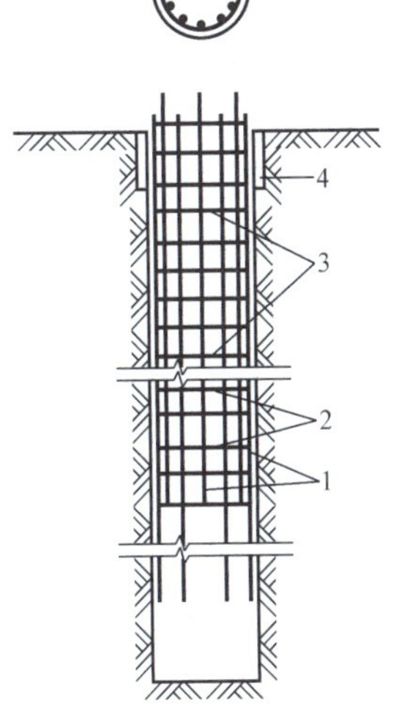

图 8-8　灌注桩

1—主筋；2—箍筋；3—加强筋；4—护筒

灌注桩根据桩底受力情况如需要嵌入岩层时，嵌入深度应计算确定，并不得小于 0.5m。为了进一步发挥材料的潜力，节约水泥用量，大直径的空心灌注桩是今后发展的方向，目前在一些工程中已经采用。

(2) 预制桩

沉桩（打入桩和振动下沉桩）采用预制的钢筋混凝土桩，有实心的圆桩和方桩（少数为矩形桩），有实心管桩，另外还有空心管柱（用于管柱基础）。

钢筋混凝土方桩可以就地灌注预制。通常方桩横断面为（20cm×20cm）～（50cm×50cm），桩身混凝土强度等级不低于 C25，桩身配筋应考虑制造、运输、施工和使用各阶段的受力要求配制。主筋一般为 12～25mm，主筋净距不小于 5cm；箍筋直径为 6～8mm，其间距一般不大于 40cm（在两端处间距宜减小，一般为 5cm）。桩顶处，为了承受直接的锤击应设钢筋网加固，为了便于吊运，应预设吊耳，一般由直径为 20～25mm 的圆钢制成，如图 8-9 所示。

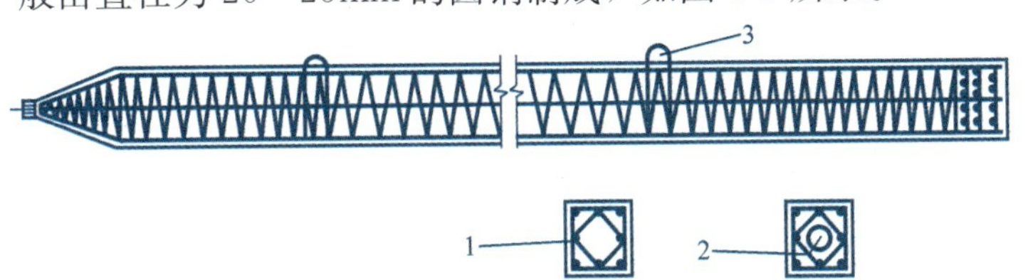

图 8-9　预制桩

1—实心方桩；2—空心方桩；3—吊耳

管桩由预制工厂以离心式旋转机生产，有普通钢筋混凝土或预应力钢筋混凝土两种，直径为400mm、550mm，管壁厚80mm，混凝土强度等级为C25～C40，每节管桩两端装有连接钢盘（法兰盘）以供接长。管桩实质上是一种大直径薄壁钢筋混凝土圆管节，在工厂分节制成，施工时逐节用螺栓接长，它的组成部分是法兰盘、主钢筋、螺栓筋，管壁混凝土强度等级不低于C25，厚为100～140mm，最下端的管桩具有钢刃脚，用薄钢板制成。常采用的管桩直径为1.50～5.80m，由钢筋混凝土或预应力钢筋混凝土制成，管桩入土深度大于25m时，一般采用预应力钢筋混凝土管桩。

预制钢筋混凝土桩柱的分节长度，应根据施工条件决定，并应尽量减少接头数量。接头强度不应低于桩身强度，并有一定的刚度以减少锤振能量的损失。接头法兰盘的平面尺寸不得突出管壁之外。

（3）木桩

在盛产木材地区修筑或抢修桥梁以及建造施工便桥时，可采用木桩，它是用挺直的杉木或松木做成，桩径为140～260mm，桩长为4～8m。木桩桩顶应加设铁箍，以保护桩顶不被打裂，桩尖削成棱锥形，常加铁桩靴，以便打入，如图8-10所示。

2. 桩的布置和间距

桩基础内基桩的布置应根据荷载、地基土质、基桩承载力等决定，采用大直径钻孔灌注桩的中小桥梁常用单排式（桩柱式墩台），如图8-11（a）所示；在大型桥梁或水平推力较大时，则采用多排式（行列式或梅花式），如图8-11（b）（c）所示。

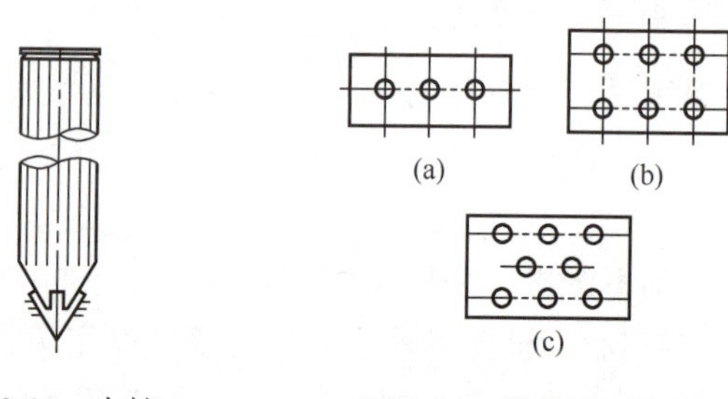

图8-10　木桩　　　　图8-11　桩的平面布置

考虑到桩与桩侧土的共同工作条件和施工的需要，钻（挖）孔桩的摩擦桩中心距不得小于2.5倍成孔直径，支撑或嵌固在岩层上的柱桩不得小于2.0倍的成孔直径（矩形桩为边长，下同），桩的最大中心距一般也不超过5～6倍桩径。打入桩的中心距不应小于桩径（或边长）的3倍，在软土地区还需适当增加。管柱的中心距一般为管柱外径的2.5～3.0倍（摩擦桩）或2.0倍（柱桩）。如设有斜桩，桩的中心距在桩底处不应小于桩径的3.0倍，在承台底面不小于桩径的4.0倍。

为了避免承台边缘距桩身过近而发生破裂，边桩外侧到承台边缘的距离，对于桩径小于或等于1m的桩不应小于0.5倍桩径且不小于250mm；对于桩径大于1m的桩不应小于0.3倍桩径并不小于500mm。

3. 承台的构造

承台的平面尺寸和形状应根据上部结构（墩台身）底部尺寸和形状以及基桩

的平面布置而定，一般采用矩形和圆端形。承台厚度应保证承台有足够的强度和刚度，道路桥梁墩台多采用钢筋混凝土或混凝土刚性承台，其厚度宜为桩直径的1.0倍及以上，且不小于1.5m，混凝土强度等级为C25以上。对于盖梁式承台和柱式墩台、空心墩台的承台应验算承台强度并设置必要的钢筋，承台厚度可不受上述限制。当桩中心距不大于3倍桩直径时，承台受力钢筋应均匀布置于全宽度内；当桩中心距大于3倍桩直径时，受力钢筋应均匀布置于距桩中心1.5倍桩直径范围内，在此范围以外应布置配筋率不小于0.1%的构造钢筋。承台的顶面和侧面应设置表层钢筋网，每个面在两个方向的截面面积，均不小于400mm²/m，钢筋间距不应大于400mm。在桩身顶端的承台平面内应设置一层钢筋网，平面内每一方向的每米宽度用量1200～1500mm²，钢筋直径采用12～16mm，钢筋网在越过桩顶钢筋处不应截断，并应与桩顶主筋连接（图8-12）。

图8-12　承台底钢筋网

承台竖向连系钢筋，其直径不应小于16mm。承台的桩中距等于或大于桩直径的3倍时，宜在两桩之间，距桩中心各1倍桩直径的中间区段内设置吊筋，如图8-13所示，其直径不应小于12mm，间距不应大于200mm。

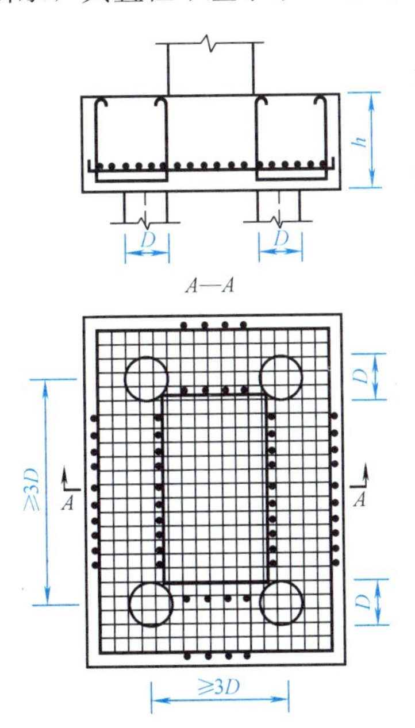

图8-13　承台吊筋布置

桩和承台的连接，钻（挖）灌注桩一般将桩顶主筋伸入承台，其伸入承台长度一般为150～200mm（盖梁式承台，桩身可不伸入）（图8-14a、b）。伸入承台的桩顶主筋可做成喇叭形，与竖直线倾斜约为15°；若受构造限制，主筋也可不做成喇叭形。伸入承台的钢筋应符合结构规范的锚固长度要求，一般不小于600mm，并设箍筋。对于不受轴向拉力的打入桩可不破桩头，将桩直接埋入承台内，如图8-14（c）所示。桩顶直接埋入承台的长度：对于普通钢筋混凝土桩及预应力混凝土桩，当桩径（或边长）小于0.6m时不应小于2倍桩径或边长；当桩径为0.6～1.2m时不应小于1.2m；当桩径大于1.2m时，埋入长度不应小于桩径。

在桩之间为了加强横向联系设有横系梁时，横系梁一般认为不直接承受外力，可不作内力计算，按横截面的0.1%配置构造钢筋。横系梁高度一般不小于桩径的0.8倍，横系梁宽度一般不小于桩径的0.6倍，墩（台）身与承台边缘的襟边尺寸一般按刚性角要求确定。当边桩中心位于墩（台）身底面以外时，应验算承台襟边的强度。

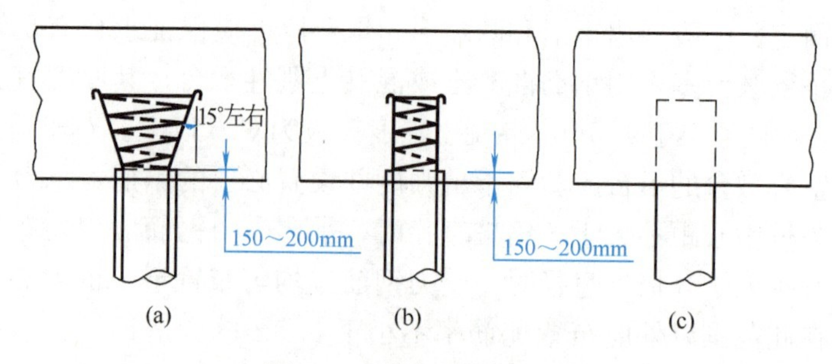

图 8-14 桩与承台的连接

8.2 单桩轴向容许承载力

桩的承载力是设计桩基础的关键所在，桩的承载力包括单桩竖向承载力、群桩竖向承载力和桩的水平承载力。

桩基础是由若干根基桩与承台所组成，在设计桩基础时，应从分析单桩入手，确定单桩承载力，然后结合桩基础的结构和构造形式进行基桩受力分析计算，从而检验桩基础的承载力及其变形。

单桩容许承载力，是指单桩在外荷载作用下，桩身强度和稳定均能得到保证，且不产生过大沉降时所能承受的最大荷载。一般桩要承受轴向压力、横向力和弯矩的作用，所以要分别考虑单桩的轴向受压容许承载力和横向容许承载力，但通常桩主要承受轴向力。本章只介绍单桩轴向受压容许承载力即单桩轴向容许承载力。

单桩在轴向压力作用下，有两种可能的情况出现，一种是因桩本身强度不够而被压坏，柱桩或埋于软土中的长摩擦桩有可能出现这种情况；另一种是由于土对桩的阻力不够，造成桩发生过大的沉降，这种情况多见于摩擦桩。因此确定单桩容许承载力时，要从桩本身强度和土对桩的阻力去考虑。

单桩的轴向容许承载力确定的方法有：静载荷试验法、设计规范经验公式法、静力触探法、动力公式法及按桩身材料确定单桩容许承载力。

8.2.1 静载荷试验确定单桩容许承载力

静载荷试验法即在桩顶逐级施加轴向荷载，直至桩达到破坏状态为止，并在试验过程中测量每级荷载下不同时间的桩顶沉降，根据沉降与荷载及时间的关系，分析确定单桩轴向容许承载力。

静载荷试验可在现场做试桩或利用基础中已做好的基桩进行试验，为了保证其可靠性，试桩数目应不少于基桩总数的 2%，且不应少于 2 根，试桩的施工方法以及试桩材料和尺寸、入土深度均应与设计桩相同。

1. 试验装置

锚桩法试验装置是常用的一种加荷载装置，主要设备包括锚桩、横梁和油压千斤顶，如图 8-15 所示。

锚桩可根据情况布设 4～6 根，锚桩的入土深度等于或大于试桩的入土深度。

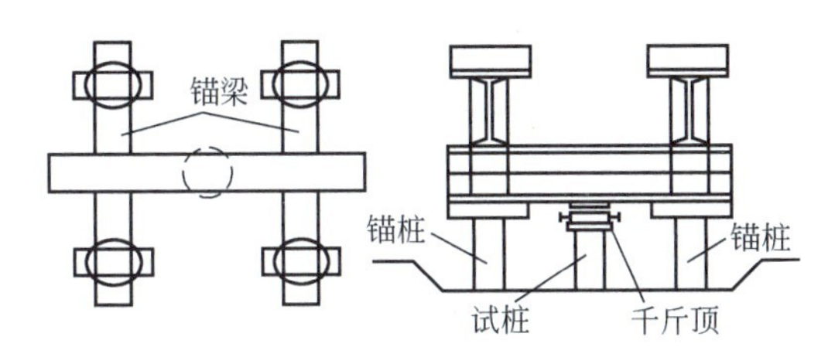

图 8-15　锚桩法试验装置

锚桩与试桩的间距应大于试桩桩径的 3 倍，以减小对试桩的影响。桩顶沉降常用百分表或位移计量测。观测装置的固定点应与试桩、锚桩保持适当的距离，见表 8-1。

观测装置的固定点与试桩、锚桩的最小距离　　表 8-1

锚　桩　数　目	观测装置的固定点与试桩、锚桩的最小距离(m)	
	与试桩	与锚桩
4	2.4	1.6
6	1.7	1.0

2. 测试方法

试桩加载应分级进行，每级荷载取极限荷载预估值的 1/15～1/10。在每级加荷后的第 1h 内，每隔 15min 测读一次沉降量，以后每隔 30min 测读一次，直至沉降稳定为止。沉降稳定的标准，通常规定为：对砂性土为 30min 内不超过 0.1mm；对黏性土为 1h 内不超过 0.1mm。待沉降稳定后，方可施加下一级荷载。循环加载观测，直至桩达到破坏为止即终止试验。

当出现下列情况之一时，一般认为桩已达到破坏状态，所施加的荷载即为极限荷载：

（1）桩的沉降量突然增大，总沉降量大于 40mm，且本级荷载下的沉降量为前一级荷载下沉降量的 5 倍；

（2）某级荷载作用下，桩的沉降量大于前一级荷载下沉降量的 2 倍，而且经 24h 尚未达到相对稳定；

（3）已达到锚桩最大抗拔力或压重平台的最大重量时。

3. 极限荷载和轴向容许承载力的确定

破坏荷载确定以后，可将其前一级荷载作为极限荷载 P_j，则单桩轴向容许承载力为：

$$[P]=\frac{P_j}{K} \tag{8-1}$$

式中　$[P]$——单桩轴向容许承载力（kN）；

P_j——极限荷载（kN）；

K——安全系数，一般取 2。

对于大块碎石类、密实砂类土及硬黏性土，总沉降量值小于 40mm，但荷载已大于或等于设计荷载与设计规定的安全系数乘积时，可取终止加载时的总荷载为极限荷载。

在确定试桩的破坏荷载的标准方面，现在还存在着分歧意见，因为上述破坏标准虽然也符合桩开始破坏时将发生剧烈的或不停止的下沉这一概念，但却人为地统一规定了以某个沉降值或沉降速率作为破坏标准，实际上对处于各种土层中的桩，在破坏荷载下的沉降量及沉降速率是不相同的。因此，为比较准确地确定桩极限荷载，应当根据试验测得资料所作成的试桩曲线来分析。分析试桩曲线的方法很多，下面仅介绍由静载荷试验绘制的 P-S 曲线（也称为荷载-沉降曲线），以曲线出现明显下弯转折点所对应的荷载作为极限荷载，如图 8-16（a）所示。当荷载超过极限荷载后，桩底下的土达到破坏阶段，发生大量塑性变形，引起桩发生较大的位移或较长时间仍不停止沉降，所以在 P-S 曲线上呈现出明显的下弯转折点。但有时，P-S 曲线的转折点不明显，此时极限荷载就难以确定，需借助其他方法辅助判定，例如绘制各级荷载下的时间-沉降（t-S）曲线（图 8-16b）或用对数坐标绘制 lg$P$-lg$S$ 曲线，可能使转折点更明确。

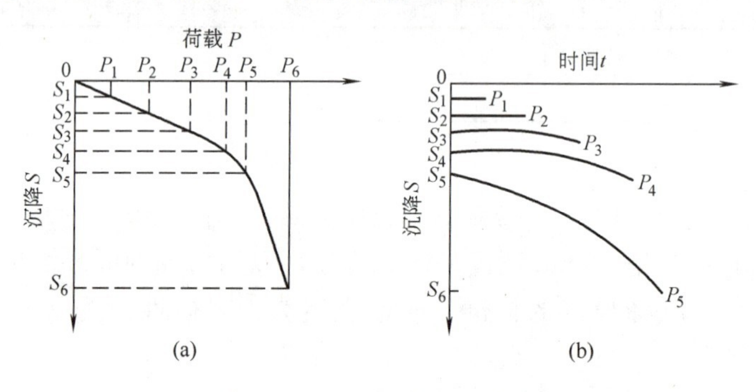

图 8-16　P-S 曲线和 t-S 曲线

（a）荷载-沉降（P-S）曲线；（b）时间-沉降（t-S）曲线

采用静载荷试验法确定单桩容许承载力是比较符合实际情况的，是较可靠的方法，但需要较多的人力物力和较长的试验时间，工程投资较大，因此一般只在大型、重要工程或地质较复杂的桩基础中做这种试验。不过，如果配合其他测试设备，它还可较直接了解桩土的关系，因此也是桩基础研究分析常采用的试验方法。

8.2.2　按设计规范经验公式计算桩的承载力特征值

我国现行的各种设计规范根据全国各地大量的静载荷试验资料，经过理论分析和统计整理，给出了不同类型的桩，按土的类别、密实度、埋置深度等条件下有关桩侧摩阻力及桩底阻力的经验系数和数据列出了公式。桩的计算假设承台底面以上的荷载假定全部由桩承受，并且桥台土压力自填土前的原地面起算。在软土和软弱地基土层较厚、持力层较好的地基中，桩基计算应考虑路基填土荷载或地下水位下降等因素引起的负摩阻力。下面介绍《公路桥涵地基与基础设计规范》JTG 3363—2019 推荐的计算方法。

1. 摩擦桩

(1) 钻（挖）孔灌注桩

对支承在土层中的钻（挖）孔灌注桩，其单桩轴向受压承载力特征值 R_a 可按下列公式计算：

$$R_a = \frac{1}{2}u\sum_{i=1}^{n} q_{ik} l_i + A_p q_r \tag{8-2}$$

$$q_r = m_0 \lambda [f_{a0} + k_2 \gamma_2 (h-3)] \tag{8-3}$$

式中 R_a——单桩轴向受压承载力特征值（kN）。桩身自重与置换土重（当自重计入浮力时，置换土重也计入浮力）的差值计入作用效应；

u——桩身周长（m）；

A_p——桩端截面面积（m^2），对扩底桩，可取扩底截面面积；

n——土的层数；

l_i——承台底面或局部冲刷线以下各土层的厚度（m），扩孔部分及变截面以上 $2d$ 长度范围内不计（d 为桩的直径，下同）；

q_{ik}——与 l_i 对应的各土层与桩侧的摩阻力标准值（kPa），宜采用单桩摩阻力试验确定，当无试验条件时按表 8-2 选用，扩孔部分及变截面以上 $2d$ 长度范围内不计摩阻力；

q_r——修正后的桩端土承载力特征值（kPa），当持力层为砂土、碎石土时，若计算值超过下列值，宜按下列值采用：粉砂 1000kPa；细砂 1150kPa；中砂、粗砂、砾砂 1450kPa；碎石土 2750kPa；

f_{a0}——桩端土的承载力特征值（kPa），可查《公路桥涵地基与基础设计规范》JTG 3363—2019 的 4.3.3 条得；

h——桩端的埋置深度（m），对有冲刷的桩基，埋深由局部冲刷线起算；对无冲刷的桩基，埋深由天然地面线或实际开挖后的地面线起算；h 的计算值不应大于 40m，大于 40m 时，取 40m；

k_2——承载力特征值的深度修正系数，根据桩端持力层土的类别按表 5-7 选用；

γ_2——桩端以上各土层的加权平均重度（kN/m^3），若持力层在水位以下且不透水时，均应取饱和重度；当持力层透水时，水中部分土层应取浮重度；

λ——修正系数，按表 8-3 选用；

m_0——清底系数，按表 8-4 选用。

钻孔桩桩侧土的摩阻力标准值 q_{ik} **表 8-2**

土类	状态	q_{ik}（kPa）
中密炉渣、粉煤灰		40～60
黏性土	流塑	20～30
	软塑	30～50
	可塑、硬塑	50～80
	坚硬	80～120
粉土	中密	30～55
	密实	55～80

续表

土类	状态	q_{ik}（kPa）
粉砂、细砂	中密	35～55
	密实	55～70
中砂	中密	45～60
	密实	60～80
粗砂、砾砂	中密	60～90
	密实	90～140
圆砾、角砾	中密	120～150
	密实	150～180
碎石、卵石	中密	160～220
	密实	220～400
漂石、块石	—	400～600

注：挖孔桩的摩阻力标准值可参照本表采用。

修正系数 λ 值　　　表 8-3

桩端土情况	l/d		
	4～20	20～25	>25
透水性土	0.70	0.70～0.85	0.85
不透水性土	0.65	0.65～0.72	0.72

清底系数 m_0　　　表 8-4

t_0/d	0.1～0.3
m_0	0.7～1.0

注：1. t_0、d 为桩端沉渣厚度和桩的直径；

2. $d\leqslant 1.5$m 时，$t_0\leqslant 300$mm，$d>1.5$m 时，$t_0\leqslant 500$mm；同时满足条件 $0.1<t_0/d<0.3$。

（2）灌注桩单桩

对符合《公路桥涵地基与基础设计规范》JTG 3363—2019 附录 K 规定的后压浆灌注桩单桩轴向受压承载力特征值 R_a，可按式（8-4）计算：

$$R_a=\frac{1}{2}u\sum_{i=1}^{n}\beta_{si}q_{ik}l_i+\beta_p A_p q_r \tag{8-4}$$

式中 R_a——后压浆灌注桩的单桩轴向受压承载力特征值（kN）。桩身自重与置换土重（当自重计入浮力时，置换土重也计入浮力）的差值计入作用效应；

β_{si}——第 i 层土的侧阻力增强系数，可按表 8-5 取值。在饱和土层中桩端压浆时，仅对桩端以上 10.0～12.0m 范围内的桩侧阻力进行增强修正；在非饱和土层中桩端压浆时，仅对桩端以上 5.0～6.0m 的桩侧阻力进行增强修正；饱和土层中桩侧压浆时，仅对压浆断面以上 10.0～12.0m 范围内的桩侧阻力进行增强修正；在非饱和土层中桩侧压浆时，仅对压浆断面上下各5.0～6.0m范围内的桩侧阻力进行增强修正；对非增强影响范围，$\beta_{si}=1$；

β_p——端阻力增强系数，可按表8-5取值。

后压浆侧阻力增强系数 β_s、端阻力增强系数 β_p　　表8-5

土层名称	淤泥质土	黏土 粉质黏土	粉土	粉砂	细砂	中砂	粗砂 砾砂	角砾 圆砾	碎石 卵石	全风化岩 强风化岩
β_s	1.2～1.3	1.3～1.4	1.4～1.5	1.5～1.6	1.6～1.7	1.7～1.9	1.8～2.0	1.6～1.8	1.8～2.0	1.2～1.4
β_p	—	1.6～1.8	1.8～2.1	1.9～2.2	2.0～2.3	2.0～2.3	2.2～2.4	2.2～2.5	2.3～2.5	1.3～1.6

注：对稍密和松散状态的砂、碎石土可取较高值，对密实状态的砂、碎石土可取较低值。

（3）沉桩

支承在土层中的沉桩单桩轴向受压承载力特征值 R_a 可按式（8-5）计算：

$$R_a=\frac{1}{2}(u\sum_{i=1}^{n}\alpha_i l_i q_{ik}+\alpha_r\lambda_p A_p q_{rk}) \tag{8-5}$$

式中　R_a——单桩轴向受压承载力特征值（kN），桩身自重与置换土重（当自重计入浮力时，置换土重也计入浮力）的差值计入作用效应；

u——桩身周长（m）；

n——土的层数；

l_i——承台底面或局部冲刷线以下各土层的厚度（m）；

q_{ik}——与 l_i 对应的各土层与桩侧摩阻力标准值（kPa），宜采用单桩摩阻力试验或静力触探试验测定，当无试验条件时按表8-6选用；

q_{rk}——桩端土的承载力标准值（kPa），宜采用单桩试验或静力触探试验测定，当无试验条件时按表8-7选用；

α_i、α_r——分别为振动沉桩对各土层桩侧摩阻力和桩端承载力的影响系数，按表8-8取用；对锤击、静压沉桩其值均取1.0；

λ_p——桩端土塞效应系数。对闭口桩取1.0；对开口桩，$1.2\text{m}<d\leqslant1.5\text{m}$ 时取0.3~0.4，$d>1.5\text{m}$ 时取0.2～0.3。

沉桩桩侧土的摩阻力标准值 q_{ik}　　表8-6

土类	状态	摩阻力标准值 q_{ik}(kPa)
黏性土	流塑($1.5\geqslant I_L\geqslant1$)	15～30
	软塑($1>I_L\geqslant0.75$)	30～45
	可塑($0.75>I_L\geqslant0.5$)	45～60
	可塑($0.5>I_L\geqslant0.25$)	60～75
	硬塑($0.25>I_L\geqslant0$)	75～85
	坚硬($I_L<0$)	85～95
粉土	稍密	20～35
	中密	35～65
	密实	65～80

续表

土类	状态	摩阻力标准值 q_{ik}(kPa)
粉、细砂	稍密	20～35
	中密	35～65
	密实	65～80
中砂	中密	55～75
	密实	75～90
粗砂	中密	70～90
	密实	90～105

注：1. 表中土的液性指数 I_L 为按 76g 平衡锥测定的数值；

2. 对钢管桩宜取小值。

沉桩桩端处土的承载力标准值 q_{rk} **表 8-7**

土类	状态	桩端承载力标准值 q_{rk} (kPa)		
黏性土	$I_L \geqslant 1$	1000		
	$1 > I_L \geqslant 0.65$	1600		
	$0.65 > I_L \geqslant 0.35$	2200		
	$I_L < 0.35$	3000		
—		桩尖进入持力层的相对深度		
		$\frac{h_c}{d} < 1$	$1 \leqslant \frac{h_c}{d} < 4$	$\frac{h_c}{d} \geqslant 4$
粉土	中密	1700	2000	2300
	密实	2500	3000	3500
粉砂	中密	2500	3000	3500
	密实	5000	6000	7000
细砂	中密	3000	3500	4000
	密实	5500	6500	7500
中、粗砂	中密	3500	4000	4500
	密实	6000	7000	8000
圆砾石	中密	4000	4500	5000
	密实	7000	8000	9000

注：h_c 为桩端进入持力层的深度（不包括桩靴）；d 为桩身直径或边长。

影响系数 α_i、α_r 值 **表 8-8**

桩径或边长 d (m)	系数 α_i、α_r			
	黏土	粉质黏土	粉土	砂土
$d \leqslant 0.8$	0.6	0.7	0.9	1.1
$2.0 \geqslant d > 0.8$	0.6	0.7	0.9	1.0
$d > 2.0$	0.5	0.6	0.7	0.9

当采用静力触探试验测定桩侧摩阻力和桩端土承载力时，沉桩承载力特征值计算中的 q_{ik} 和 q_{rk} 宜按下式计算：

$$q_{ik}=\beta_i\bar{q}_i \tag{8-6}$$

$$q_{rk}=\beta_r\bar{q}_r \tag{8-7}$$

当土层的 $q_r>2000\text{kPa}$ 且 $q_i/q_r\leqslant0.014$ 时：

$$\beta_i=5.067(\bar{q}_i)^{-0.45} \tag{8-8}$$

$$\beta_r=3.975(\bar{q}_r)^{-0.25} \tag{8-9}$$

否则：

$$\beta_i=10.045(\bar{q}_i)^{-0.55} \tag{8-10}$$

$$\beta_r=12.064(\bar{q}_r)^{-0.35} \tag{8-11}$$

式中　$\bar{q}_i$——由静力触探测得的桩侧第 i 层土局部侧摩阻力的平均值（kPa），当 $\bar{q}_i<5\text{kPa}$ 时，取 5kPa；

$\bar{q}_r$——桩端（不包括桩靴）高程±4d（d 为桩身直径或边长）范围内静力触探端阻的平均值（kPa）。桩端高程以上 4d 范围内端阻的平均值大于桩端高程以下 4d 的端阻平均值时，可取桩端以下 4d 范围内端阻的平均值；

β_i、β_r——分别为侧摩阻和端阻的综合修正系数，式（8-8）～式（8-11）不适用于城市复杂填土条件下的短桩，用于黄土或其他特殊土地区时，需要做试桩校核。

2. 端承桩

对支承在基岩上或嵌入基岩中的钻（挖）孔桩、沉桩，其单桩轴向受压承载力特征值 R_a 可按式（8-12）计算：

$$R_a=c_1A_pf_{rk}+u\sum_{i=1}^{m}c_{2i}h_if_{rki}+\frac{1}{2}\zeta_su\sum_{i=1}^{n}l_iq_{ik} \tag{8-12}$$

式中　c_1——根据岩石强度、岩石破碎程度等因素而确定的端阻力发挥系数，见表 8-9；

A_p——桩端截面面积（m²）。对扩底桩，取扩底截面面积；

f_{rk}——桩端岩石饱和单轴抗压强度标准值（kPa）。黏土取天然湿度单轴抗压强度标准值，$f_{rk}<2\text{MPa}$ 时按支承在土层中的桩计算；

f_{rki}——第 i 层的 f_{rk} 值；

c_{2i}——根据岩石强度、岩石破碎程度等因素而定的第 i 层岩层的侧阻发挥系数，见表 8-9；

u——各土层或各岩层部分的桩身周长（m）；

h_i——桩嵌入各岩层部分的厚度（m），不包括强风化层、全风化层及局部冲刷线以上基岩；

m——岩层的层数，不包括强风化层和全风化层；

ζ_s——覆盖层土的侧阻力发挥系数，其值应根据桩端 f_{rk} 确定，见表 8-10；

l_i——承台底面或局部冲刷线以下各土层的厚度（m）；

q_{ik}——桩侧第 i 层土的侧阻力标准值（kPa），应采用单桩摩阻力试验值，当无试验条件时，对钻（挖）孔桩可按表 8-2 选用，对沉桩可按表 8-6 选用，扩孔部分不计摩阻力；

n——土层的层数，强风化和全风化岩层按土层考虑。

发挥系数 c_1、c_2　　表 8-9

岩石层情况	c_1	c_2
完整、较完整	0.6	0.05
较破碎	0.5	0.04
破碎、极破碎	0.4	0.03

注：1. 入岩深度小于或等于 0.5m 时，c_1 乘以 0.75 的折减系数，$c_2=0$；

2. 对钻孔桩，系数 c_1、c_2 值降低 20%使用；对桩端沉渣厚度 t，$d\leqslant1.5$m 时，$t\leqslant50$mm；$d>1.5$m 时，$t\leqslant100$mm；

3. 对中风化层作为持力层的情况，c_1、c_2 分别乘以 0.75 的折减系数。

覆盖层土的侧阻力发挥系数 ζ_s　　表 8-10

f_{rk}（MPa）	2	15	30	60
侧阻力发挥系数 ζ_s	1.0	0.8	0.5	0.2

注：ζ_s 值可内插计算。当 $f_{rk}>60$MPa 时，ζ_s 可按 $f_{rk}=60$MPa 取值。

【例 8-1】 某桥台基础采用钻孔灌注桩基础，设计桩径 1.20m，采用冲抓锥成孔，桩穿过土层情况如图 8-17 所示，桩长 $L=20$m，试按土的阻力求单桩轴向容许承载力。

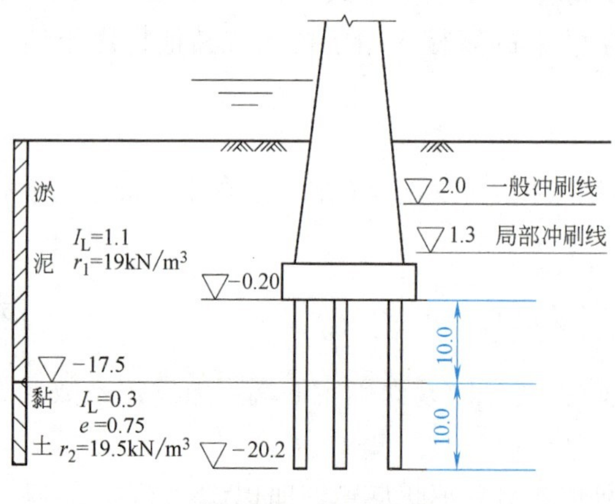

图 8-17　例 8-1 图

【解】

桩的设计直径 $d=1.2$m，取冲抓锥，成孔直径 $d=1.2+0.1=1.3$m，则周长 $u=\pi\times1.3=4.71$m，桩端面积 $A_p=\frac{\pi\times1.2^2}{4}=1.13\text{m}^2$。

桩穿过各层土厚为：$l_1=10$m，$l_2=10$m。因第 1 层土 $I_L=1.1>1$，处流塑状态，查表 8-2 得桩侧土的极限摩阻力 $q_{ik}=28$kPa；同理，第 2 层土 $I_L=0.3<1$，属硬塑状态，查表 8-2 得 $q_{ik}=73$kPa；因 $I_L=0.3$，$e=0.75$，查表 5-1 得地基承载力基本容许值 $f_{a0}=305$kPa。查表 5-7 得地基土的埋置深度修正系数 $k_2=2.5$。因 $d=1.2$m，得 $t_0\leqslant300$mm，取 $\frac{t_0}{d}=0.25$，查表 8-4 并经内插得清底系数 $m_0=0.775$。柱尖埋置深度应从一般冲刷线算起，假定桩尖埋置深度 $l=20$m，则 $\frac{l}{d}=16.7$，桩底土不透水，查表 8-3 得修正系数 $\lambda=0.65$。

由式（8-2）及式（8-3）得：

$$R_a=\frac{1}{2}\mu\sum_{i=1}^{n}q_{ik}\cdot l_i+A_p q_r$$

$$=\frac{1}{2}\mu\sum_{i=1}^{n}q_{ik}\cdot L_i+A_p\cdot m_0\lambda[f_{a0}+k_2\times\gamma_2(h-3)]$$

$$=\frac{1}{2}\times4.71\times(10\times28+10\times73)+1.13\times0.775\times0.65$$

$$\times\left[305+2.5\times\frac{10\times19+10\times19.5}{10+10}\times(20-3.0)\right]$$

$$=2378.55+0.569\times(305+818.125)$$

$$=3017.875\text{kN}$$

8.2.3　动力公式法确定单桩容许承载力

预制桩在锤击下入土的难易，在一定程度上反映土对桩的抵抗力。施工中将锤击一次所得的桩的下沉深度称为贯入度。当桩刚插入土中时，往往不加锤击，而靠桩的自重就可下沉数米。开始锤击时，每次所得的贯入度较大；随着桩入土深度增加，桩的贯入度将逐渐减小。因此，桩的贯入度与桩的承载力之间存在一定的关系，即贯入度大表现为承载力低，贯入度小表现为承载力高；且当桩周土达到极限状态而破坏时，则贯入度将有较大增大，根据这一原理，就可通过不同落距的锤击试验来分析确定单桩的承载力。

试验时，桩锤落距由低到高，锤击 8～12 击，量测每锤的动荷载 p_d 和相应的贯入度 e_d，然后绘制动荷载 p_d 和累计贯入度 $\sum e_d$ 曲线，即 p_d-$\sum e_d$ 曲线或 $\lg p_d$-$\sum e_d$ 曲线，便可用类似静载试验的分析方法确定单桩轴向受压极限承载力或容许承载力。此方法适用于桩长 15～20m，桩径 0.4～0.5m 的中小型桩。

8.2.4　按桩身材料确定单桩容许承载力

钢筋混凝土桩在轴向压力作用下除桩本身强度不够被压坏外，还会发生纵向挠曲而压屈失稳。作为压杆，除考虑材料强度外，还应考虑纵向挠曲的稳定性，当桩配有普通箍筋时，其轴向容许承载力按式（8-13）计算：

$$[P]=\frac{0.9\varphi(f_{sd}A+f'_{sd}A'_s)}{\gamma_0} \tag{8-13}$$

式中　$[P]$——钢筋混凝土桩轴向容许承载力；

A——构件毛截面面积，当纵向钢筋配筋率大于 3%时，A 应改用 $A_n=A-A'_s$；

A'_s——全部纵向钢筋的截面面积；

γ_0——结构的重要系数；

φ——纵向挠曲系数，可从表 8-11 查得，一般对高桩承台中的桩需考虑，对低桩承台中的桩，可不考虑纵向挠曲，即取 $\varphi=1$，表中 l_P 为桩的计算长度，$l_P=kl$，高承台中桩的 l 可参照表 8-12 确定，k 根据基桩上下两段连接情况，参考表 8-13 确定；桩头嵌入承台深度符合规定时，可认为是刚性嵌接（固接），否则作为铰接，桩底一般视桩尖土的密实情况而定，b 为矩形截面短边尺寸，d 为圆截面直径，r 为截面最小回转半径，计算时不考虑钢筋截面积，$r=\sqrt{\frac{I}{A}}$，A 与 I 为桩的横断面面积与截面惯性矩；

f_{sd}——混凝土抗压设计强度（MPa），按混凝土强度等级查表 8-14 采用；

f'_{sd}——纵向钢筋抗压设计强度（MPa），按表 8-15 采用。

系数 φ　　表 8-11

l_p/b	≤8	10	12	14	16	18	20	22	24	26	28	30	32	34
l_p/d	≤7	8.5	10.5	12	14	15.5	17	19	21	22.5	24	26	28	29.5
l_p/r	≤28	35	42	48	55	62	69	76	83	90	97	104	111	118
φ	1.00	0.98	0.95	0.92	0.87	0.81	0.75	0.70	0.65	0.65	0.56	0.52	0.48	0.44

高承台中桩的 l 值　　表 8-12

土质	软土[σ_0]<100kPa	中等土[σ_0]	好土[σ_0]>250kPa
图式	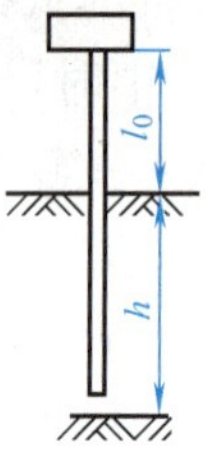	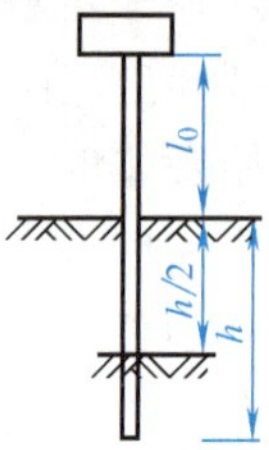	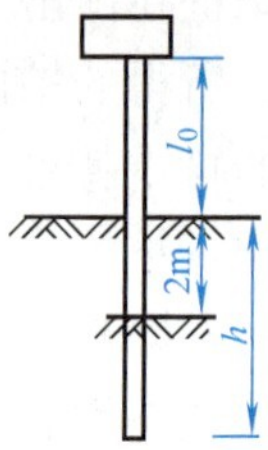
l	l_0+h	$l_0+\frac{h}{2}$	l_0+2m

桩的计算长度 l_p　　表 8-13

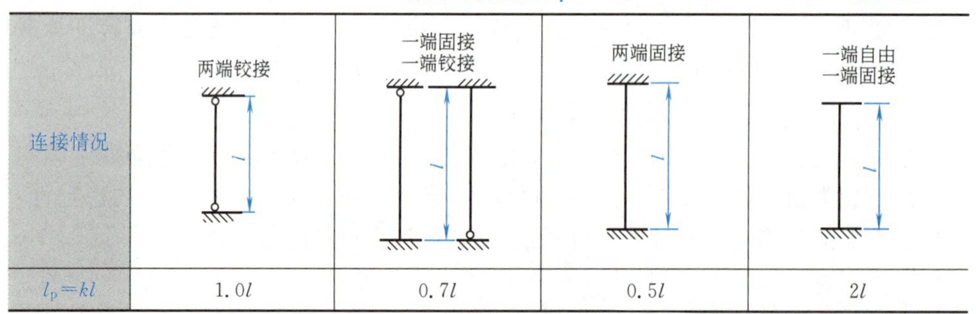

连接情况	两端铰接 	一端固接 一端铰接 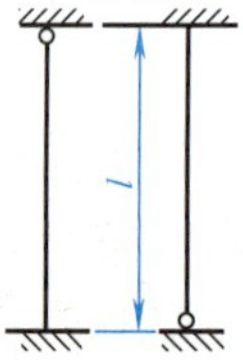	两端固接 	一端自由 一端固接 
$l_p=kl$	1.0l	0.7l	0.5l	2l

混凝土抗压设计强度表　　表 8-14

混凝土强度等级	C15	C20	C25	C30	C35	C40	C45	C50	C55	C60	C65	C70	C75	C80
f_{sd}(kPa)	6.9	9.2	11.5	13.8	16.1	18.4	20.5	22.4	24.4	26.5	28.5	30.5	32.4	34.6

纵向钢筋抗压设计强度　　表 8-15

钢筋种类	HPB300	HRB400、HRBF400、RRB400	HRB500、HRBF500
f'_{sd}	270	360	435

8.2.5　桩的负摩阻力

桩受轴向荷载作用后，桩相对于桩侧土体向下移动，土对桩产生向上作用的摩阻力，称为正摩阻力（图 8-18a），但是当桩周土体因某种原因发生下沉，其沉降速率大于桩的下沉时，则桩侧土相对于桩向下位移，土对桩就产生向下作用的摩阻力，称为负摩阻力（图 8-18b）。

桩的负摩阻力产生的原因主要有：

（1）在桩附近地面有大面积的堆载，引起地面沉降，从而对桩产生负摩阻力；

（2）大面积的地下水位下降，使土层产生自重固结下沉；

（3）桩穿过欠压密土层（如填土），进入硬持力层，使土层产生自重固结下沉；

（4）群桩施工时，使土体隆起，施工结束后，随着孔隙水压力的消散，隆起的土体逐渐固结下沉，而桩基持力层较硬，桩本身位移量较小，也会产生较大的负摩阻力；

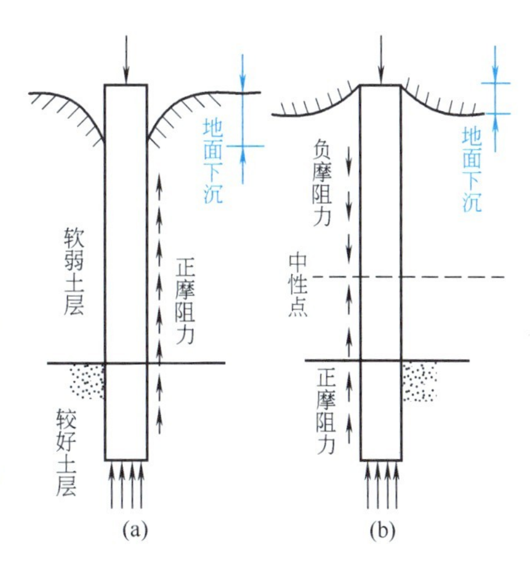

图 8-18　桩的正负摩阻力

（5）处于黄土、冻土中的桩，因黄土湿陷、冻土融化产生地面下沉。

桩的负摩阻力产生的根本原因是桩同土的下沉，因此，它的产生、发展、大小均与土的固结沉降特性有关。桩的负摩阻力的发生将使桩侧土的部分重力传递给桩。因此，负摩阻力不但不能成为桩承载力的一部分，反而变成施加在桩上的外荷载，对入土深度相同的桩来说，若有负摩阻力产生，则桩的外荷载增大，桩的承载力相对降低，桩基沉降加大。这在确定桩的承载力和桩基设计中应予以注意。在桩基设计中应采取如下措施降低和克服桩的负摩阻力：

1）对于填土地基建筑物场地，应保证填土的密实度，且要待填土地面沉降基本稳定后才成桩；

2）对于地面大面积堆载的建筑物，采取预压等处理措施，减少地面堆载引起的地面沉降；

3）桩周换土法，在松砂或其他粗粒土内设置桩基，可在打好桩之后，挖去桩周的粗粒土，换成摩擦角小的土；

4）涂层法，在桩上涂具有黏弹性质的特殊沥青或聚氯乙烯作为滑动层，也可涂抹 1.8～2mm 的合成树脂作为保护层，这种方法可以有效地降低负摩阻力，材料消耗和施工费用约节省 20%；

5）预钻孔法，用钻机预先钻孔，然后将桩插入并在桩的周围灌入膨润土，此方法可用在不适于涂层法的地层条件，在黏土地层中效果较好。

8.3　基桩内力和位移计算

作用在桩基础上的荷载通过承台传递给桩，再由桩传给地面，因此作用在基桩桩顶的作用力包括轴向力、横向力和弯矩。桩在受力后要发生轴向变形和由于桩身翘曲所引起的横向变位。由于埋入土中的桩受到桩侧土的约束，所以桩在发生横向变位时，将受桩侧土横向抗力的作用，在计算时一般将作用于桩上的力分为轴向受力和横向受力两部分。

本节主要介绍桩和桩侧土共同承受轴向和横轴向外力和力矩时，桩身内力和位移的计算，并着重在横向受力时的内力和位移计算。在考虑横向受力问题时，首先明确桩侧土的横向抗力的分布规律。目前我国铁路、水利、道路及房屋等领域在桩的设计中常用“M”法、“K”法和“C”法来计算。

1. 土的横向抗力及地基系数

桩基础在轴向荷载、横向荷载和力矩作用下产生竖向位移、水平位移和转角。桩的竖向位移引起桩侧土的摩阻力和桩底土的抵抗力。桩身的水平位移及转角使桩挤压桩侧土体，桩侧土必然对桩产生横向抗力 σ_{cz}（图 8-19）。

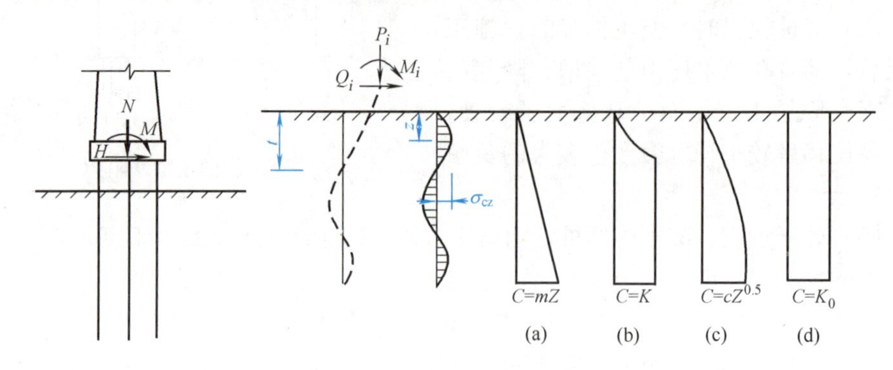

图 8-19　地基系数变化规律

横向抗力 σ_{cz} 起抵抗外力和稳定桩基础的作用，土的这种作用力也称为土的弹性抗力，其大小决定于土体性质、桩身刚性、桩的入土深度、桩的截面形状、桩距及荷载等因素。假定土的横向抗力符合文克尔假定，则 σ_{cz} 可表示为：

$$\sigma_{cz}=C\cdot X_z \tag{8-14}$$

式中　σ_{cz}——横向土抗力（kN/m^2）；

C——地基系数（kN/m^3）；

X_z——深度 Z 处桩的横向位移（m）。

地基系数 C 表示单位面积土在弹性限度内产生变形时所需施加的力。地基系数是反映地基土抗力性质的指标，当桩在某点的横向位移 X 为一定时，C 值越大，土的横向抗力越大。C 的大小与土的类别、土的物理力学性质有关，而且也随着深度而变化。由于实测的客观条件和分析方法不尽相同的原因，所采用 C 值随深度的分布规律也各不同。常采用的地基系数分布规律如图 8-19 所示，相应产生几种基桩内力和位移计算的方法。

（1）“M”法：“M”法是假定地基系数在地面处为零，C 随深度成正比增加，即 $C=mz$，如图 8-19（a）所示，其中 m 为地基系数随深度变化的比例系数，是“M”法中表示土抗力性质的一个指标。

（2）“K”法；“K”法是假定地基系数在地面处为零，自地面到桩的挠曲曲线第一个零点 l 处，地基系数随深度的增加而增加，以后不再增加而为常数 K，如图 8-19（b）所示。

（3）“C”法：“C”法则是假定地基系数沿深度变化的图形为凸抛物线，即 $C=cZ^{0.5}$，如图 8-19（c）所示。

2. 单桩、单排桩和多排桩

计算基桩内力首先要根据作用在承台底面的外力 N、H、M，计算出作用于每根桩桩顶上的外力 P_i、Q_i 及 M_i，然后才能计算各桩在荷载作用下的内力与位移。桩基础按其作用力 H 与基桩的布置方式之间的关系归纳为单桩、单排桩及多排桩。

（1）单桩或与横向外力作用面相垂直的单排桩（图 8-20）

单桩如图 8-20（a）所示，上部荷载全部由单桩承担；单排桩（桥墩作纵向验算时）如图 8-20（b）所示，若作用于承台底面中心的荷载为 N、H、M，当 N 在承台横向无偏心时，外力平均分配给每根桩，即

$$P_i = N/n;\ Q_i = H/n;\ M_i = M/n \tag{8-15}$$

式中　n——桩数。

（2）多排桩或顺横向力作用方向的单排桩（图 8-21）

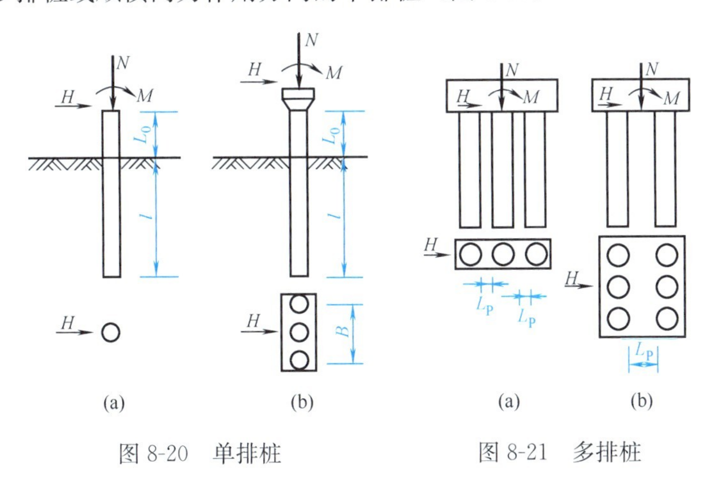

图 8-20　单排桩　　　　图 8-21　多排桩

多排桩指在水平外力作用平面内有一根以上桩的桩基础。这类桩基础是一个超静定的结构或平面刚架。其内力分析和变位计算需用超静定方法求解。

3. 桩的计算宽度

桩在水平外力作用下，除了桩身范围内桩侧受挤压外，在桩身宽度以外的一定范围内也会受到一定程度的影响，且对不同截面形状的桩，影响范围大小也不同。在计算各种不同情况下，桩侧的实际作用范围时，用桩的计算宽度 b_1 来代替桩的设计宽度（直径）。桩的计算宽度可采用式（8-16）计算：

$$b_1 = K_\varphi K_0 K b \tag{8-16}$$

式中　b——桩垂直于横向力方向的宽度或直径（m）；

K_φ——形状换算系数，见表 8-16；

K_0——受力换算系数，桩受横向力后，除了宽度范围内土受挤压外，桩身宽度以外一定范围内的土也受挤压，计算时将土的受力宽度折算到桩身宽度中，因此引入此系数，其值为 $\left(1+\frac{1}{b}\right)$；

K——相互影响系数，与横向力作用方向上桩之间的净距 L_p（图 8-21）有关：

$$L_p \geqslant 0.6h_p \text{ 时，} K=1.0;$$

$$L_p < 0.6h_p \text{ 时，} K=b'+\frac{1-b'}{0.6}\times\frac{L_p}{h_p}$$

上式中：h_p 为地面或局部冲刷线以下桩的计算深度，按 $h_p=3(b+1)$ 计算，但不得大于桩的实际埋入深度；b' 为与一排中的桩数 n 有关的系数，如图 8-21（a）中 $n=3$，图 8-21（b）中 $n=2$，b' 与 n 的关系见表 8-17。

对于单桩或与横向力作用方向相垂直的单排桩，式（8-16）中 $K=1$，$K_0=1+1/b$，于是，$b_1=K_\varphi\left(1+\frac{1}{b}\right)b=K_\varphi(1+b)$，故计算宽度可按式（8-17）计算：

矩形截面桩柱 $b_1=b+1$

圆形截面桩柱 $b_1=0.9(b+1)$ （8-17）

基础形状换算系数 K_φ 和计算宽度 b_1 表 8-16

名称	符号	基础形状			
		（矩形，边长 b，水平力 H）	（圆形，直径 d，水平力 H）	（圆端形，宽 a，长 b，水平力 H）	（圆端形，长 a，宽 b，水平力 H）
形状换算系数	K_φ	1.0	0.9	$1-0.1\frac{a}{b}$	0.9
计算宽度	b_1	$b+1$	$0.9(d+1)$	$\left(1-0.1\frac{a}{b}\right)\times(b+1)$	$0.9(b+1)$

与 n 有关的系数 b' 表 8-17

n	1	2	3	4
b'	1.0	0.6	0.5	0.45

n 根桩的计算宽度为 nb_1，但不得大于 $B+1$，大于 $B+1$ 时，按 $B+1$ 计算，B 为单排桩两侧桩的外缘之间的距离。

4. 刚性构件与弹性构件

“M”法计算中常将埋入土中的桩分为刚性构件和弹性构件。在水平外力作用下，如果桩只发生转动和位移，而不是产生变形，这种桩属于刚性构件；如果桩本身出现挠曲变形，则这种桩属于弹性构件。桩身是否出现挠曲变形，主要与作用的荷载大小、桩的截面形状、尺寸、桩的刚度及桩间的性质有关。“M”法中的基础变形系数 α 反映了这些因素对桩变形的影响，如式（8-18）所示：

$$\alpha=\sqrt[5]{\frac{mb_1}{EI}} \tag{8-18}$$

式中 b_1——桩的计算宽度（m）；

E、I——分别为桩柱的弹性模量（MPa）和截面惯性矩（m^4）；

m——土的地基系数（kN/m^4），随深度变化的比例系数，按不同土质查表 8-18 得到。

非岩石类土的 m 值和 m_0 值　　表 8-18

土的名称	m 和 m_0 (kN/m⁴)	土的名称	m 和 m_0 (kN/m⁴)
流塑性黏土 $I_L>1.0$，软塑黏性土 $1.0\geqslant I_L>0.75$，淤泥	3000～5000	坚硬，半坚硬黏性土 $I_L\leqslant0$，粗砂，密实粉土	20000～30000
可塑黏性土 $0.75\geqslant I_L>0.25$，粉砂，稍密粉土	5000～10000	砾砂，角砾，圆砾，碎石，卵石	30000～80000
硬塑黏性土 $0.25\geqslant I_L>0$，细砂，中砂，中密粉土	10000～20000	密实卵石夹粗砂，密实漂、卵石	80000～120000

注：1. 本表用于基础在地面处位移最大值不应超过 6mm 的情况，当位移较大时，应适当降低；
2. 当基础侧面设有斜坡或台阶，且其坡度（横：竖）或台阶总宽与深度之比大于 1：20 时，表中 m 值应减小 50%取用。

一般情况下，当桩的入土深度 $L>2.5/\alpha$ 时，桩的相对刚度较小，必须考虑桩的实际刚度，按弹性构件来计算，一般沉桩、灌注桩多属这一类；当桩的入土深度 $L\leqslant2.5/\alpha$ 时，则桩的相对刚度较大，按刚性构件来计算，一般沉井、大直径管桩及其他实体深基础都属于这一类。

根据不同的构件，可采用不同的公式计算变形、内力和土的横向抗力，本节主要研究弹性构件。

8.4　桩基础整体承载力的验算

8.4.1　单桩与群桩的作用特点

由基桩群与承台组成的桩基础称为群桩基础，试验证明，当单桩承载力确定以后，整个桩基础承载力不一定等于所有单桩承载力之和。

1. 柱桩群桩基础（端承桩群桩基础）

柱桩群桩基础通过承台分配到各基桩桩顶的荷载，绝大部分或全部直接由桩身直接传递到桩底，由桩底岩层支承。由于桩底持力层刚硬，桩的贯入变形小，低桩承台的承台底面地基反力与桩侧摩阻力和桩底反力相比所占比例很小，可忽略不计。因此，承台底面地基反力作用与桩侧摩阻力的扩散作用一般不考虑，由于桩底压力分布面积较小，各桩的压力叠加作用也小，群桩基础中的各基桩的工作状态近同于单桩，如图 8-22 所示，可以认为柱桩群桩基础的承载力等于各单桩承载力之和，其沉降量等于单桩沉降量，即不考虑群桩效应，因此，群桩效应是针对摩擦桩群桩基础而言。

2. 摩擦桩群桩基础

由摩擦桩组成的群桩基础，在竖向荷载作用下，桩顶上的作用荷载主要通过桩侧土的摩阻力传递到桩周土体。由于桩侧摩阻力的扩散作用，使桩底处的压力分布范围要比桩身截面积大得多（图 8-23）。当桩群中桩轴间距小于 6 倍的桩直径时，桩底处的地基应力产生叠加，这时，群桩基础的承载力小于各单桩承载力之和；如果桩轴间距大于 6 倍的桩直径时，则桩底处地基应力不发生叠加现象，

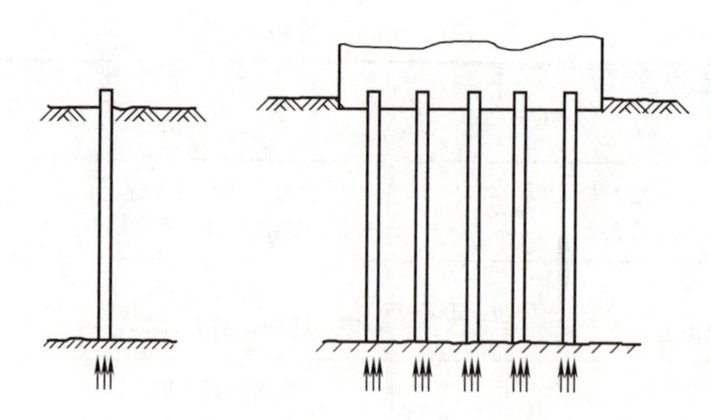

图 8-22　柱桩底面平面的应力分布

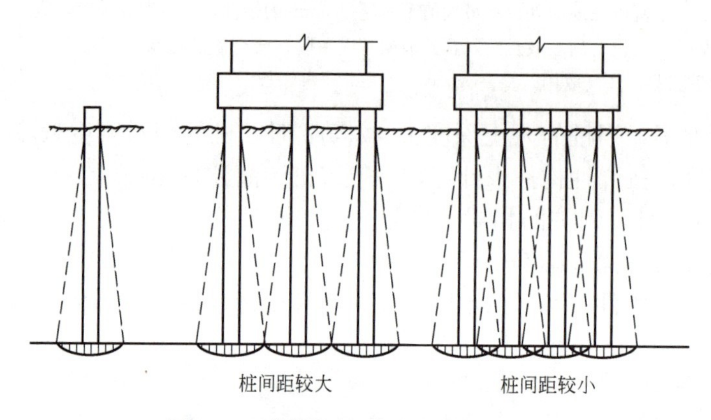

图 8-23　摩擦桩桩底平面的应力分布

这时群桩基础的承载力等于所在单桩承载力之和。

影响群桩基础承载力和沉降的因素很复杂，主要为土的性质、桩长、桩距、桩数、群桩的平面排列和大小等。正是由于群桩作用的复杂性，因此还不能获得单桩承载力之间的定量关系，而无法按单桩承载力去推算整个桩基础的承载力。所以，在桩基础的计算中，一方面要保证单桩的轴向受力不超过单桩轴向容许承载力，另一方面还要把桩基础作为整体，采用近似的计算方法验算其承载力，包括考虑地基的强度和必要时验算桩基础的沉降。

8.4.2　桩基础整体承载力（群桩基础）的验算

《公路与桥涵地基与基础设计规范》JTG 3363—2019 规定：当桩距大于等于 6 倍桩径时，不需验算群桩基础承载力，只验算单桩容许承载力即可；当桩距小于 6 倍桩径时，需验算桩底持力层土的容许承载力，当有软弱下卧层时，还应验算软弱下卧层的承载力。

对于柱桩一般可不验算桩基础的承载力，对于摩擦桩群桩基础当桩距小于 6 倍桩径时，根据桩在传力时的扩散作用，可将桩基础视为如图 8-24 中宽为 b、长为 a 的包括范围 $cdef$ 内的实体刚性基础（即从最外侧桩的边缘按 $\varphi/4$，向下扩散，φ 为桩侧土的内摩擦角），桩尖平面作为基底，从而验算其地基强度和计算其变形。

1. 持力层地基强度验算

验算时，不考虑水平力的影响，设作用于承台底面群桩形心点的竖向力为

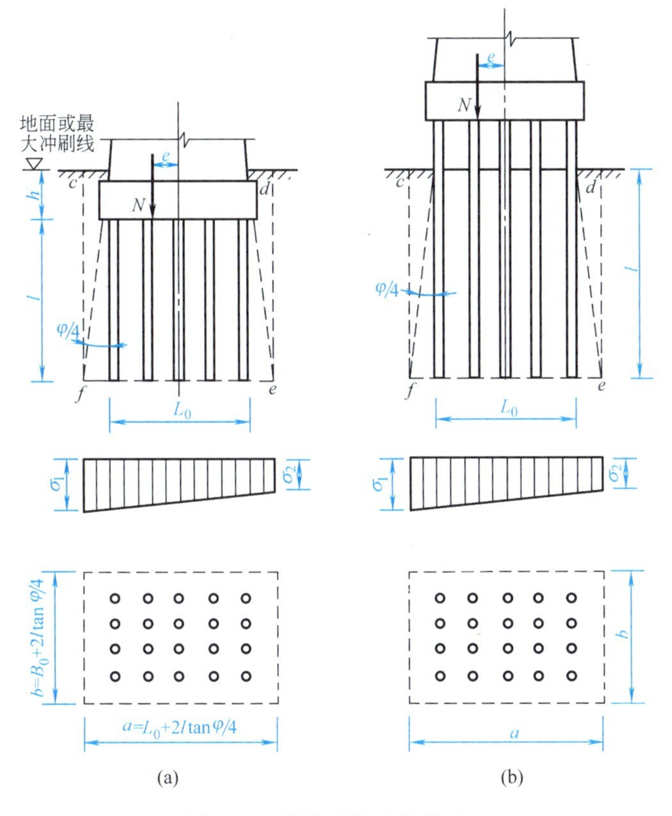

图 8-24　桩基础作为整体基础

（a）低桩承台时；（b）高桩承台时

N，力矩为 M，所有桩和 $cdef$ 范围内土的总重为 G，则桩尖处地基上的最大应力满足式（8-19）：

$$\sigma_{\max}=\frac{N+G}{A}\pm\frac{M}{W}\leqslant K[\sigma] \tag{8-19}$$

$$A=ab=\left(L_0+2l\tan\frac{\varphi}{4}\right)\left(B_0+2l\tan\frac{\varphi}{4}\right)$$

$$[\sigma]=[\sigma_0]+k_1\gamma_1(b-2)+k_2\gamma_2(h-3)$$

式中　A——桩尖处假定的基础面积；

l——桩埋入土中部分的长度；

W——桩尖处假定的基础底面积的截面抵抗矩，$W=\frac{ab^2}{6}$；

K——容许承载力提高系数；

$[\sigma]$——桩尖处修正后的地基地允许承载力，确定方法同浅基础；

h——桩尖的埋置深度；

a——桩尖处假定基础的长度；

b——桩尖处假定基础的宽度。

2. 沉降计算

超静定结构桥梁或建于软土、湿陷性黄土或沉降较大的其他的静定结构桥梁墩台的群桩基础，应计算沉降量并进行验算。

当柱桩或桩的中心距大于 6 倍桩径的摩擦桩群桩基础，可以认为其沉降量等于在同样土层中静载试验的单桩沉降量。

当桩的中心距小于 6 倍桩径的摩擦桩群桩基础，则作为实体基础考虑，如图8-25所示，可按分层总和法计算。

图 8-25 所示桩基础的沉降量，要求计算所得的沉降量后不超过规定的允许值，即：

$$S \leqslant 2.0\sqrt{L}$$

$$\Delta S \leqslant 1.0\sqrt{L}$$

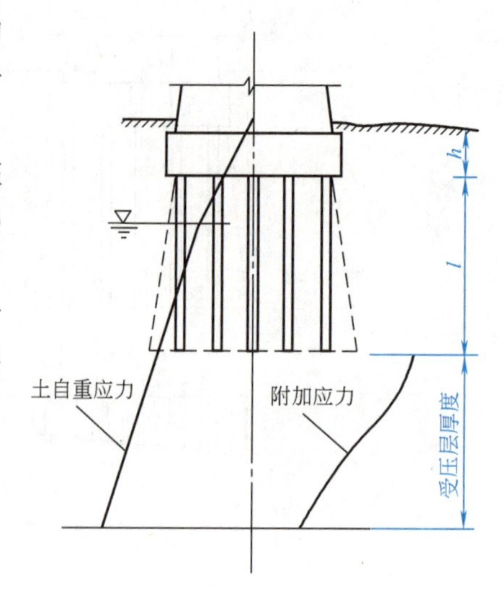

图 8-25　群桩地基变形计算

式中　S——墩台基础的均匀总沉降值（不包括施工中的沉降）(cm)；

ΔS——相邻墩台基础均匀总沉降差值（不包括施工的沉降）(cm)；

L——相邻墩台间最小跨径长度，以“m”计；跨径小于 25m 时仍以 25m 计算。

3. 软弱下卧层强度验算

如桩尖平面以下深度处有软弱下卧层，则还需验算其强度。其验算方法，按土力学中土内应力分布规律计算出软弱土层顶面处的总应力不得大于该处地基土的容许承载力。

8.5　桩基础设计计算步骤

设计桩基础应根据上部结构的形式、使用要求、荷载的性质与大小、地质和水文资料、材料供应和施工条件等，确定适宜的桩基类型和各组成部分的尺寸，保证承台、基桩和地基在强度、变形和稳定性方面，满足安全和使用上的要求，并应同时考虑技术和经济上的可能性和合理性。桩基础的设计方法和步骤一般先根据收集的必要设计资料，拟定出设计方案（包括选择桩基类型、桩长、桩径、桩数、桩的布置、承台位置与尺寸等），然后进行桩基和承台以及桩基础整体的强度、稳定、变形检验。经过计算、比较、修正直至符合各项要求，最后确定较佳的设计方案。

桩基础设计包括以下几个方面的内容：

8.5.1　桩基础类型的选择

选择桩基础类型时，应根据设计要求和现场的条件，同时，要考虑各种类型桩和桩基础具有的不同特点，注意扬长避短，给予综合考虑选定。

1. 承台底面标高的考虑

承台底面的标高应根据桩的受力情况、桩的刚度、地形、地质、水流、施工条件等确定。承台低稳定性较好，但在水中施工难度较大，因此可用于季节性河流、冲刷小的河流及旱地上其他结构物基础。当承台埋于冻胀土层中时，为避免由于土的冻胀引起桩基础的损坏，承台底面应位于冻结线以下不少于 0.25m。对于常年有流水，冲刷较深，或水位较高，施工排水困难，在受力条件允许时，应尽可能采用高桩承台。承台如在水中：在有流水的河道，承台底面应在最低冰层底面以下 0.25m；在有其他漂流物或通航的河道，承台底面也应适当放低，以保证基桩不会直接受到撞击，否则应设置防撞击装置；对于有冲刷的河流，还应考虑冲刷影响。当作用于桩基础的水平力和弯矩较大，或桩侧土质较差时，为减少桩身所受的弯矩、剪力，可适当降低承台底面。为节省墩台身圬工数量，也可适当提高承台底面。因此可从受力、位移、稳定性、施工条件等方面来选择高桩承台或低桩承台。承台底面标高确定后，可根据受力情况，按照有关设计规范和施工规范，拟定其平高尺寸和立面尺寸，承台厚度一般为 1.0～2.5m，并要求扩展角不超过刚性角。

2. 柱桩桩基和摩擦桩桩基的选定

柱桩与摩擦桩的选择主要是根据地质和受力情况确定。柱桩桩基承载力大、沉降量小，较为安全可靠，因此当基岩埋深较浅时应考虑采用柱桩桩基。若适宜的岩层埋置较深或受到施工条件的限制不宜采用柱桩时，则可采用摩擦桩。但在同一桩基础中不宜同时采用柱桩和摩擦桩，也不宜采用不同材料、不同直径和长度相差过大的桩，以避免柱基产生不均匀沉降或丧失稳定性，同时也可避免在施工中由此而产生的不便和困难。

当采用柱桩时，除桩底支承在基岩上外，如覆盖层较薄或水平荷载较大时，还需将桩底端嵌入基岩中一定深度成为嵌岩桩，以增加桩基的稳定和承载能力。为保证嵌岩桩在横向荷载作用下的稳定性，需嵌入基岩的深度与桩嵌固处的内力及桩周岩石强度有关，具体计算可参照有关规范并结合具体情况确定。为保证嵌固牢靠，在任何情况下均不计风化层，嵌入层最小不应小于 0.5m。

3. 单排桩基础和多排桩基础的考虑

单排桩基础和多排桩基础主要是根据受力情况、桩长、桩数确定。

多排桩稳定性好，抗弯刚度较大，能承受较大的水平荷载，水平位移较小，但多排桩的设置将会增大承台的尺寸，增加施工困难，有时还影响航道；单排桩与此相反，能较好地与柱式墩台结构形式配合使用，可节省圬工，减小作用在桩基的竖向荷载。因此，当桥梁跨径不大、桥高较低时，或单桩承载力较大、需要桩数不多时，常采用单排桩基础。

对较高的桥台、拱桥桥台、制动墩和单向水平推力墩基础则常需用多排桩。在桩基受有较大水平力作用时，无论是单排桩还是多排桩，一般还需选用斜桩或竖直桩配用斜桩的形式增加桩基抗水平力的能力和稳定性。

4. 施工方式的考虑

施工时应根据地质情况、上部结构要求和施工技术设备条件等确定桩基的施工方式，可采用打入桩、振动下沉桩、钻（挖）孔灌注桩等施工方式。

8.5.2 桩材料、桩径、桩长的拟定和单桩容许承载力的确定

1. 桩材料的拟定

目前桥梁墩台桩基础一般采用钢筋混凝土桩；在一些重要工程中也可采用钢桩；在盛产木材地区修筑或抢修桥梁以及建造施工便桥时也可采用木桩。

2. 桩径拟定

当桩基础类型确定后，桩的横截面（即桩径）就可根据各类桩的特点及常用尺寸确定，预制桩的截面规格：方桩为（20cm×20cm）～(50cm×50cm)；管桩直径为1～5m；若用钻孔桩，则以钻头直径作为设计直径，钻头直径常用规格为0.8m、1.0m、1.25m和1.5m等。

3. 桩长拟定

在确定截面尺寸以后，可先根据地质条件选择适合的桩底持力层初步确定桩长并考虑施工的可能性。

为了获得较大的承载力和较小的沉降量，一般把桩底置于岩层或坚硬的土层上，如在施工条件容许的深度内没有坚硬土层存在，应尽可能选择压缩性较低、承载力较高的土层作为持力层，并避免把桩底设在软土层上或离软弱下卧层的距离太近处，以免桩基础发生过大沉降。对于摩擦桩，有时桩底持力层可能有多种选择，此时确定桩长与桩数时，两者相互影响。遇此情况可通过试算、比较选用合适的桩长。摩擦桩的入土深度一般不应大于承台宽度的2～3倍，且不宜小于4m。为保证发挥摩擦桩桩底土层支承力，桩底端部应插入桩底持力层不小于1m。对于柱桩，通常应让桩支承在坚硬土层（岩层）上，一般要求桩深入坚土不小于1m。

4. 单桩容许承载力的确定

桩径和桩长确定后，应根据地质资料确定单桩容许承载力，进而估算桩数和进行桩基验算，单桩容许承载力的确定，对于一般性桥梁和结构物，或在各种工程的初步设计阶段可按经验（规范）公式估算。而对于大型重要桥梁或复杂地基条件下则还应通过试桩或其他方法，作详细分析比较，方可准确地确定。

8.5.3 确定基桩的根数及其在平面的布置

1. 桩的根数估算

桩基础所需桩的根数可根据承台底面上的竖向荷载和单桩容许承载力，按式(8-20)估算：

$$n=\mu\frac{N}{[P]} \tag{8-20}$$

式中 n——桩的根数；

N——作用在承台底面上的竖向荷载（kN）；

$[P]$——单桩容许承载力（kN）；

μ——考虑偏心荷载时各桩受力不均而适当增加桩数的经验系数，可取$\mu=$1.1～1.2。

估算的桩数是否合适，尚待验算各种桩的受力状况后验证确定。

2. 桩的间距确定

考虑桩与桩侧土的共同作用条件和施工的需要，对桩的间距（即桩轴线中心距离）应有一定的要求。

钻（挖）孔灌注桩的摩擦桩中心距不得小于 2.5 倍成孔直径；支承或嵌固在岩层的柱桩中心距不得小于 2.0 倍的成孔直径（矩形桩为边长），桩的最大中心距一般也不超过 5～6 倍桩径。

打入桩的中心距不应小于桩径（或边长）的 3.0 倍，在软土地尚宜适当增加。

如设有斜桩，桩的中心距在桩底处不应小于桩径的 3.0 倍，在承台底面不小于桩径的 1.5 倍。

若用振动法沉入砂土内的桩，在桩底处的中心距不应小于桩径的 4.0 倍；管柱的中心距一般为管柱外径的 2.0～3.0 倍（摩擦桩）或 2.0 倍（柱桩）。

为了避免承台边缘距桩身过近而发生破裂，并考虑桩顶位置允许的偏差，边桩外侧到承台边缘的距离，对于桩径小于或等于 1.0m 的桩不应小于 0.5 倍桩径，且不小于 0.25m；对于桩径大于 1.0m 的桩不应小于 0.3 倍桩径并不小于 0.5m（盖梁不受此限）。

3. 桩的平面布置

桩数确定后，可根据桩基受力情况选用单排桩桩基或多排桩桩基。多排桩的排列形式常采用行列式和梅花式。在相同的承台底面积，后者可排列较多的基桩，而前者有利于施工。

一般墩（台）基础，多以纵向荷载控制设计，控制方向上桩的布置应尽可能使各桩受力相近，且考虑施工的可能和方便。当荷载偏心距较大时，承台底面的压力图呈梯形，若 P_{max}/P_{min} 比值不大，采用不等距排列，即两侧密、中间疏；若 P_{max}/P_{min} 比值不大，用等距排列，而非控制方向上一般均采用等距排列。完成以上步骤以后，即可进行桩基的验算。

8.5.4　桩基础设计方案检验

应对上述原则设计的桩基础方案进行检验，即对桩基础的强度、变形和稳定性进行必要的验算，以验证所拟订的方案是否合理、是否要修改，从而选出最佳的设计方案。为此，应计算基础及其组成部件（基桩与承台）在与验算项目相应的最不利荷载组合下所受到的作用力及相应产生的内力与位移。

1. 验算桩的受力

（1）桩的轴向受力

$$N_{max}+G\leqslant k[P] \tag{8-21}$$

式中　N_{max}——作用于桩顶上的最大轴向力；

G——桩重，当桩埋在透水土层中时，处于水下的桩应考虑浮力；

$[P]$——单桩轴向容许承载力，应取按土的阻力和材料强度算得结果中的较小值；

k——容许承载力提高系数，对荷载组合Ⅰ取 $k=1$，对其他荷载组合取 $k=1.25$。

(2) 验算桩身强度或考虑配筋

桩身强度与配筋验算参考《公路桥涵设计通用规范》JTG D60—2015。

在单桩轴向验算中，如果不能满足式（8-20）要求，则应增加桩数 n 或调整桩的平面布置，以减小 N_{max} 值，也可加大桩的截面尺寸，重新确定桩数、桩长和布置，直到符合验算要求为止。

2. 承台强度的验算

承台是桩基础的一个重要组成部分，承台应有足够的强度和刚度，以便把上部结构的荷载传递给各桩，并将各单桩连接成整体。

承台强度验算包括：桩顶处局部压力、承台抗弯、抗剪强度及桩对承台的冲剪等，可参阅结构设计原理教材及有关设计手册。

3. 验算桩基础整体承载力

可参阅本章节有关内容。

4. 计算墩台顶的水平位移

墩台顶的水平位移按式（8-22）计算：

$$\Delta=\alpha+\beta\cdot L_1+\Delta_0 \tag{8-22}$$

式中 α——承台底面中心的水平位移；

β——承台底面的转角；

L_1——墩台顶至承台底的距离；

Δ_0——由承台底到墩台顶面间的弹性挠曲所引起墩台顶部的水平位移。

在荷载作用下，墩台顶水平位移 Δ 不应超过规定的容许值 $[\Delta]$，即：

$$\Delta\leqslant[\Delta]=0.5\sqrt{L}\text{，其中 } L \text{ 为桥孔跨径（以“m”计）}$$

8.6 沉井基础

沉井是井筒状的结构物，它是位于地下一定深度的构筑物或建筑物基础，常用水泥混凝土或钢筋混凝土先在建筑地点预制好，然后在井孔内不断除土，借助井体自重克服井壁摩阻力而逐步下沉至设计标高，然后混凝土封底，并填塞井孔等其余构件，最终形成一个地下构筑物或建筑物基础，如图 8-26 所示。

当墩台承受荷载较大，要求地基承载力较高，而地面下却被较厚的软土所覆盖时，或者河水很深，坚硬土层上软土覆盖层很浅，虽可采用天然地基，但围堰、排水、基坑开挖等工程量很大，又不宜采用桩基础时，可考虑采用沉井。

沉井基础的特点是埋置深度可以很大，整体性强，稳定性好，有较大的承载面积，能承受较大的垂直荷载和水平荷载。沉井既是基础，又是施工时挡土和挡水的围堰结构物，施工工艺简单，因此，常用作桥梁的基础。同时沉井施工时对邻近建筑物影响较小，且内部空间可以利用，因而常作为工业建筑物尤其是软土中地下建筑物的基础，也常用作为矿用竖井、地下油库等。沉井基础施工期较长，对粉细砂类土在井内抽水易发生流砂现象，造成沉井倾斜，沉井下沉过程中

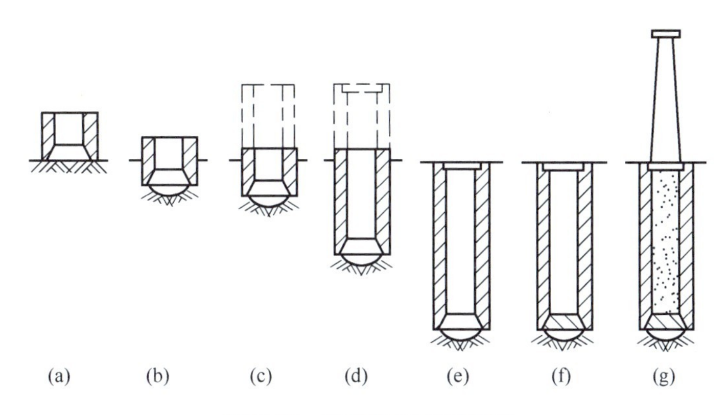

图 8-26　沉井的施工顺序图

（a）制作沉井；（b）挖土下沉；（c）接高沉井；（d）继续挖土下沉和接高；（e）清底；（f）封底；（g）填心浇筑盖板

遇到大孤石、树干或井底岩层表面倾斜过大，均会给施工带来一定困难。

沉井既是一种施工方法，又是一种深基础形式。

根据经济合理，施工上可能的原则，一般在下列情况下可以采用沉井基础：

（1）上部荷载较大，而表层地基土的容许承载力不足，扩大基础开挖工作量大，且支撑困难，但在一定深度下有较好的持力层，对沉井基础与其他深基础相比较，经济上较为合理时；

（2）岩层表面较平坦且覆盖层薄，但河水较深，采用扩大基础施工围堰有困难时；

（3）在山区河流中，虽然土质较好，但冲刷大，或河中有较大卵石不便于桩基础施工时。

8.6.1　沉井的类型

1. 按施工方法分

（1）一般沉井：指就地制造下沉的沉井，这种沉井是在基础设计的位置上制造，然后挖土，依靠沉井自重下沉。如果基础位置在水中，需先在水中筑岛，再在岛上筑井下沉。

（2）浮运沉井：在深水地区筑岛有困难或不经济，或有阻碍通航，当河流流量不大时，可在岸边制作沉井拖运至岛上的设计位置下沉，这类沉井叫浮运沉井。

2. 按使用材料分

（1）混凝土沉井：由于混凝土具有抗压强度高、抗拉强度低等特点，因此这种沉井宜做成圆形，并适用于下沉深度 4～7m 的软土。

（2）钢筋混凝土沉井：这种沉井的抗拉及抗压强度都较好，下沉深度可达数十米，当下沉深度不大时，井壁上部用混凝土、下部用钢筋混凝土的沉井，在桥梁工程中应用较广泛，如果沉井平面尺寸较大，则可做成薄壁结构，沉井外壁采用泥浆润滑套、壁后压气等施工辅助措施就地下沉或浮运下沉。此外，钢筋混凝土沉井井壁隔墙可分段预制，工地拼接，做成装配式。

（3）竹筋混凝土沉井：沉井在下沉过程中受力较大因而需配置钢筋，一旦完工后，它就不需要承受太大的拉力。因此，在南方产竹地区，可采用耐久性差但抗拉能力好的竹筋代替部分钢筋，我国南昌赣江大桥等采用这种沉井。在沉井分节接头处及刃脚内仍用钢筋。

（4）钢沉井：用钢材制作的沉井强度高，重量较轻，易于拼装，适宜做浮运沉井，但其用钢量大，目前较少采用。

3. 按沉井的平面形状分

沉井的平面形状，应尽可能与桥梁墩台底部的形状相适应。在道路桥梁中，沉井的平面形状常采用圆形、圆端形和矩形等，根据井孔的布置方式，又分单孔、双孔及多孔，如图 8-27 所示。

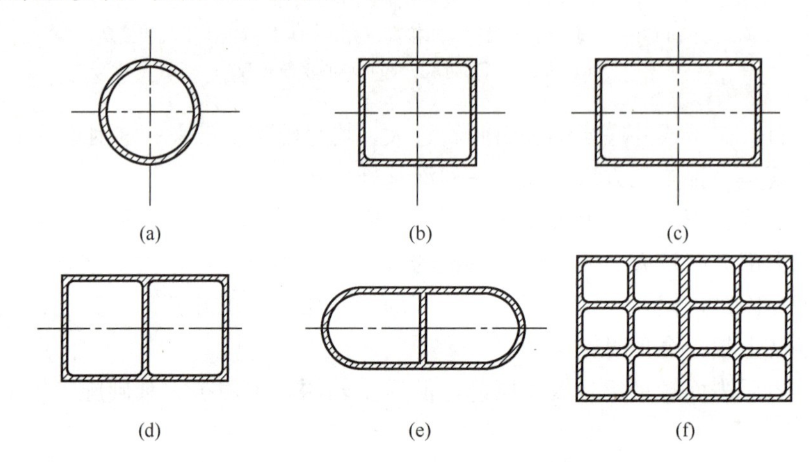

图 8-27　沉井平面形式

（a）圆形沉井；（b）方形沉井；（c）矩形沉井；（d）双孔矩形沉井；（e）圆端形沉井；（f）多孔井字形沉井

（1）圆形沉井：当墩身是圆形或河流流向不定以及桥位与河流的主流方向斜交较为厉害时，采用圆形沉井，可以减少阻力、冲刷现象。圆形沉井中挖土较容易，可使用抓泥斗挖土，沉井在下沉过程中易控制方向，使其均匀下沉，因此，在侧压力作用下，井壁受力情况较好，主要是受压；在截面积和入土深度相同的情况下，与其他形状沉井比较，圆形沉井周长最小，下沉时摩擦阻力较小。但因墩台底面形状多为圆端形或矩形，所以圆形沉井对墩台截面的适应性较差。

（2）矩形沉井：对墩台底部形状的适应性较好，模板制作、安装比较简单，但采用不排水下沉时，边角位置的土不易挖除，容易因挖土不均匀而造成下沉不稳，使沉井倾斜，因此四角一般做成圆角，以减少井壁阻力和取土清孔困难。矩形沉井在侧压力作用下，井壁受较大的挠曲力矩，在流水中阻水系数较大，冲刷较严重。

（3）圆端形沉井：通常能更好地与桥梁墩台平面形状相适应，控制下沉、受力条件、阻水冲刷均较矩形有利，但沉井制造较复杂。

4. 按沉井的立面形状分类

按立面形状分类，沉井主要有竖直式、倾斜式及台阶式等（图 8-28）。具体采用形式应根据沉井需要通过的土层性质和下沉深度而定。

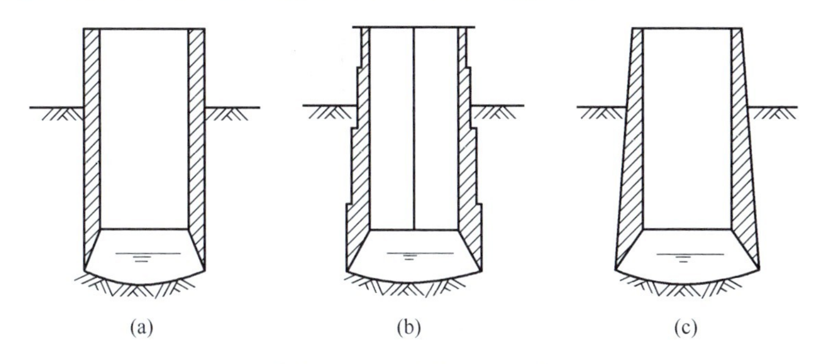

图 8-28　沉井的立面形式

（a）竖直式；（b）台阶式；（c）倾斜式

（1）竖直式：它在下沉过程中不易倾斜，井壁接长较简单，模板可重复使用，故当土质较松软、沉井下沉速度不大时，可以采用这种形式。由于土体对井壁有较大的摩擦力，故可提高基础的承载力。但是，当井壁阻力过大时，会增加沉井困难。

（2）倾斜式及台阶式：这种沉井形式可以减少土与井壁的摩阻力，有利于沉井下沉，其缺点是施工较复杂，消耗模板较多，同时沉井下沉过程中容易发生倾斜。故在土质较密实，沉井下沉深度大，要求在不太增加沉井自身重量的情况下下沉至设计标高，可采用这类沉井。倾斜式沉井井壁坡度一般为 1/40～1/20，台阶式井壁的台阶宽度约为 100～200mm。

8.6.2　沉井的构造

沉井主要由井壁、刃脚、隔墙、封底、填芯和盖板等组成。当沉井顶面低于施工水位时，还应在沉井顶面加设临时的井顶围堰。沉井通常要分节制作，每节高度视沉井的全高、地基土质和施工条件而定，并应能保证制作时沉井本身的稳定性且有足够重量使沉井能顺利下沉。每节高度不宜小于 3m，也不宜高于 5m。

1. 井壁

井壁是沉井的主体部分。它在下沉过程中起挡土、挡水及利用本身重量克服土与井壁之间的摩阻力的作用。当沉井施工完毕后，它就成为基础或基础的一部分而将上部荷载传到地基。因此，井壁必须具有足够的强度和一定的厚度。根据井壁在施工中的受力情况，可以在井壁内配置竖向和水平向的受力钢筋，以增加井壁强度。井壁厚度按下沉需要的自重、本身强度以及便于取土和清理基础而定，一般为 0.8～2.2m。钢筋混凝土薄壁沉井可不受此限制。井壁的混凝土强度等级不低于 C15。

2. 刃脚

井壁下端的楔形部分称为刃脚，其结构如图 8-29 所示。

刃脚的作用是在沉井下沉时切土和克服障碍，同时也可起到支承沉井的作用。刃脚底面宽度一般为 0.1～0.2m，对软土可适当放宽。踏面可使沉井在下沉初期不至于下沉过快而造成较大倾斜。为有利于切土，刃脚斜面在保证刃脚受弯和受剪的强度要求下，应尽量做得陡些，一般斜面与水平面的交角应大于45°。如果沉井要沉入坚硬土层和到达岩层则宜采用有钢刃尖的刃脚。刃脚高度根据井壁厚度而定，要便于抽除垫木，一般在1.0m以上。刃脚一般应用强度等级不低于C20的钢筋混凝土制成。

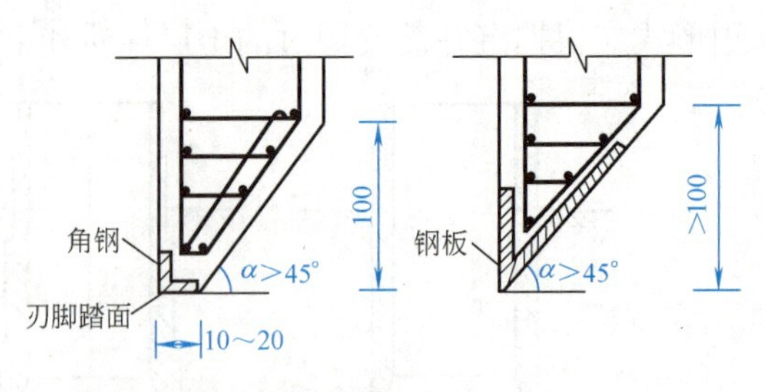

图8-29 刃脚的构造（尺寸单位：cm）

3. 隔墙、井孔

沉井长度较大时，应在沉井内设置隔墙，以加强沉井的刚度，从而减少井壁承受的弯矩和剪力，其厚度一般小于井壁。隔墙底面应高出刃脚底面0.5m以上，以避免隔墙下的土顶住沉井而妨碍下沉。此外，由于隔墙的设置，可在沉井内形成多个对称的井孔，有利于掌握挖土位置从而控制下沉的方向。隔墙的间距一般不大于5～6m。

沉井内的井孔，作为挖土施工的空间，尺寸应满足使用要求且还要满足挖土和有利于挖土机械上下的要求。井孔的宽度不宜小于3m。井孔布置应对称于沉井中心轴，便于对称挖土使沉井均匀下沉。

4. 封底、填芯和盖板

沉井下沉至设计标高并进行清底后，可用C20混凝土填封底层，如为岩石地基，可用C15混凝土封底，封底多采用水下灌注混凝土的办法。如井孔内需填土，可进行抽水。抽水干后，封底将承受土和水的反力作用，所以要有足够强度，其厚度按受力条件计算确定，也可根据经验取小于井孔最小边长的0.5倍。封底混凝土顶面应高出刃脚根部不小于0.5m，并浇灌到凹槽上端。

井孔内可用片石混凝土、贫混凝土填芯；井孔中充填的混凝土，其强度等级不应低于C15；无冰冻地区也可用砂砾填芯，也可不填芯。填砂砾或空芯沉井的顶面，需设置钢筋混凝土盖板，其强度等级不低于C20，厚度为1～2m，配筋可按计算或构造要求确定，并要求有足够的强度，足以承受墩台传递给基础的荷载。

8.7 地下连续墙

地下连续墙是在地面用专用设备沿着开挖工程的周边，在泥浆护壁的情况下，开挖一条狭长的深槽，形成一个单元槽段后，在槽内放入预先在地面上制作好的钢筋骨架，用特定的接头方式相互连接形成一条地下连续墙。

8.7.1 地下连续墙的类型

(1) 地下连续墙按填筑材料可分为土质墙、混凝土墙、钢筋混凝土墙（又分现浇和预制两种）、组合墙（预制和现浇混凝土墙的组合）。

(2) 地下连续墙按成墙方式可分为桩式、壁板式、桩壁组合式。目前我国应用较多的是现浇的钢筋混凝土壁板式地下连续墙，多用作防渗挡土结构并常作为主体结构的一部分。

（3）地下连续墙按支护结构方式分为以下四种类型：

1）自立式地下连续墙挡土结构：在开挖修建过程中不需设置锚杆或支撑系统，其最大的自立高度与墙体厚度和土质条件有关。一般在开挖深度较小情况下应用。在开挖深度较大又难以采用支撑或锚杆支护的工程，可采用T形或I形断面以提高自立高度。

2）锚定式地下墙挡土结构：一般采用斜拉锚杆（图8-30），锚杆层数及位置取决于墙体的支点、墙后滑动棱体的条件及地质情况。在软弱土层或地下水位较高处，也可在地下连续墙顶附近设置拉杆和锚定块体或墙。

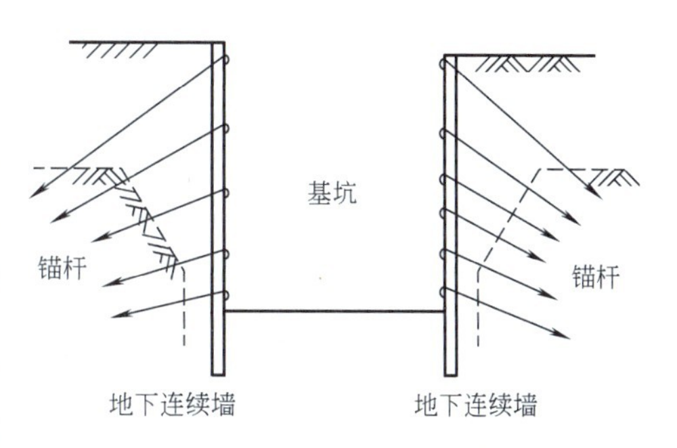

图8-30　斜拉锚杆地下连续墙示意图

3）支撑式地下墙挡土结构：它与板桩挡土的支撑结构相似。常采用H型钢、钢管等构件支撑地下墙，目前也广泛采用钢筋混凝土支撑，其取材较方便，且水平位移较少，稳定性好，缺点是拆除较困难和开挖时需待混凝土强度达到要求后才可进行。有时也采用主体结构的钢筋混凝土结构梁兼作为施工支撑。当基坑开挖较深时，则可用多层支撑方式。

4）逆筑法地下墙挡土结构：逆筑法是利用地下主体结构梁板体系作为挡土结构的支撑，逐层进行开挖，逐层进行梁板柱体系的施工，形成地下墙挡土结构的一种方法。其工艺原理是：先沿建筑物地下室轴线（地下连续墙也是结构承重墙）或周围（地下墙只作为支护结构）施工地下连续墙，同时在建筑物内部的有关位置浇筑或打下中间支承柱，作为施工期间底板封底前承受上部结构自重和施工荷载的支撑，然后施工地面一层的梁板楼面结构，作为地下连续墙刚度很大的支撑，再逐层向下开挖土方和浇筑各层地下结构直至底板封底。

根据工程的具体情况，上述各种类型可灵活地组合应用。

8.7.2　地下连续墙的接头构造

地下连续墙一般分段浇筑，墙段间需设接头，另外地下连续墙与内部结构也需要接头，后者又称墙面接头。

1. 墙段接头

墙段接头的要求随工程目的而异，作为基坑开挖时的防渗挡土结构，要求接头密合不夹泥；作为主体结构侧墙或结构一部分时，除了要求接头防渗挡土外，还要求有抗剪能力。常用的墙段接头有以下几种：

（1）接头管接头（图8-31）：这是目前应用最普遍的墙段接头形式。

（2）接头箱接头：可以使地下墙形成整体接头，接头的刚度较好，具有抗剪能力。接头箱接头的施工程序见图8-32，此外还有隔板式接头等。

2. 墙面接头

地下连续墙与内部结构的楼板、柱、梁、底面等连接的墙身接头，既要承受

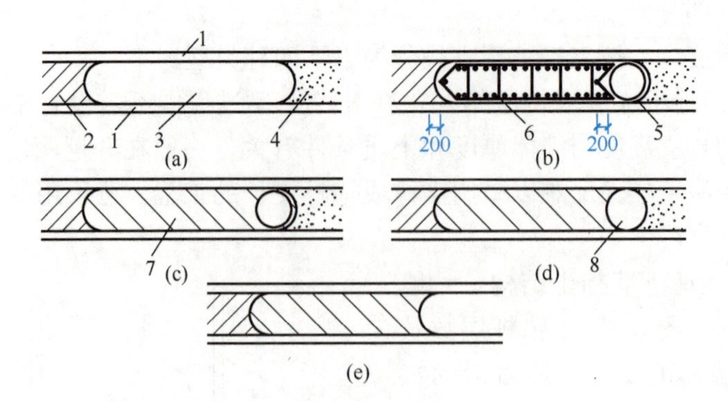

图 8-31　接头管接头的施工程序（单位：mm）

（a）开挖槽段；（b）吊放接头管和钢筋笼；（c）浇筑混凝土；（d）拔出接头管；（e）形成接头
1—导管；2—已浇筑混凝土的单元槽段；3—开挖的槽段；4—未开挖的槽段；5—接头管；
6—钢筋笼；7—正浇筑混凝土的单元槽段；8—接头管拔出后的孔洞

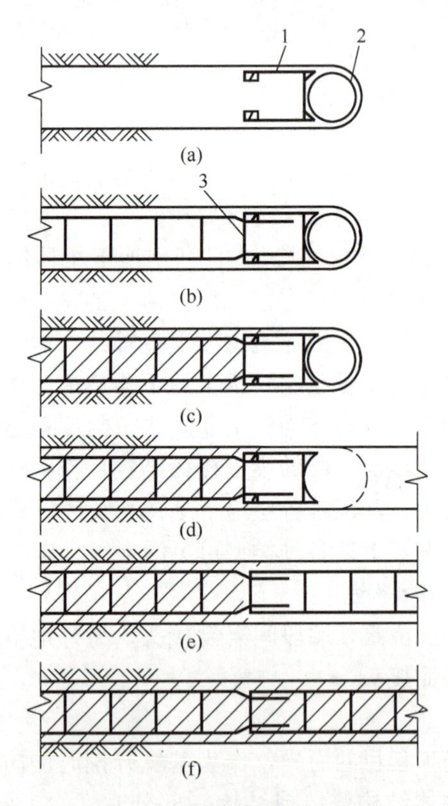

图 8-32　接头箱接头的施工程序

（a）插入接头箱；（b）吊放钢筋笼；（c）浇筑混凝土；（d）吊出接头管；
（e）吊放后一槽段的钢筋笼；（f）浇筑后一槽段的混凝土形成整体接头
1—接头箱；2—接头管；3—焊在钢筋笼上的钢板

剪力或弯矩又应考虑施工的局限性，目前常用的有预埋连接钢筋、预埋连接钢板、预埋剪力连接构件等。可根据接头受力条件选用，并参照钢筋混凝土结构规范对构件接头构造要求布设钢筋（钢板）。

8.8　基桩无损检测

8.8.1　检测方法及目的

工程桩应进行单桩承载力和桩身完整性抽样检测。基桩检测除应在施工前和施工后进行外，尚应采取符合规范规定的检测方法或专业验收规范规定的其他检测方法基桩检测应根据检测目的、检测方法的适用性、设计要求、地质情况、施工工艺及场地条件，按表 8-19 选择检测方法。

8.8.2　检测工作程序（图 8-33）

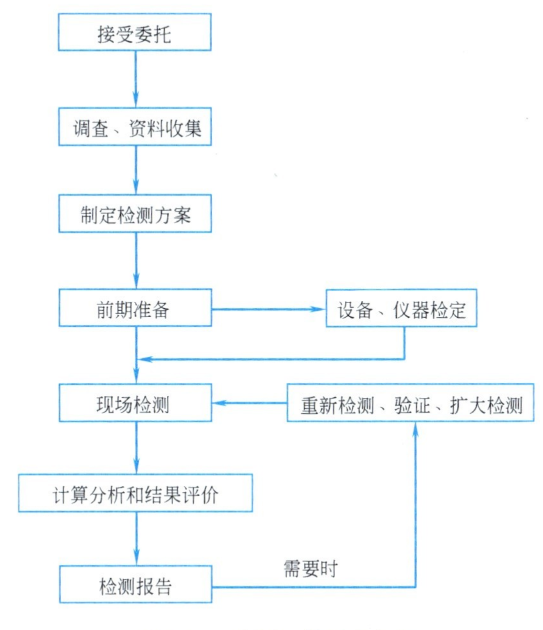

图 8-33　检测工作程序框图

（1）调查、资料收集阶段宜包括下列内容：

1）收集被检测工程的岩土工程勘察资料、桩基设计图纸、施工记录；了解施工工艺和施工中出现的异常情况。

2）进一步明确委托方的具体要求。

3）检测项目现场实施的可行性。

（2）根据调查结果确定检测目的，选择检测方法，制定检测方案。

检测方案宜包含以下内容：工程概况，检测方法及其依据的标准，抽样方案，所需的机械或人工配合，试验周期。

（3）检测前应对仪器设备检查调试。检测用仪器设备必须在检定或校准有效期内。

（4）检测开始时间应符合下列规定：

1）当采用低应变法或声波透射法检测钢筋混凝土桩时，桩身混凝土强度不得低于设计强度等级的70%或预留立方体试块强度不得小于15MPa；当采用低应变法水泥粉煤灰桩和素混凝土桩等地基竖向增强体时，桩身强度应大于8MPa。

基桩检测目的及检测方法　　表8-19

检测目的	检测方法
检测桩身完整性	低应变法、高应变法、声波透射法、钻芯法、孔内摄像法
判定与鉴别桩底持力层岩土性状	钻芯法、标准贯入试验、圆锥动力触探试验、孔内摄像法
检测桩底持力层桩端阻力	岩石地基载荷试验、深层平板载荷试验
检测单桩竖向抗压承载力	单桩竖向抗压静载试验、高应变法
检测单桩竖向抗拔承载力	单桩竖向抗拔静载试验
检测单桩水平承载力与变形参数	单桩水平静载试验

2）承载力检测前的休止时间除应达到上述规定的混凝土强度外，当无成熟的地区经验时，尚不应少于规定的时间，见表8-20。

休止时间　　表8-20

土的类型		休止时间(d)
砂土		7
粉土		10
黏性土	非饱和	15
	饱和	25
桩端持力层为遇水宜软化的风化层		25

注：对于泥浆护壁灌注桩，宜适当延长休止时间。

3）施工后，宜先进行工程桩的桩身完整性检测，后进行承载力检测。当基础埋深较大时，桩身完整性检测应在基坑开挖至基底标高后进行。

4）现场检测期间，除应执行规范的有关规定外，还应遵守国家有关安全生产的规定。当现场操作环境不符合仪器设备使用要求时，应采取有效的防护措施。

5）当发现检测数据异常时，应查找原因，重新检测。

6）当需要进行验证或扩大检测时，应得到有关各方的确认，并按规范的有关规定执行。

8.8.3 检测结果评价和检测报告

(1) 桩身完整性检测结果评价，应给出每根受检桩的桩身完整性类别。桩身完整性分类应符合表8-21的规定。工程桩承载力检测结果的评价，应给出每根受检桩的承载力检测值，并评价单桩承载力是否满足设计要求。

桩身完整性类别划分　　表8-21

桩身完整性类别	特征
Ⅰ类桩	桩身完整，可正常使用
Ⅱ类桩	桩身基本完整，有轻度缺陷，不会影响桩身结构承载力的正常发挥
Ⅲ类桩	桩身有明显缺陷，对桩身结构承载力有影响
Ⅳ类桩	桩身有严重缺陷，对桩身结构承载力有严重影响

（2）检测报告应结论准确，用词规范。检测报告应包含以下内容：

1）委托方名称，工程名称、地点，建设、勘察、设计、监理和施工单位，基础、结构形式，层数，设计要求，检测目的，检测依据，检测数量，检测日期；

2）地质条件描述；

3）受检桩的桩号、桩位和相关施工记录；

4）检测方法，检测仪器设备，检测过程叙述；

5）受检桩的检测数据，实测与计算分析曲线、表格和汇总结果；

6）与检测内容相应的检测结论。

8.9　低　应　变　法

码8-1 低应变法现场检测

低应变法适用于检测钢筋混凝土桩、水泥粉煤灰碎石桩、素混凝土桩的桩身完整性，判定桩身缺陷的程度及位置，不适用于咬合桩、支盘桩，以及长径比小于5的大直径钢筋混凝土桩的桩身完整性检测。

1. 检测仪器要求

检测仪器的主要技术性能指标应符合现行行业标准《基桩动测仪》JG/T 518—2017的有关规定，且应具有信号显示、储存和处理分析功能。瞬态激振设备应包括能激发宽脉冲和窄脉冲的力锤和锤垫；力锤应装有力传感器；稳态激振设备应包括激振力可调、扫频范围为10～2000Hz的电磁式稳态激振器。

2. 现场检测要求

（1）受检桩应符合下列规定：

1）检测钢筋混凝土桩时，桩身强度应至少达到设计强度的70%或预留立方体试块强度不得小于15MPa；检测水泥粉煤灰碎石桩、素混凝土桩时，桩身强度应大于8MPa。

2）桩头的材质、强度、截面尺寸应与桩身基本等同。

3）桩顶面应平整、密实，并与桩轴线基本垂直。

（2）测试参数设定应符合下列规定：

1）时域信号记录的时间段长度应在$2L/c$时刻后延续不少于5ms；幅频信号分析的频率范围上限不应小于2000Hz。

2）设定桩长应为桩顶测点至桩底的施工桩长，设定桩身截面积应为施工截面积。

3）桩身波速可根据本地区同类型桩的测试值初步设定。

4）采样时间间隔或采样频率应根据桩长、桩身波速和频域分辨率合理选择；时域信号采样点数不宜少于1024点。

5）传感器的设定值应按计量检定结果设定。

（3）测量传感器安装和激振操作应符合下列规定：

1）传感器安装应与桩顶面垂直；用耦合剂粘结时，应具有足够的粘结强度。

2）实心桩的激振点位置应选择在桩中心，测量传感器安装位置宜为距桩中心 2/3 半径处；空心桩的激振点与测量传感器安装位置宜在同一水平面上，且与桩中心连线形成的夹角宜为 90°，激振点和测量传感器安装位置宜为桩壁厚的 1/2处。

3）激振点与测量传感器安装位置应避开钢筋笼的主筋。

4）激振方向应沿桩轴线方向。

5）瞬态激振应通过现场敲击试验，选择合适重量的激振力锤和锤垫，宜用宽脉冲获取桩底或桩身下部缺陷反射信号，宜用窄脉冲获取桩身上部缺陷反射信号。

6）稳态激振应在每一个设定频率下获得稳定响应信号，并应根据桩径、桩长及桩周土约束情况调整激振力大小。

（4）信号采集和筛选应符合下列规定：

1）根据桩径大小，桩心对称布置 2～4 个检测点；每个检测点记录的有效信号数不宜少于 3 个。

2）检查判断实测信号是否反映桩身完整性特征。

3）不同检测点及多次实测时域信号一致性较差，应分析原因，增加检测点数量。

4）信号不应失真和产生零漂，信号幅值不应超过测量系统的量程。

3. 检测数据的分析与判定

（1）桩身波速平均值的确定应符合下列规定：

1）当桩长已知、桩底反射信号明确时，在地质条件、设计桩型、成桩工艺相同的基桩中，选取不少于 5 根Ⅰ类桩的桩身波速值按下式计算其平均值：

$$c_m=\frac{1}{n}\sum_{i=1}^{n}c_i \tag{8-23}$$

$$c_i=\frac{2000L}{\Delta T}=2L\cdot\Delta f \tag{8-24}$$

式中 c_m——桩身波速的平均值（m/s）；

c_i——第 i 根受检桩的桩身波速值（m/s），且$|c_i-c_m|/c_m\leqslant 5\%$；

L——测点下桩长（m）；

ΔT——速度波第一峰与桩底反射波峰间的时间差（ms）；

Δf——幅频曲线上桩底相邻谐振峰间的频差（Hz）；

n——参加波速平均值计算的基桩数量（$n\geqslant 5$）。

2）当无法按上款确定时，波速平均值可根据本地区相同桩型及成桩工艺的其他桩基工程的实测值，结合桩身混凝土的骨料品种和强度等级综合确定。

（2）桩身缺陷位置应按下列公式计算：

$$x=\frac{1}{2000}\cdot\Delta t_x\cdot c=\frac{1}{2}\cdot\frac{c}{\Delta f'} \tag{8-25}$$

$$\Delta f'>c/2L \tag{8-26}$$

式中 x——桩身缺陷至传感器安装点的距离（m）；

Δt_x——速度波第一峰与缺陷反射波峰间的时间差（ms）；

c——受检桩的桩身波速（m/s），无法确定时用 c_m 值替代；

$\Delta f'$——幅频信号曲线上缺陷相邻谐振峰间的频差（Hz）。

（3）桩身完整性类别应结合缺陷出现的深度、测试信号衰减特性以及设计桩型、成桩工艺、地质条件、施工情况，按表 8-22 所列实测时域或幅频信号特征进行综合分析判定。

（4）对于混凝土灌注桩，采用时域信号分析时应区分桩身截面渐变后恢复至原桩径并在该阻抗突变处的一次反射，或扩径突变处的二次反射，结合成桩工艺和地质条件综合分析判定受检桩的完整性类别。必要时，可采用实测曲线拟合法辅助判定桩身完整性或借助实测导纳值、动刚度的相对高低辅助判定桩身完整性。

（5）对于嵌岩桩，桩底时域反射信号为单一反射波且与锤击脉冲信号同向时，应采取其他方法核验桩端嵌岩情况。

桩身完整性判断　　表 8-22

类别	时域信号特征	幅频信号特征
Ⅰ	$2L/c$ 时刻前无缺陷反射波，有桩底反射波	桩底谐振峰排列基本等间距，其相邻频差 $\Delta f \approx c/2L$
Ⅱ	$2L/c$ 时刻前出现轻微缺陷反射波，有桩底反射波	桩底谐振峰排列基本等间距，其相邻频差 $\Delta f \approx c/2L$，轻微缺陷产生的谐振峰与桩底谐振峰之间的频差 $\Delta f' > c/2L$
Ⅲ	有明显缺陷反射波，其他特征介于Ⅱ类和Ⅳ类之间	
Ⅳ	$2L/c$ 时刻前出现严重缺陷反射波或周期性反射波，无桩底反射波；或因桩身浅部严重缺陷是波形呈现低频大振幅衰减振动，无桩底反射波	缺陷谐振峰排列基本等间距，相邻频差 $\Delta f' > c/2L$，无桩底谐振峰；或因桩身浅部严重缺陷只出现单一谐振峰，无桩底谐振峰

注：对同一场地、地质条件相近、桩型和成桩工艺相同的基桩，因桩端部分桩身阻抗与持力层阻抗相匹配导致实测信号无桩底反射波时，可按本场地同条件下有桩底反射波的其他桩实测信号判定桩身完整性类别。

（6）出现下列情况之一，桩身完整性判定宜结合其他检测方法进行：

1）实测信号复杂，无规律，无法对其进行准确评价。

2）桩身截面渐变或多变，且变化幅度较大的混凝土灌注桩。

（7）低应变检测报告应给出桩身完整性检测的实测信号曲线。

（8）检测报告除应包括规范所列基本内容外，还应包括下列内容：

1）桩身波速取值；

2）桩身完整性描述，缺陷的位置及桩身完整性类别；

3）时域信号时段所对应的桩身长度标尺、指数或线性放大的范围及倍数；或幅频信号曲线分析的频率范围、桩底或桩身缺陷对应的相邻谐振峰间的频差。

码8-2　高应变法现场检测

8.10　高　应　变　法

本方法适用于检测基桩的竖向抗压承载力和桩身完整性；监测预制桩打入时的桩身应力和锤击能量传递比，为沉桩工艺参数及桩长选择提供依据。进行灌注桩的竖向抗压承载力检测时，应具有现场实测经验和本地区相近条件下的可靠对比验证资料。对于非嵌岩的大直径扩底桩，不宜采用高应变法进行竖向抗压承载力检测。

1. 检测仪器要求

（1）检测仪器的主要技术性能指标不应低于现行行业标准《基桩动测仪》JG/T 518—2017 中规定的 2 级标准，且应具有保存、显示实测力与速度信号和信号处理与分析的功能。

（2）锤击设备应具有稳固的导向装置；打桩机械或类似的装置（导杆柴油锤和振动锤除外）都可作为锤击设备。

（3）高应变检测用重锤应材质均匀、形状对称、锤底平整。高径（宽）比不得小于 1，并采用铸铁或铸钢制作。当采取自由落锤安装加速度传感器的方式实测锤击力时，重锤应整体铸造，且高径（宽）比应在 1.0～1.5 范围内。

（4）进行高应变承载力检测时，锤的重量应大于预估单桩极限承载力的 1.0%～1.5%，混凝土桩的桩径大于 600mm 或桩长大于 30m 时取高值；当高应变法仅用于判定大直径混凝土灌注桩桩身完整性时，锤的重量应大于单桩竖向承载力特征值的 0.3%且大于 20kN。

（5）桩的贯入度可采用精密水准仪等仪器测定。

2. 现场检测

（1）检测前的准备工作应符合下列规定：

1）预制桩承载力的时间效应应通过复打确定。

2）桩顶面应平整，桩顶高度应满足锤击装置的要求，桩锤重心应与桩顶对中，锤击装置架立应垂直。

3）对不能承受锤击的桩头应加固处理，混凝土桩的桩头处理按以下要求执行。

① 混凝土桩应先凿掉桩顶部的破碎层和软弱混凝土。

② 桩头顶面应平整，桩头中轴线与桩身上部的中轴线应重合。

③ 桩头主筋应全部直通至桩顶混凝土保护层之下，各主筋应在同一高度上。

④ 距桩顶 1 倍桩径范围内，宜用厚度为 3～5m 的钢板围裹或距桩顶 1.5 倍桩径范围内设置箍筋，间距不宜大于 100mm。桩顶应设置钢筋网片 2～3 层，间距 60～100mm。

⑤ 桩头混凝土强度等级宜比桩身混凝土提高 1～2 级，且不得低于 C30。

⑥ 高应变法检测的桩头测点处截面尺寸应与原桩身截面尺寸相同。

4）传感器的安装应符合以下规定。

检测时至少应对称安装冲击力和冲击响应（质点运动速度）测量传感器各两个（传感器安装如图 8-34 所示）。冲击力和响应测量可采取以下方式：

① 在桩顶下的桩侧表面分别对称安装加速度传感器和应变式力传感器，直接测量桩身测点处的速度和应变响应，并将应变换算成冲击力。

② 传感器宜分别对称安装在距桩顶不小于 $2D$ 的桩侧表面处（D 为试桩的直径或边长）；对于大直径桩，传感器与桩顶之间的距离可适当减小，但不得小于 D。安

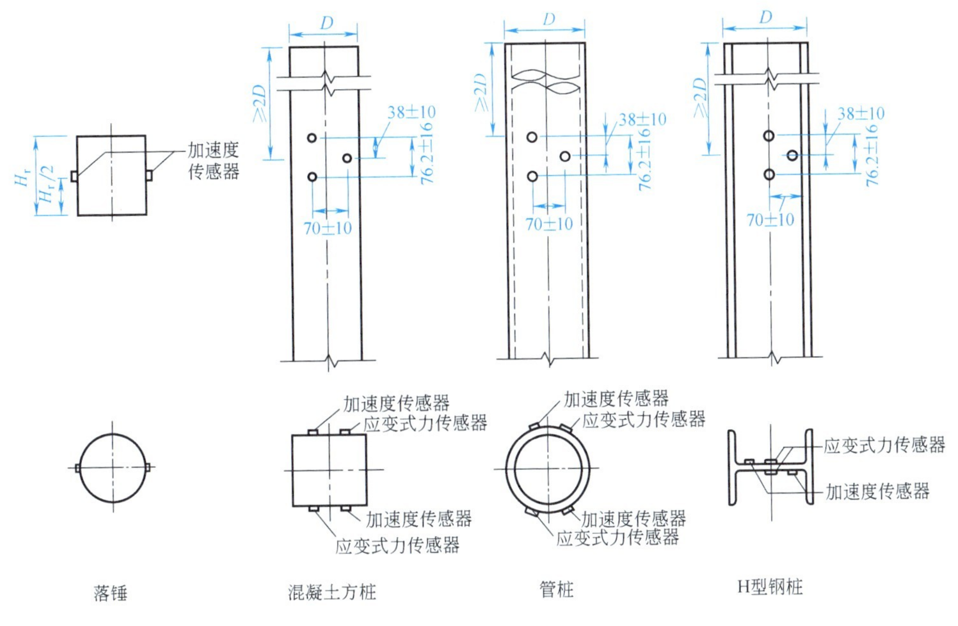

图 8-34　传感器安装图（mm）

装面处的材质和截面尺寸应与原桩身相同，传感器不得安装在截面突变处附近。

③ 在桩顶下的桩侧表面对称安装加速传感器，直接测量响应，在自由落锤锤体 $0.5H_r$处（H_r为锤体高度）对称安装加速度传感器，直接测量冲击力。

④ 在自由落锤锤体对称安装加速度传感器，直接测量冲击力时，对称安装在桩侧表面的加速度传感器距桩顶的距离不得小于 $0.4H_r$ 或 D（取两者高值）。

在上述条件下，传感器安装尚应符合下列规定：

应变传感器与加速度传感器的中心应位于同一水平线上；同侧的应变传感器和加速度传感器间的水平距离不宜大于 80mm。安装完毕后，传感器的中心轴应与桩中心轴保持平行。

各传感器的安装面材质应均匀、密实、平整，并与桩轴线平行，否则应采用磨光机将其磨平。

安装螺栓的钻孔应与桩侧表面垂直；安装完毕后的传感器应紧贴桩身表面，锤击时传感器不得产生滑动。安装应变式传感器时应对其初始应变值进行监视，安装后的传感器初始应变值应能保证锤击时的可测轴向变形余量为：

① 混凝土桩应大于±1000$\mu\varepsilon$；

② 钢桩应大于±1500$\mu\varepsilon$。

当连续锤击监测时，应将传感器连接电缆有效固定。

5）桩头顶部应设置桩垫，桩垫可采用 10～30mm 厚的木板或胶合板等材料。

（2）参数设定和计算应符合下列规定：

1）采样时间间隔宜为 50～200μs，信号采样点数不宜少于 1024 点。

2）传感器的设定值应按计量检定或校准结果设定。

3）自由落锤安装加速度传感器测力时，冲击力等于实测加速度与重锤质量的乘积。

4）测点处的桩截面尺寸应按实际测量确定，波速、质量密度和弹性模量应按实际情况设定。

5）测点以下桩长和截面积可采用设计文件或施工记录提供的数据作为设定值。

6）桩身材料质量密度应按表 8-23 取值。

桩身材料质量密度（t/m³） 表 8-23

钢 桩	混凝土预制桩	离心管桩	混凝土灌注桩
7.85	2.45～2.50	2.55～2.60	2.40

7）桩身波速可结合本地经验或按同场地同类型已检桩的平均波速初步设定，现场检测完成后应按实测信号分析得到的波速调整。

8）桩身材料弹性模量按式（8-27）计算：

$$E=\rho \cdot c^2 \tag{8-27}$$

式中 E——桩身材料弹性模量（kPa）；

c——桩身应力波传播速度（m/s）；

ρ——桩身材料质量密度（t/m^3）。

（3）现场检测应符合下列要求：

1）交流供电的测试系统应有良好接地；检测时测试系统应处于正常状态。

2）采用自由落锤为锤击设备时，应重锤低击，最大锤击落距不宜大于 2.5m。

3）试验目的为确定预制桩打桩过程中的桩身应力、沉桩设备匹配能力和选择桩长时，应按规范执行。

4）检测时应及时检查采集数据的质量；每根受检桩记录的有效锤击信号应根据桩顶最大动位移、贯入度以及桩身最大拉、压应力和缺陷程度及其发展情况综合确定。

5）发现测试波形紊乱，应分析原因；桩身有明显缺陷或缺陷程度加剧，应停止检测。

（4）承载力检测时宜实测桩的贯入度，单击贯入度宜在 2～6mm。

3. 检测数据的分析与判定

（1）检测承载力时选取锤击信号，宜取锤击能量较大的击次。

（2）当出现下列情况之一时，高应变锤击信号不得作为承载力分析计算的依据：

1）传感器安装处混凝土开裂或出现严重塑性变形使力曲线最终未归零；

2）严重捶击偏心，两侧力信号幅值相差超过 1 倍；

3）触变效应的影响，预制桩在多次锤击下承载力下降；

4）四通道测试数据不全。

（3）桩身波速可根据下行波波形起升沿的起点到上行波下降沿的起点之间的时差与已知桩长值确定（图 8-35）；桩底反射信号不明显时，可根据桩长、混凝土波速的合理取值范围以及邻近桩的桩身波速值综合确定。

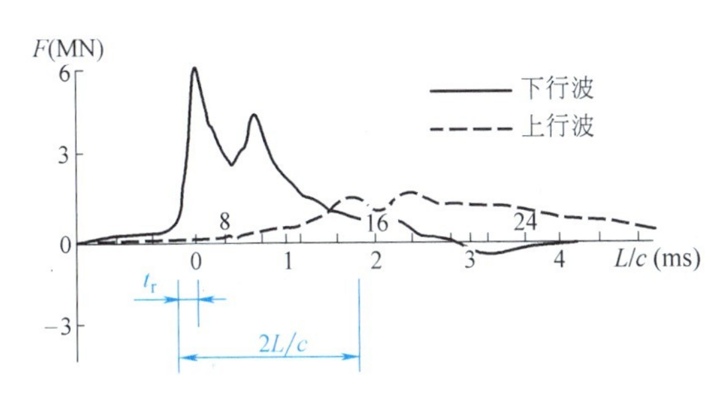

图 8-35　桩身波速的确定

F—传感器安装位置实测力值；L—测点下桩长；

c—桩身波速

（4）当测点处原设定波速随调整后的桩身波速改变时，桩身材料弹性模量和锤击力信号幅值的调整应符合下列规定：

1）桩身材料弹性模量应按前述规范公式重新计算。

2）当采用应变式传感器测力时，应同时对原实测力值进行校正。

（5）当实测的力和速度信号第一峰起始段不成比例时，不得对实测力或速度信号进行调整。

（6）承载力分析计算前，应结合地质条件、设计参数，对实测波形特征进行定性检查：

1）实测曲线特征反映出的桩承载性状。

2）观察桩身缺陷程度和位置，连续锤击时缺陷的扩大或逐步闭合情况。

（7）以下四种情况应采用静载法进一步验证：

1）桩身存在缺陷，无法判定桩的竖向承载力。

2）桩身缺陷对水平承载力有影响。

3）单击贯入度大，桩底同向反射强烈且反射峰较宽，侧阻力波、端阻力波反射弱，即波形表现出竖向承载性状明显，与勘察报告中的地质条件不符合。

4）嵌岩桩桩底同向反射强烈，且在时间 $2L/c$ 后无明显端阻力反射；也可采用钻芯法核验。

（8）采用凯司法判定桩承载力，应符合下列规定：

1）只限于中、小直径桩。

2）桩身材质、截面应基本均匀。

3）阻尼系数 j_c 宜根据同条件下静载试验结果校核，或应在已取得相近条件下可靠对比资料后，采用实测曲线拟合法确定，拟合计算的桩数不应少于检测总桩数的 30%，且不应少于 3 根。

4）在同一场地、地质条件相近和桩型及其截面积相同情况下，j_c 值的极差不宜大于平均值的 30%。

（9）凯司法判定单桩承载力可按式（8-28）计算：

$$R_c=\frac{1}{2}(1-j_c)\cdot[F(t_1)+Z\cdot V(t_1)]+\frac{1}{2}(1+j_c)\cdot\left[F\left(t_1+\frac{2L}{c}\right)-Z\cdot V\left(t_1+\frac{2L}{c}\right)\right] \tag{8-28}$$

式中 R_c——由凯司法判定的单桩竖向抗压承载力（kN）；

j_c——凯司法阻尼系数；

t_1——速度第一峰对应的时刻（ms）；

$F(t_1)$——t_1 时刻的锤击力（kN）；

$V(t_1)$——t_1 时刻的质点运动速度（m/s）；

Z——桩身截面力学阻抗，$Z=\frac{E \cdot A}{c}$（kN·s/m）；

E——桩身弹性模量（kPa）；

A——桩身截面面积（m^2）；

L——测点下桩长（m）。

注：式（8-28）适用于 $t_1+\frac{2L}{c}$ 时刻桩侧和桩端土阻力均已充分发挥的摩擦型桩。

对于土阻力滞后于 $t_1+\frac{2L}{c}$ 时刻明显发挥或先于 $t_1+\frac{2L}{c}$ 时刻发挥并造成桩中上部强烈反弹这两种情况，宜分别采用以下两种方法对 R_c 值进行提高修正：

1）适当将 t_1 延时，确定 R_c 的最大值。

2）考虑卸载回弹部分土阻力，对 R_c 值进行修正。

（10）采用实测曲线拟合法判定桩承载力，应符合下列规定：

1）所采用的力学模型应明确合理，桩和土的力学模型应能分别反映桩和土的实际力学性状，模型参数的取值范围应能限定。

2）拟合分析选用的参数应在岩土工程的合理范围内。

3）曲线拟合时间段长度在 $t_1+\frac{2L}{c}$ 时刻后延续时间不应小于 20ms；对于柴油锤打桩信号，在 $t_1+\frac{2L}{c}$ 时刻后延续时间不应小于 30ms。

4）各单元所选用的土的最大弹性位移值不应超过相应桩单元的最大计算位移值。

5）拟合完成时，土阻力响应区段的计算曲线与实测曲线应吻合，其他区段的曲线应基本吻合。

6）贯入度的计算值应与实测值接近。

（11）桩身完整性判定可采用以下方法：

1）采用实测曲线拟合法判定时，拟合所选用的桩土参数应符合上述规定；根据桩的成桩工艺，拟合时可采用桩身阻抗拟合或桩身裂隙（包括混凝土预制桩的接桩缝隙）拟合。

2）对于等截面桩，可按表并结合经验判定；桩身完整性系数 β 和桩身缺陷至传感器安装点的距离 x 应分别按下列公式计算：

$$\beta=\frac{[F(t_1)+Z \cdot V(t_1)]-2R_x+[F(t_x)-Z \cdot V(t_x)]}{[F(t_1)+Z \cdot V(t_1)]-[F(t_x)-Z \cdot V(t_x)]} \tag{8-29a}$$

$$x=c\cdot\frac{t_x-t}{2000} \tag{8-29b}$$

式中　β——桩身完整性系数；

x——桩身缺陷至传感器安装点的距离（m）；

t_x——缺陷反射峰对应的时刻（ms）；

R_x——缺陷以上部位土阻力的估计值，等于缺陷反射波起始点的力减去速度与桩身截面力学阻抗的积，取值方法如图 8-36 所示。

桩身完整性系数见表 8-24。

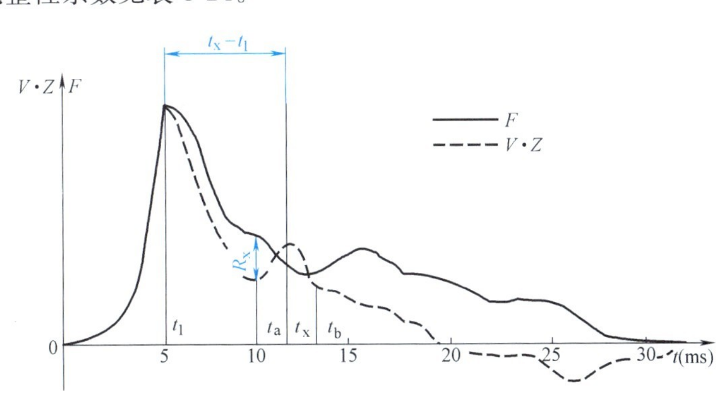

图 8-36　桩身完整性计算 R_x 取值方法

桩身完整性系数 β 判定　　　　**表 8-24**

类　别	β值	类　别	β值
Ⅰ	$\beta=1.0$	Ⅲ	$0.6\leqslant\beta<0.8$
Ⅱ	$0.8\leqslant\beta<1.0$	Ⅳ	$\beta<0.6$

（12）出现下列情况之一时，桩身完整性判定宜按工程地质条件和施工工艺，结合实测曲线拟合法或其他检测方法综合进行：

1）桩身有扩径的桩。

2）桩身截面渐变或多变的混凝土灌注桩。

3）力和速度曲线在峰值附近比例失调，桩身浅部有缺陷的桩。

4）锤击力波上升缓慢，力与速度曲线比例失调的桩。

（13）桩身最大锤击拉、压应力和桩锤实际传递给桩的能量应分别按《建筑基桩检测技术规范》JGJ 106—2014 相应公式计算。

（14）高应变检测报告应给出实测的力与速度信号曲线。

（15）检测报告除应包括规范内容外，还应包括下列内容：

1）计算中实际采用的桩身波速值；

2）实测曲线拟合法所选用的各单元桩土模型参数、拟合曲线、土阻力沿桩身分布图；

3）实测贯入度；

4）试打桩和打桩监测所采用的桩锤型号、锤垫类型，以及监测得到的锤击数、桩侧和桩端静阻力、桩身锤击拉应力和压应力、桩身完整性以及能量传递比随入土深度的变化。

码8-3 声波透射法现场检测

8.11 声波透射法

本方法适用于已预埋声测管的混凝土灌注桩桩身完整性检测，判定桩身缺陷的程度并确定其位置。

1. 检测仪器要求

(1) 声波发射与接收换能器应符合下列要求：

1) 圆柱状径向振动，沿径向无指向性；

2) 外径小于声测管内径，有效工作面轴向长度不大于150mm；

3) 谐振频率宜为30～60kHz；

4) 水密性满足1MPa水压不渗水。

(2) 声波检测仪应符合下列要求：

1) 具有实时显示和记录接收信号的时程曲线以及频率测量或频谱分析功能。

2) 声时测量分辨力大于或等于0.5μs，声波幅值测量相对误差小于5%，系统频带宽度为1～200kHz，系统最大动态范围不小于100dB。

3) 声波发射脉冲宜为阶跃或矩形脉冲，电压幅值为200～1000V。

2. 现场检测

(1) 声测管埋设应按规范的规定执行。

1) 声测管内径宜为50～60mm。

2) 声测管应下端封闭、上端加盖、管内无异物；声测管连接处应光滑，管口应高出桩顶100mm以上，且各声测管管口高度宜一致。

3) 应采取适宜方法固定声测管，使之成桩后相互平行。

4) 声测管埋设数量应符合下列要求：

① $D \leqslant 800$mm，不少于2根管。

② 800mm$<D<$1600mm，不少于3根管。

③ $D>$1600mm，不少于4根管。

④ 桩径大于2500mm时，宜增加声测管数量。

其中：D为受检桩设计桩径。

5) 声测管应沿钢筋笼内侧对称布置（图8-37），并依次编号。

(2) 现场检测前准备工作应符合下列规定：

1) 采用标定法确定仪器系统延迟时间。

2) 计算声测管及耦合水层声时修正值。

3) 在桩顶测量相应声测管外壁间净距离。

4) 将各声测管内注满清水，检查声测管畅通情况；换能器应能在全程范围内升降顺畅。

(3) 现场检测步骤应符合下列规定：

1) 将声波发射与接收换能器通过深度标志分别置于两根声测管中的测点处。

2) 声波发射与接收换能器应以相同标高（图8-38a）或保持固定高差（图

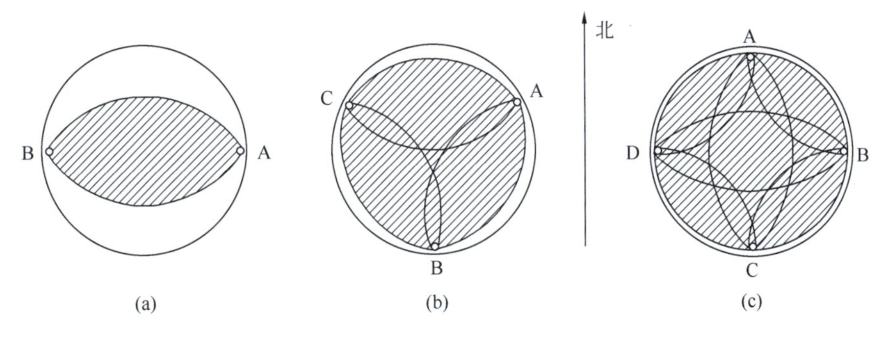

图 8-37　声测管布置示意图

（a）2 根管；（b）3 根管；（c）4 根管

注：检测剖面编组（检测剖面序号为 j）分别为：2 根管时，AB 剖面（$j=1$）；3 根管时，AB 剖面（$j=1$），BC 剖面（$j=2$），CA 剖面（$j=3$）；4 根管时，AB 剖面（$j=1$）；BC 剖面（$j=2$），CD 剖面（$j=3$），DA 剖面（$j=4$），AC 剖面（$j=5$），BD 剖面（$j=6$）。

8-38b）同步升降，测点间距不应大于 100mm。

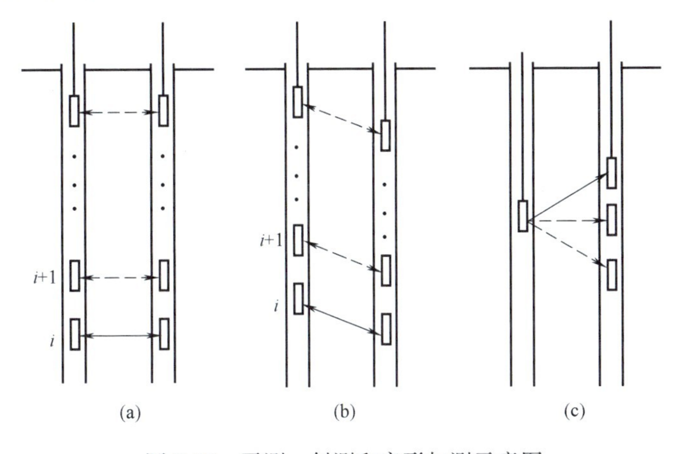

图 8-38　平测、斜测和扇形扫测示意图

3）实时显示和记录接收信号的时程曲线，读取声时、首波峰值和周期值，宜同时显示频谱曲线及主频值。

4）将多根声测管以两根为一个检测剖面进行全组合，分别对所有检测剖面完成检测。

5）在桩身质量可疑的测点周围，应采用加密测点，或采用斜测（图 8-38b）、扇形扫测（图 8-38c）进行复测，进一步确定桩身缺陷的位置和范围。

6）在同一根桩的各检测剖面的检测过程中，声波发射电压和仪器设置参数应保持不变。

3. 检测数据分析与判定

（1）当因声测管倾斜导致声速数据有规律地偏高或偏低变化时，应先对管距进行合理修正，然后对数据进行统计分析。当实测数据明显偏离正常值而又无法进行合理修正时，检测数据不得作为评价桩身完整性的依据。

（2）平测时各声测线的声时、声速、波幅及主频，应根据现场检测数据分别按下列公式计算，并绘制声速-深度曲线和波幅-深度曲线，也可绘制辅助的主频-深度曲线以及能量-深度曲线。

$$t_{ci}(j)=t_i(j)-t_0-t' \tag{8-30}$$

$$v_i(j)=\frac{l'_i(j)}{t_{ci}(j)} \tag{8-31}$$

$$A_{pi}(j)=20\lg\frac{a_i(j)}{a_0} \tag{8-32}$$

$$f_i(j)=\frac{1000}{T_i(j)} \tag{8-33}$$

式中 i——声测线编号，应对每个检测剖面自下而上（或自上而下）连续编号；

j——检测剖面编号；

$t_{ci}(j)$——第 j 检测剖面第 i 声测线声时（μs）；

$t_i(j)$——第 j 检测剖面第 i 声测线声时测量值（μs）；

t_0——仪器系统延迟时间（μs）；

t'——声测管及耦合水层声时修正值（μs）；

$l'_i(j)$——第 j 检测剖面第 i 声测线的两声测管的外壁间净距离（mm），当两声测管平行时，可取为两声测管管口的外壁间净距离；斜测时，$l'_i(j)$ 为声波发射和接收换能器各自中点对应的声测管外壁处之间的净距离，可由桩顶面两声测管的外壁间净距离和发射接收声波换能器的高差计算得到；

$v_i(j)$——第 j 检测剖面第 i 声测线声速（km/s）；

$A_{pi}(j)$——第 j 检测剖面第 i 声测线的首波幅值（dB）；

$a_i(j)$——第 j 检测剖面第 i 声测线信号首波幅值（V）；

a_0——零分贝信号幅值（V）；

$f_i(j)$——第 j 检测剖面第 i 声测线信号主频值（kHz），可经信号频谱分析得到；

$T_i(j)$——第 j 检测剖面第 i 声测线信号周期（μs）。

（3）当采用平测或斜测时，第 j 检测剖面的声速异常判断概率统计值应按下列方法确定：

1）将第 j 检测剖面各声测线的声速值 $v_i(j)$ 由大到小依次按式（8-34）排序：

$$v_1(j)\geqslant v_2(j)\geqslant\cdots v_k(j)\geqslant\cdots v_{i-1}(j)\geqslant v_i(j)\geqslant v_{i+1}(j)\geqslant\cdots v_{n-k}(j)\geqslant\cdots v_{n-1}(j)\geqslant v_n(j) \tag{8-34}$$

式中 $v_i(j)$——第 j 检测剖面第 i 声测线声速；

n——第 j 检测剖面的声测线总数；

k——拟去掉的低声速值的数据个数；

k'——拟去掉的高声速值的数据个数。

2）对逐一去掉 $v_i(j)$ 中 k 个最小数值和 k' 个最大数值后的其余数据，按下列公式进行统计计算：

$$v_{01}(j)=v_{m}(j)-\lambda\cdot s_{x}(j) \tag{8-35}$$

$$v_{02}(j)=v_{m}(j)+\lambda\cdot s_{x}(j) \tag{8-36}$$

$$v_{m}(j)=\frac{1}{n-k-k'}\sum_{i=k'+1}^{n-k}v_{i}(j) \tag{8-37}$$

$$s_{x}(j)=\sqrt{\frac{1}{n-k-k'-1}\sum_{i=k'+1}^{n-k}(v_{i}(j)-v_{m}(j))^{2}} \tag{8-38}$$

$$C_{v}(j)=\frac{s_{x}(j)}{v_{m}(j)} \tag{8-39}$$

式中　$v_{01}(j)$——第 j 剖面的声速异常小值判断值；

$v_{02}(j)$——第 j 剖面的声速异常大值判断值；

$v_{m}(j)$——（$n-k-k'$）个数据的平均值；

$s_{x}(j)$——（$n-k-k'$）个数据的标准差；

$C_{v}(j)$——（$n-k-k'$）个数据的变异系数；

λ——由表 8-25 查得的与（$n-k-k'$）相对应的系数。

统计数据个数（$n-k-k'$）与对应的 λ 值　　　表 8-25

$n-k-k'$	10	11	12	13	14	15	16	17	18	20
λ	1.28	1.33	1.38	1.43	1.47	1.50	1.53	1.56	1.59	1.64
$n-k-k'$	20	22	24	26	28	30	32	34	36	38
λ	1.64	1.69	1.73	1.77	1.80	1.83	1.86	1.89	1.91	1.94
$n-k-k'$	40	42	44	46	48	50	52	54	56	58
λ	1.96	1.98	2.00	2.02	2.04	2.05	2.07	2.09	2.10	2.11
$n-k-k'$	60	62	64	66	68	70	72	74	76	78
λ	2.13	2.14	2.15	2.17	2.18	2.19	2.20	2.21	2.22	2.23
$n-k-k'$	80	82	84	86	88	90	92	94	96	98
λ	2.24	2.25	2.26	2.27	2.28	2.29	2.29	2.30	2.31	2.32
$n-k-k'$	100	105	110	115	120	125	130	135	140	145
λ	2.33	2.34	2.36	2.38	2.39	2.41	2.42	2.43	2.45	2.46
$n-k-k'$	150	160	170	180	190	200	220	240	260	280
λ	2.47	2.50	2.52	2.54	2.56	2.58	2.61	2.64	2.67	2.69
$n-k-k'$	300	320	340	360	380	400	420	440	470	500
λ	2.72	2.74	2.76	2.77	2.79	2.81	2.82	2.84	2.86	2.88
$n-k-k'$	550	600	650	700	750	800	850	900	950	1000
λ	2.91	2.94	2.96	2.98	3.00	3.02	3.04	3.06	3.08	3.09
$n-k-k'$	1100	1200	1300	1400	1500	1600	1700	1800	1900	2000
λ	3.12	3.14	3.17	3.19	3.21	3.23	3.24	3.26	3.28	3.29

3）按 $k=0$、$k'=0$、$k=1$、$k'=1$、$k=2$、$k'=2$……的顺序，将参加统计的数列最小数据 $v_{n-k}(j)$ 与异常小值判断值 $v_{01}(j)$ 进行比较，当 $v_{n-k}(j)\leqslant v_{01}(j)$ 时剔除最小数据；将最大数据 $v_{k'+1}(j)$ 与异常大值判断值 $v_{02}(j)$ 进行比较，当

$v_{k'+1}(j) \geqslant v_{02}(j)$ 时剔除最大数据；每次剔除一个数据，对剩余数据构成的数列，重复式（8-35）～式（8-38）的计算步骤，直到下列两式成立：

$$v_{n-k}(j) > v_{01}(j) \tag{8-40}$$

$$v_{k'+1}(j) < v_{02}(j) \tag{8-41}$$

4）第 j 检测剖面的声速异常判断概率统计值，应按下式计算：

$$v_0(j) = \begin{cases} v_m(j)(1-0.015\lambda) & \text{当 } C_v(j) < 0.015 \text{ 时} \\ v_{01}(j) & \text{当 } 0.015 \leqslant C_v(j) \leqslant 0.045 \text{ 时} \\ v_{01}(j)(1-0.045\lambda) & \text{当 } C_v(j) > 0.045 \text{ 时} \end{cases} \tag{8-42}$$

式中　$v_0(j)$——第 j 检测剖面的声速异常判断概率统计值。

（4）受检桩的声速异常判断临界值，应按下列方法确定：

1）应根据本地区经验，结合预留同条件混凝土试件或钻芯法获取的芯样试件的抗压强度与声速对比试验，分别确定桩身混凝土声速低限值 v_L 和混凝土试件的声速平均值 v_p。

2）当 v_0（j）大于 v_L 且小于 v_p 时

$$v_c(j) = v_0(j) \tag{8-43}$$

式中　v_c（j）——第 j 检测剖面的声速异常判断临界值；

v_0（j）——第 j 检测剖面的声速异常判断概率统计值。

3）当 v_0（j）小于等于 v_L 或 v_0（j）大于等于 v_p 时，应分析原因；第 j 检测剖面的声速异常判断临界值可按下列情况的声速异常判断临界值综合确定：

① 同一根桩的其他检测剖面的声速异常判断临界值；

② 与受检桩属同一工程、相同桩型且混凝土质量较稳定的其他桩的声速异常判断临界值。

4）对只有单个检测剖面的桩，其声速异常判断临界值等于检测剖面声速异常判断临界值；对具有三个及三个以上检测剖面的桩，应取各个检测剖面声速异常判断临界值的算术平均值，作为该桩各声测线的声速异常判断临界值。

（5）声速 v_i（j）异常应按式（8-34）判定：

$$v_i(j) \leqslant v_c \tag{8-44}$$

（6）波幅异常判断的临界值，应按下列公式计算：

$$A_m(j) = \frac{1}{n}\sum_{j=1}^{n} A_{pj}(j) \tag{8-45}$$

$$A_c(j) = A_m(j) - 6 \tag{8-46}$$

波幅 $A_{pi}(j)$ 异常应按式（8-47）判定：

$$A_{pi}(j) < A_c(j) \tag{8-47}$$

式中　$A_m(j)$——第 j 检测剖面各声测线的波幅平均值（dB）；

$A_{pi}(j)$——第 j 检测剖面第 i 声测线的波幅值（dB）；

$A_c(j)$——第 j 检测剖面波幅异常判断的临界值（dB）；

n——第 j 检测剖面的声测线总数。

（7）当采用信号主频值作为辅助异常声测线判据时，主频-深度曲线上主频值明显降低的声测线可判定为异常。

（8）当采用接收信号的能量作为辅助异常声测线判据时，能量-深度曲线上接收信号能量明显降低可判定为异常。

（9）采用斜率法作为辅助异常声测线判据时，声时-深度曲线上相邻两点的斜率与声时差的乘积 PSD 值应按式（8-48）计算。当 PSD 值在某深度处突变时，宜结合波幅变化情况进行异常声测线判定。

$$PSD(j,i)=\frac{[t_{ci}(j)-t_{ci-1}(j)]^2}{z_i-z_{i-1}} \tag{8-48}$$

式中　PSD——声时-深度曲线上相邻两点连线的斜率与声时差的乘积（$\mu s^2/m$）；

$t_{ci}(j)$——第 j 检测剖面第 i 声测线的声时（μs）；

$t_{ci-1}(j)$——第 j 检测剖面第 $i-1$ 声测线的声时（μs）；

z_i——第 i 声测线深度（m）；

z_{i-1}——第 $i-1$ 声测线深度（m）。

（10）桩身缺陷的空间分布范围，可根据以下情况判定：

1）桩身同一深度上各检测剖面桩身缺陷的分布；

2）复测和加密测试的结果。

（11）桩身完整性类别应结合桩身缺陷处声测线的声学特征、缺陷的空间分布范围，按表 8-26 所列特征进行判定。

桩身完整性判定　　表 8-26

类别	特征
Ⅰ	所有声测线声学参数无异常，接收波形正常； 存在声学参数轻微异常、波形轻微畸变的异常声测线，异常声测线在任一检测剖面的任一区段内纵向不连续分布，且在任一深度横向分布的数量小于检测剖面数量的 50%
Ⅱ	存在声学参数轻微异常、波形轻微畸变的异常声测线，异常声测线在一个或多个检测剖面的一个或多个区段内纵向连续分布，或在一个或多个深度横向分布的数量大于或等于检测剖面数量的 50%； 存在声学参数明显异常、波形明显畸变的异常声测线，异常声测线在任一检测剖面的任一区段内纵向不连续分布，且在任一深度横向分布的数量小于检测剖面数量的 50%
Ⅲ	存在声学参数明显异常、波形明显畸变的异常声测线，异常声测线在一个或多个检测剖面的一个或多个区段内纵向连续分布，但在任一深度横向分布的数量小于检测剖面数量的 50%； 存在声学参数明显异常、波形明显畸变的异常声测线，异常声测线在任一检测剖面的任一区段内纵向不连续分布，但在一个或多个深度横向分布的数量大于或等于检测剖面数量的 50%； 存在声学参数严重异常、波形严重畸变或声速低于低限值的异常声测线，异常声测线在任一检测剖面的任一区段内纵向不连续分布，且在任一深度横向分布的数量小于检测剖面数量的 50%
Ⅳ	存在声学参数明显异常、波形明显畸变的异常声测线，异常声测线在一个或多个检测剖面的一个或多个区段内纵向连续分布，且在一个或多个深度横向分布的数量大于或等于检测剖面数量的 50%； 存在声学参数严重异常、波形严重畸变或声速低于低限值的异常声测线，异常声测线在一个或多个检测剖面的一个或多个区段内纵向连续分布，或在一个或多个深度横向分布的数量大于或等于检测剖面数量的 50%

注：1. 完整性类别由Ⅳ类往Ⅰ类依次判定；

2. 对于只有一个检测剖面的受检桩，桩身完整性判定应按该检测剖面代表桩全部横截面的情况对待。

(12) 检测报告除应包括规范内容外，尚应包括下列内容：

1) 声测管布置图及声测剖面编号；

2) 受检桩每个检测剖面声速-深度曲线、波幅-深度曲线，并将相应判据临界值所对应的标志线绘制于同一个坐标系；

3) 当采用主频值、*PSD* 值或接收信号能量进行辅助分析判定时，应绘制相应的主频-深度曲线、*PSD* 曲线或能量-深度曲线；

4) 各检测剖面实测波列图；

5) 对加密测试、扇形扫测的有关情况说明；

6) 当对管距进行修正时，应注明进行管距修正的范围及方法。

思考题与习题

1. 桩基础的类型有哪些？其分类的依据是什么？
2. 什么是摩擦桩？什么是端承桩？
3. 单桩的轴向容许承载力的确定方法有哪些？如何根据工程实际选用？
4. 什么是桩的正摩阻力？什么是桩的负摩阻力？
5. 桩的负摩阻力产生的原因主要有哪些？如何降低和克服桩的负摩阻力？
6. 什么叫地基系数？目前有哪几种确定地基系数的方法？其假定的分布图形是怎样的？
7. 桩基础整体承载力验算内容有哪些？
8. 桩基础设计包括哪些内容？
9. 什么情况下可以采用沉井基础？沉井基础的类型有哪些？其构造是怎样的？

教学单元9　软弱地基及区域性地基处理

当天然地基不满足建筑物对地基的要求时，需要对天然地基进行处理，形成人工地基，以满足建筑物对地基的要求，保证其安全与正常使用。

进行地基处理主要是解决以下几个方面的问题：提高地基强度或增加其稳定性；降低地基的压缩性，以减少其变形；改善地基的渗透性，减少其渗漏或加强其渗透稳定性；改善地基的动力特性，以提高其抗震性能；改良地基的某种特殊不良性，以满足工程的要求。

工程实践中，主要是对软弱地基与不良地基进行地基处理。

9.1　软　弱　地　基

软弱地基是指由淤泥、淤泥质土、冲填土、杂填土或其地高压缩性土占据主要部分的地基。这类土的工程特性是压缩性高、强度低。在软弱地基上修建市政工程时，其天然地基的承载力往往不能满足要求，因此可采取人工加固方法增强其强度或减少其压缩性。

地基处理方法很多，并有新的地基处理方法还在不断改进。按地基处理加固原理将地基处理方法分为以下几类：

（1）排水固结法：排水固结法是指对土体施加一定荷载作用使土体中的孔隙水排出，孔隙比减小，强度提高，达到提高地基承载力，减少施工后沉降的目的。它主要包括加载预压法、超载预压法、砂井法（包括普通砂井、袋装砂井和塑料板排水法）、真空预压法、联合法、降低地下水位法和电渗法等。

（2）振密、挤密法：振密、挤密法是采用振密或挤密的方法使未饱和土密实以达到提高地基承载力和减少沉降的目的。它主要包括压实法、强夯法、振冲挤密法、挤密砂桩法、爆破挤密法、土桩和灰土桩法。

（3）置换及拌入法：置换及拌入法是以砂、碎石等材料置换软弱地基中部分软弱土体，形成复合地基，或在软弱地基中部分土体内掺入水泥、水泥砂浆等，与未加固部分形成复合地基，以达到提高地基承载力，减少压缩量的目的。它主要包括垫层法、换土垫层法、振冲置换法（又称碎石桩法）、高压喷射注浆法、深层搅拌法、石灰桩法、褥垫法、EPS超轻质料填土法等。

（4）灌浆法：灌浆法就是利用气体、液压和电化学方法把某些能固化的浆液注入各种介质的裂缝和空隙中，以达到地基处理的目的。它可用于防渗、堵漏、加固和纠正结构物偏斜，适用于砂砾石地基以及湿陷性黄土地基等，主要包括渗入性灌浆法、劈裂灌浆法、压密灌浆法和电动化学灌浆法等。

(5) 加筋法：加筋法是通过在土层中设置强度较高的土工格栅及织物、拉筋、钢筋混凝土等以达到提高地基承载力、减少沉降的目的。它主要包括加筋土法、土钉墙法、锚固法、树根桩法、低强度混凝土桩复合地基法和钢筋混凝土桩复合地基法等。

(6) 冷热处理法：冷热处理法是通过冻结土体或焙烧、加热地基土体改变土体物理力学性质，以达到地基处理的目的。它主要包括冻结法和烧结法。

(7) 托换技术：托换技术是指对原有建筑物地基和基础进行处理和加固。它主要包括基础加宽法、墩式托换法、地基加固法以及综合加固法等。

(8) 纠偏法：纠偏是指对由于沉降不均匀造成倾斜的建筑物进行矫正的手段。它主要包括加载纠偏法、掏土纠偏法、顶升纠偏法和综合纠偏法。

下面着重介绍目前市政工程中常用的几种方法。

9.2 换 填 法

当基底下软土层不厚（2m 以内）时，可将软土层全部挖除至坚实土层，换填以力学性能较好的黏性土或中粗砂、卵砾石等，分层夯实到最佳密实度 90%～97%，换填土底面尺寸按照基底每边加宽不小于 0.3m，并按基底加宽边缘 45°扩大，换填至坚实土层。

9.2.1 换填灰土

一般用于不渗透水基坑，就地取用黏性土打碎过筛作为土料，其粒径不大于 15mm，石灰应在使用前 1～2d 浇水消解，其粒径不大于 5mm；灰土体积配合比为 2∶8 或 3∶7（石灰∶土），拌合时根据气候和土的湿度适量浇水，拌好的灰土应颜色均匀一致，含水量以用手握紧灰土成团，两手指轻捏碎为宜。铺设前应将坑底夯实两遍，并立标桩控制填土厚度；铺筑灰土时应分段分层进行夯实，灰土每层铺设厚度，可根据不同夯实方法，参照表 9-1 采用，并夯打不少于 4 遍。根据设计要求，可用环刀法对换填灰土进行质量检查，测定其表观密度，对于黏质粉土最小干密度为 1.55～1.60g/cm^3、粉质黏土为 1.5～1.55g/cm^3、黏土为 1.45～1.5g/cm^3。灰土地基上下层灰土的接缝应错开 0.5m，灰土应当日夯打，不得等待次日。换填土后，不能暴露太久，应连续进行基础施工。

灰土每层铺设厚度　　表 9-1

夯实机具种类		夯质量(kg)	每层虚铺厚度(cm)	每层压实厚度(cm)	说 明
人工夯	小木夯	5～10	15～25	约 8～15	人工打夯、举高过膝、落夯垂直
	石夯、大木夯	40～80	20～30	约 10～15	落距大于 60cm
轻型夯实机械			20～25	约 10～15	
压路机		6～10(t)	20～30		大面积用

9.2.2　换填砂卵石

换填土材料为级配良好，质地坚硬的中砂、细砂、粗砂和卵石、碎石，不含草根杂物、含泥量不超过 5%、石子粒径最大不宜超过 5cm。砂石混合料一般配合比为 7∶3，将砂石拌合均匀后铺填夯实，使用平板振捣器、插入振捣器，采用夯实法、碾压法进行夯实。

可用环刀法、灌砂法测定换填土砂卵石的质量。

9.3　砂　垫　层

9.3.1　砂垫层的作用

当基础下软土层较厚，不可能将下卧层的软土全部挖除时，可挖去下卧层一定厚度的软土，填以砂垫层，如图 9-1 所示。砂垫层的作用主要是：

（1）垫层可作为基础的持力层，由于夯实后的砂砾层具有较大的强度，所以其承载力足以满足建筑物的要求；

（2）由于砂垫层压缩性小，基础的总沉降值将减小；

（3）砂垫层是良好的排水层，可加速软土层的固结。

由于砂垫层是渗水的，所以在湿陷性黄土地基中不容许采用。

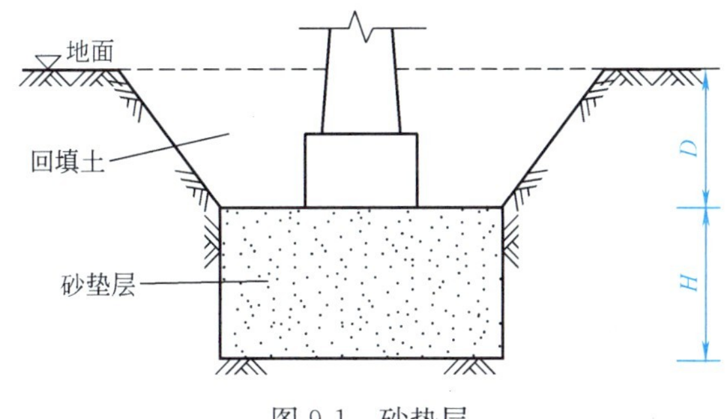

图 9-1　砂垫层

9.3.2　砂垫层的设计计算

砂垫层设计的主要内容包括垫层的厚度及宽度。

1. 砂垫层的厚度

砂垫层的厚度应根据软弱下卧层的承载力确定，即垫层底面处附加应力与自重应力之和不大于软弱下卧层的地基承载力，垫层底面附加应力简化计算按基底荷载通过砂垫层按一定的扩散角传至下卧层，若为矩形基础，则下卧层顶面附加应力可表示为：

$$\sigma_z=\frac{N-\gamma Dab}{(b+2H\tan\theta)(a+2H\tan\theta)} \tag{9-1}$$

式中　a、b——分别为基础的长度和宽度（m）；

D、H——分别为基础的埋深和砂垫层的厚度（m）；

N——作用在基底的上部竖向荷载（kN）；

γ——回填土的重度（kN/m^3）；

θ——砂垫层的压力扩散角（°），可按表 9-2 取值。

垫层的压力扩散角 θ (°)　　表 9-2

换填材料 $\frac{z}{b}$	中砂、粗砂、砾砂、圆砾、角砾、卵石、碎石	黏性土和粉土 $8<I_P<14$	灰土
<0.25	0	0	30
0.25	20	6	30
≥0.50	30	23	30

注：当 $0.25<\frac{z}{b}<0.50$ 时，θ 值可内插求得。

该下卧层顶面所受的全部压力不应超过下卧层的容许承载力，即

$$\sigma_z+\bar{\gamma}(D+H)\leqslant[\sigma]_{D+H} \tag{9-2}$$

式中　$[\sigma]_{D+H}$——下卧层的容许承载力。

垫层的厚度通常不大于 3m，否则工程量大、不经济、施工难。如垫层小于 0.5m，则作用不显著、效果差，一般垫层厚度为 1～3m。

2. 垫层的宽度

垫层的宽度应满足基底应力扩散的要求，根据垫层侧面土的承载力，防止垫层向两侧挤出。

(1) 垫层的顶宽：垫层顶面每边宜超出基础底边不小于 300mm，或从垫层底面两侧向上，按当地开挖基坑经验放坡。

(2) 垫层的底宽：垫层的底宽按式 (9-3) 计算或据当地经验确定。

$$b'\geqslant b+2H\tan\theta \tag{9-3}$$

式中　b'——垫层底面宽度 (m)；

H——垫层厚度 (m)；

θ——垫层的压力扩散角，可按表 9-2 采用；当 $\frac{z}{b}<0.25$ 时，按表中 $\frac{z}{b}=0.25$ 取值。

垫层的宽度可根据施工要求适当加宽。

3. 换土垫层的承载力

经换土垫层处理后的地基承载力，重要工程宜通过现场试验确定，对一般工程可按表 9-3 选用。

各种垫层的承载力　　表 9-3

施工方法	换填材料类别	压实度 λ_c	承载力标准值 f_k(kPa)
辗压或振密	碎石、卵石	0.94～0.97	200～300
	砂夹石(其中碎石、卵石占全重的 30%～50%)		200～250
	土夹石(其中碎石、卵石占全重的 30%～50%)		150～200
	中砂、粗砂、砾砂		150～200
	黏性土和粉土($8<I_P<14$)		130～180
	灰土	0.93～0.95	200～250
重锤夯实	土或灰土	0.93～0.95	150～200

注：1. 压实度小的垫层，承载力标准值取低值，反之取高值；
2. 重锤夯实土的承载力标准值取低值，灰土取高值；
3. 压实度 λ_c 为土的控制干密度与最大干密度 ρ_{dmax} 的比值。

4. 垫层地基的变形验算

确定好垫层尺寸后，还应验算地基的变形。垫层地基的变形由垫层自身变形和下卧层变形组成。粗粒换填材料的垫层在施工期间其自身的压缩变形已基本完成。因而对于碎石、卵石、砂加石、砂和矿渣垫层，在地基变形计算过程中，可以忽略垫层自身部分的变形值。但对于细粒材料的尤其是厚度较大的换填垫层，则应计入垫层自身的变形。

基础总沉降量按式（9-4）计算：

$$S_s=\frac{\sigma+\sigma_H}{2}\times\frac{h_s}{E_s}\quad(m)\tag{9-4}$$

式中　E_s——砂垫层的变形模量，可由实测确定，一般为12000～24000kPa；

$\frac{\sigma+\sigma_H}{2}$——砂垫层内的平均压应力（kPa）。

有关垫层的模量应根据试验或当地经验确定。在无试验资料时，可参照表9-4选用。

垫层模量（MPa）　　表9-4

垫层材料	压缩模量 E_s	变形模量 E_0	垫层材料	压缩模量 E_s	变形模量 E_0
粉煤灰	8～20		碎石	30～50	
砂	20～30		矿渣		35～70

地基变形计算应考虑邻近基础对软弱下卧层顶面应力叠加的影响。另外，下卧层顶面承受换填材料本身的压力超过原天然土层压力较多的工程，地基下卧层也将产生较大的变形。如工程许可，宜尽早换填。

9.3.3　砂垫层施工要点

（1）选用的垫层材料要就地取材，但必须符合质量要求。一般以级配良好、质地较硬的中砂、粗砂或砾砂为好，砾料粒径宜小于10mm，含泥量不得大于3%～5%，以利夯实。

（2）施工的关键是砂砾料应分层填筑，每层厚约25cm，并经夯（压）实。夯（压）实过程中可适当洒水，以达到最大的密实度。压实施工可用振动法、辗压法和夯实法等。

砂垫层的优点是便于就地取材，方法简单。但砂垫层在有显著冲刷的软土地基上不适用，且垫层厚度不得超过3m，否则用料过多，又增加施工难度，不经济。

9.4　碎石桩法

碎石桩、砂桩和砂石桩总称为碎石桩，是指采用振动冲击法或水冲等方式在软弱地基中成孔后，再将碎石或砂桩挤压入已形成的孔中，形成大直径的砂石所构成的密实桩体。该法适用于挤密松散砂土、粉土、黏性土、素填土、杂填土等地基。

9.4.1 碎石桩加固机理

1. 砂类土中的挤密或振密作用

在挤密碎石桩成桩过程中，桩套管挤入砂层，该处的砂被挤向桩管四周而变密。挤密碎石桩的加固效果主要表现在：使松砂地基挤密至小于临界孔隙比，以防止砂土振动液化；形成高强度的挤密碎石桩，提高地基的承载力；加固后大幅度减小地基沉降量；挤密加固后，地基呈均匀状态。

2. 黏性土中的置换作用

密实的碎石桩体在软弱黏性土取代了同体积的软弱黏性土，并与桩周土体形成复合地基，提高了地基承载力和整体稳定性。同时上部荷载对碎石桩产生的应力集中，减小了黏性土中的应力，从而减小地基的固结沉降量。另外，碎石桩可以像砂井一样在黏性土地基中形成排水通道，从而加快地基的固结速率。

9.4.2 碎石桩设计要点

1. 处理范围

碎石桩处理范围应大于基底范围，处理宽度宜在基础外加宽 1～3 排桩，原地基越疏松，加宽越多，重要的建筑以及要求荷载较大的情况应加宽一些。对可液化地基，在基础外缘扩大宽度不应小于可液化土层厚度的 1/2 且不小于基础宽度的 1/5，并不应小于 5m。

2. 桩直径及桩位布置

碎石桩孔位宜采用等边三角形或正方形布置。对砂土地基，采用等边三角形更有利，它使地基挤密较为均匀。碎石桩直径可采用 300～800mm，可根据地基土质情况和成桩设备等因素确定，对饱和黏性土地基宜选用较大直径。

3. 碎石桩的间距

碎石桩的间距应通过现场试验确定。对粉土和砂土地基，不宜大于碎石桩直径的 4.5 倍；对黏性土地基不宜大于碎石桩直径的 3 倍。

4. 桩长

碎石桩桩长可根据工程要求和工程地质条件通过计算确定。当松软土层厚度不大时，碎石桩宜通过松软土层；当松软土层厚度较大时，对按稳定性控制的工程，碎石桩桩长不小于最危险滑动面以下 2m 的深度；对按变形控制的工程，碎石桩桩长应满足处理后地基变形量不超过建筑物的地基变形允许值并满足软弱下卧层承载力的要求；对可液化土层，一般桩长应穿透液化层。另外，试验表明，碎石桩体在受荷过程中，在桩顶 4 倍桩径范围内将发生侧向膨胀，因此设计深度应大于主要受荷深度，即不宜小于 4.0m。

5. 填料与填量

关于碎石桩用料的要求，对于砂土地基，最好用级配较好的中砂、粗砂、碎石；对饱和黏性土地基，宜选用级配好，强度高的砂砾混合料或碎石。填料的最大粒径不宜大于 50mm。考虑到排水及要保证较高的强度，要求碎石桩用料的含泥量不得大于 5%。

桩孔内的填料量应通过现场试验确定。考虑到挤密碎石桩沿深度不会完全均匀，同时实践证明碎石桩挤密程度较高时地面要隆起，另外施工中还会有所损失等，因而实际设计灌砂石量要比桩孔体积大一些，估算时可按设计桩孔体积乘以 1.2～1.4 的充盈系数确定。如施工中地面有下沉或隆起现象，则填料数量应根据现场具体情况予以增减。

9.4.3　碎石桩施工要点

1. 施工顺序

对砂土地基宜从外围或两侧向中间进行，对黏性土地基宜从中间向外围或隔排施工；在既有建筑物邻近施工时，应背离建筑物方向施工。

2. 施工方法与要求

（1）振动沉管成桩法

振动挤密法施工如图 9-2 所示，首先钢套管在地面准备定位，开动套管顶部的振动机，将套管打入土中至设计深度；然后将砂石料从套管上部的送料斗投入套管内，向上拉拔套管，压缩空气将砂石从套管端压出，同时振动套管振密底端下部砂石并挤密周围土体。重复操作，直到地面，即形成碎石桩。施工时要根据沉管和挤密情况来控制砂石的填量、提升的高度和速度，挤压的次数和时间及电机的工作电流等。

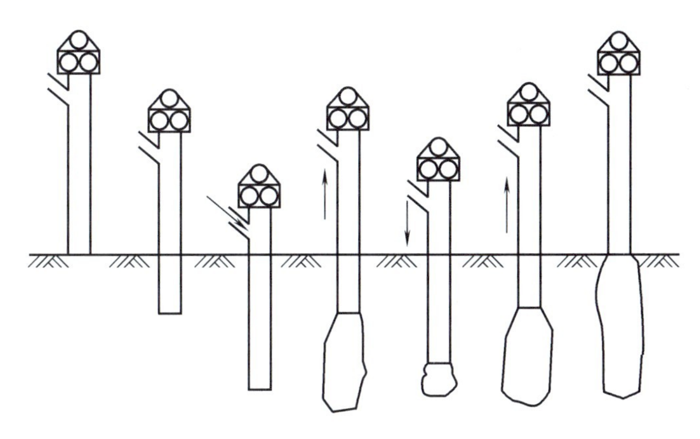

图 9-2　振动挤密法施工

（2）锤击沉管成桩法

可采用双管法，其成桩工艺与振动式成桩工艺基本相同，区别仅是用内管向下冲击。锤击法挤密应根据锤击的能量，控制分段的填砂石量和成桩的长度。

3. 施工偏差

施工时桩位水平偏差不应大于 0.3 倍套管外径；套管垂直度允许偏差应为 ±1%。

4. 松散层的处理

碎石桩施工后，桩顶会形成松散层，为有效发挥复合地基的作用，加载前应加以处理（挖除或碾压），随后铺设并压实一层厚度为 300～500mm 的砂石垫层。

9.4.4　碎石桩质量检验

碎石桩的施工质量检验可采用单桩荷载试验，对桩体可采用动力触探试验检测，对桩间土可采用标准贯入、静力触探、动力触探或其他原位测试等方法进行检测。桩间土质量的检测位置应在等边三角形或正方形的中心。检测数量不应少于桩孔总数的2%。考虑到地基的触变性和孔隙水压力的消散，施工后应间隔一定时间方可进行质量检验。对粉质黏土地基不宜少于21d；对粉土地基不宜少于14d，对砂土和杂填土地基不宜少于7d。

9.5 深层搅拌法

深层搅拌法是利用水泥、石灰等材料作为固化剂的主剂，通过特制的深层搅拌机械在地基深部就地将软弱土和固化剂拌合，使软弱土硬结形成固体，从而提高地基的承载力。深层搅拌法又可分为水泥浆搅拌法和粉体喷射搅拌法。在正式施工前需进行试桩，试桩检验应取地基原状土作室内配合比试验和现场工艺性成桩试验。

9.5.1 加固原理

以水泥固化剂为例说明深层搅拌法的加固机理。水泥和土拌合后，水泥中矿物与土中的水发生水解和水化反应；黏土颗粒与水泥水化物作用后产生离子交换，产生凝结，形成较大的团粒，提高土体强度，随着水泥水化反应进行，在碱性环境下，溶液中析出大量的钙离子，与SiO_2、Al_2O_3产生化学反应，生成不溶于水的铝酸钙等结晶水化物，这些化合物在水中和空气中逐渐硬化，形成致密结构。

9.5.2 深层搅拌桩的设计要点

1. 固化剂

(1) 水泥强度等级：选用强度等级为42.5以上的普通硅酸盐水泥。

(2) 水泥掺量：水泥掺入比为12%～20%。

2. 外掺剂

可根据工程需要和土质条件选用早强、缓凝、减水以及节约水泥等作用的材料。木质素磺酸钙可起减水作用；氯化钙、碳酸钠、水玻璃、石膏可增强水泥土强度。

3. 桩长和桩径

深层搅拌法的设计主要是确定搅拌桩的置换率和长度。为了充分发挥桩间土的承载力和复合地基的潜力，应使土对桩的支承力与桩身强度所确定的单桩承载力接近。桩长应通过变形计算确定。一般水泥浆搅拌法加固深度可达30m，形成的桩柱体直径为60～80cm；粉体喷射搅拌法加固深度达10～30m，形成的桩柱体直径为50～100cm。

4. 布桩形式

深层搅拌桩的平面布置可根据上部结构的特点及对地基承载力和变形的要求，采用柱状、壁状、格栅状或块状等不同形状。桩可在基础平面范围内布置，独立基础下的桩数不宜少于3根。柱状加固可采用正方形、等边三角形等形式。

9.5.3 施工工艺

1. 水泥浆搅拌法（图9-3）

(1) 用起重机悬吊深层搅拌机，将搅拌头定位对中，如图9-3（a）所示。

（2）预搅下沉：启动电机，搅拌轴带动搅拌头，一边旋转搅松地基一边下沉，如图 9-3（b）所示。

（3）制备水泥浆压入地基：当搅拌头沉到设计深度后，略微提升搅拌头，将制备好的水泥浆由灰浆泵通过中心管，压开球形阀，注入地基土中，如图 9-3（c）所示。

（4）提升、喷浆、搅拌：一边喷浆、一边搅拌、一边提升，使水泥浆和土体强制拌合，直至设计加固顶面，停止喷浆，如图 9-3（d）所示。

（5）重复搅拌：将搅拌机重复搅拌下沉、提升一次，使水泥浆与地基土充分搅拌均匀，如图 9-3（e）所示。

（6）清洗管道中残存水泥浆，移至新孔，如图 9-3（f）所示。

2. 粉体喷射搅拌法（图 9-4）

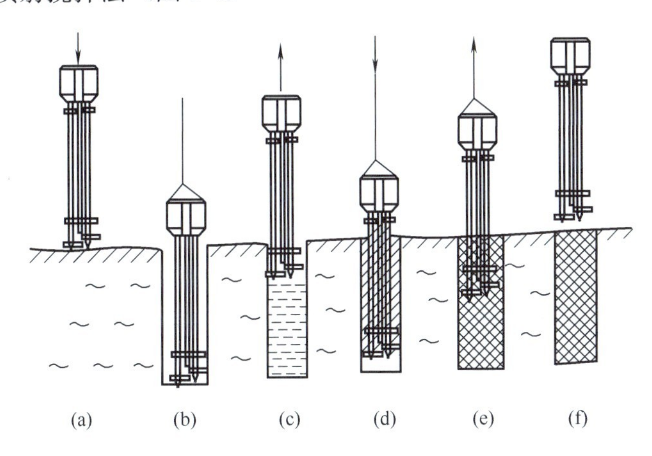

图 9-3　水泥浆搅拌法示意图

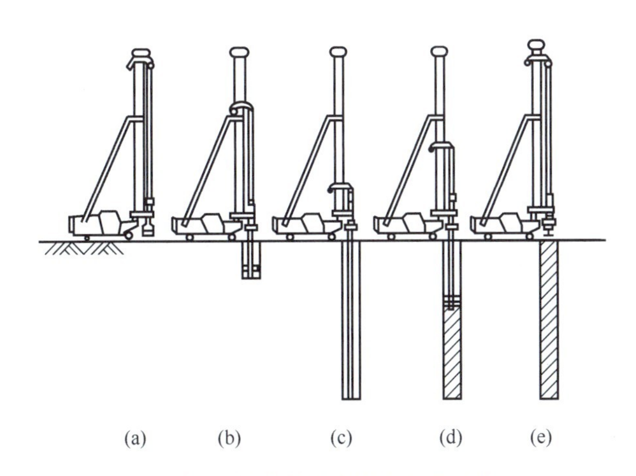

图 9-4　粉体喷射搅拌施工示意图

（a）搅拌机对准设计桩位；（b）下钻；（c）钻进结束；
（d）提升喷射搅拌；（e）提升结束

（1）移动桩机，准确对孔，主轴调直。

（2）启动电机，逐级加速，正转预搅下沉并在钻杆内连续送压缩空气，以干燥通道。

(3) 启动 YP-1 型粉体发送器，在搅拌头沉至设计深度并在原位钻动 1～2min 后，将泥粉呈雾状喷入地基。掺合量为 180～240kg/m³。

(4) 按 0.5m/min 的速度反转提升搅拌头，一边喷粉、一边提升、一边搅拌，至设计停灰标高后，慢速原地搅拌 1～2min。

(5) 重复搅拌：再次将搅拌头下沉、提升一次，使粉体搅拌均匀。

(6) 钻具提升到地面后，移位进行下一根桩施工。

9.5.4 适用范围

目前国内深层搅拌法主要用于加固淤泥、淤泥质土、地基承载力不大于 120kPa 的黏性土和粉土等地基。由于我国粉体材料丰富，而水泥浆与原地基软土搅拌结合对周围建筑物影响很小，施工时无振动与噪声，对环境无污染，因此广泛应用于市政工程中。

9.6 软土地基加固的其他方法

9.6.1 机械密实法

1. 重锤夯实和振动压实

重锤夯实的夯锤质量不小于 1.5t，夯打落距 2.5～4.5m，一般要夯打 6～8 遍。振动压实法是用质量 2t 左右的振动机振动压实松散地基，以减少土的孔隙比，增加其密实度。这两种方法加固的有效深度均不超过 1.5m。

2. 强夯

用起重机将质量为 5～40t 的巨型锤吊起，以 16～40m 的高落差自由下落，击实地基。这种方法称为强夯。该法的夯实机理不同于前述的重锤夯实。它在夯击地基时，除产生强大的冲击能外，还具有强大的冲击波，使土体在夯击点周围产生裂隙，强迫孔隙水逸出，促使土体迅速固结和压密。所以可用于加固高含水量的软黏土地基，而不会出现“橡皮土”现象。其加固的有效深度可达 10m 以上，效果显著。该法的缺点是施工时振动和噪声极大，所以市区或邻近有建筑物时应控制使用。

3. 振动水冲碎石桩

振冲法施工的主要机具是类似混凝土振捣棒的振动水冲器。其外壳直径 0.2～0.37m，长 2～5m，重力 20～25kN，内部主要由偏心块、潜水电机和通水管三部分组成。其功能包括：一是利用旋转的偏心块产生水平向振动力，二是通过下端和侧部的喷嘴射水，使振冲器易于在土中钻进成孔，并在成孔后起清孔和护壁作用。

施工时，振冲器由吊车吊往就位后，即可下插冲振造孔，待下端沉到设计标高，用水冲清孔，上提振冲器出孔，再从地面向孔内逐段添加填料（砾砂、碎石等），每段填料还要用振冲器下插振挤密实，在达到要求的密实度后，上提振冲器，再加填料，重复上述操作直到地面，从而形成密实的、有一定直径的碎石桩；同时桩四周一定范围内的土也被挤实。

目前这种方法主要用于加固砂土和黏粒含量小于 5%～10%的黏性土地基。

9.6.2 排水固结法

软弱地基中设砂井或排水塑料板，其作用是加速地基排水固结，适用于较厚的饱和软黏土地基。设砂井或塑料板后，常配合堆载预压，使地基在预压荷载下加速固结，从而加速地基强度增长，减小建筑物建成后地基变形。

设砂井的方法与砂桩相似，常用袋装砂井。砂袋由聚丙烯编织而成，装灌风干的中粗砂。先将钢管桩打入土中，再将砂袋插入钢管内至管底后拔出钢管，砂袋留在土中，即形成砂井。袋装砂井直径一般为7cm左右，砂井的深度、根数和间距按设计要求。在平面上有正方形和梅花形两种布置形式。

排水塑料板（带状）宽度为10cm，厚度0.3～0.4cm，长度方向有槽孔，用插板机或砂井打设机将塑料板插入软土后，槽孔作为连续的竖向排水通道。砂井或塑料板上端应伸入厚为0.5～1.0cm的砂垫层，以便使排出的水能通过砂垫层流入排水沟。

排水塑料板与袋装砂井处理软土地基的效果相当，但排水塑料板具有施工效率高、经济效益明显等优点。

9.6.3 浆液灌注胶结法

这种方法主要是利用化学溶液或流质胶粘剂，将其灌入土中后能将土粒胶结起来提高地基承载力。常用的浆液有：

（1）水泥浆液：以强度等级高的硅酸盐水泥和速凝剂组成的浆液用得较多，适用于最小粒径为0.4mm的砂砾地基。

（2）以硅酸钠（水玻璃 $Na_2O \cdot nSiO_2$）为主的浆液，适用于土料较细的地基土，常称硅化法或电渗硅化法。

在透水性较大的土中，将水玻璃溶液用压力通过注射管注入土中，然后再注入氯化钙溶液，两者发生化学作用后，产生有胶结性的硅胶膜，使土体变硬；可取水玻璃和磷酸的混合液注入土中，硅酸钠分解时生成凝胶把土体胶结。这种方法称为硅化法，先在土中加打入两个注射管，然后将化学浆液通过注射管注入土中，同时通直流电。这样在电渗作用下，孔隙水流向其中一个注射管，将水抽出，而浆液则渗入到土中更微小的孔隙中去，并使其分布得更为均匀，从而达到加固地基的目的。

硅化法的优点是加固作用快、工期短，但化学溶液贵、造价高，所以只在特殊工程中应用。

9.6.4 加筋法

在土中铺设土工合成材料，利用其与土的反滤、排水、隔离和加固强化以及防护等作用来处理软基，提高地基承载力。

土中合成材料有重量轻，整体连续性好，施工方便，抗拉强度较高，耐腐蚀性和抗微生物侵蚀性好等优点。施工时应注意，铺设均匀、平整、锚固牢固等。

9.7 区域性地基

在我国辽阔的地域上，分布着各种各样的土类。某些土类由于不同的地理环境、气候条件、地质成因、历史过程、物质成分和次生变化等，而具有与一般土显然不同的特殊性质。人们把具有特殊工程性质的土类叫做特殊土，这些特殊土在分布上存在一定的规律，表现为明显的区域性，所以也称为区域性特殊土。我国区域性特殊土主要有分布于西北、华北、东北等地区的湿陷性黄土，沿海和内陆地区的软土以及分散各地的膨胀土、红黏土和高纬度、高海拔地区的多年冻土等。

9.7.1 湿陷性黄土地基

1. 湿陷性黄土地基的分布与特征

黄土主要分布在我国陕西、甘肃、山西大部分地区，宁夏、河北、内蒙古、东北三省、青海等地也有分布。它是一种在第四纪时期形成的、颗粒组成以粉粒为主的黄色或褐黄色粉状土。

具有天然含水量的黄土，如未受水浸湿，一般强度较高、压缩性较小。有的黄土在覆盖土层的自重应力和附加应力的作用下受水浸湿，使土的结构迅速破坏而发生显著的附加下沉，其强度也随着迅速降低，这种土质也称为湿陷性黄土。

湿陷性黄土颗粒组成以粉粒为主，粉土粒含量常占土重的60%以上，含有大量的碳酸盐、硫酸盐和氯化物等可溶盐类，天然孔隙比在1左右，一般具有肉眼可见的大孔隙，竖直节理发育，能保持直立的天然边坡。

黄土的湿陷是管道（或水池）漏水、地面积水、生产和生活用水等渗入地下或降水量较大，灌溉渠和水库的渗漏或回水使地下水位上升而引起的。

2. 湿陷性黄土的工程措施

湿陷性黄土地基的设计和施工，除了必须遵循一般地基的设计和施工原则外，还应针对黄土湿陷性这个特点和工程要求，因地制宜采用以地基处理为主的综合措施，这些措施有：

（1）地基处理措施

其目的在于破坏湿陷性黄土的大孔结构，以便全部或部分消除地基的湿陷性，从根本上避免或削弱湿陷现象的发生。常用的地基处理方法有垫层法、重锤夯实法、强夯法、挤密法、预浸水法、化学加固法等。在黄土地区进行工程建设时，宜根据具体的工程地质条件和工程要求，采用相应的地基处理方法。

（2）防水措施

防水措施是防止和减少水浸入地基，从而消除产生黄土湿陷性的外在条件。进行工程设计时，要对整个场地进行排水、防水；对经常受水浸湿或可能积水的地面还应按防水地面设计，严防漏水，基坑施工阶段需做好临时性防水、排水工作。

（3）结构措施

结构措施的目的是减少结构物的不均匀沉降，或使结构物适应地基的变形，因此，在桥梁工程设计中尽可能采用简支梁等对不均匀沉降不敏感的结构；加大基础刚度使受力较均匀；对长度较大、形体复杂的结构物采用沉降缝将其分为若干独立单元等。

在上述措施中，地基处理是主要的工程措施。防水措施、结构措施，应根据地基处理的程度不同而有所差别。在实际工作中，对地基做了处理，消除了全部地基土的湿陷性，就不必再考虑其他措施，若地基处理只消除地基主要部分湿陷量，为了避免湿陷对建筑物危害，还应辅以防水和结构措施。

9.7.2　膨胀土地基

膨胀土是指黏粒成分主要由亲水性矿物组成，同时具有显著的吸水膨胀和失水收缩的两种变形特征的黏性土。

1. 膨胀土地基的分析与特征

膨胀土主要分布在我国广西、云南、湖北、河南、安徽、四川、河北、山东、贵州、陕西、江苏等地。

膨胀土的黏粒成分较高，塑性指数 I_P 多在 22～25，其天然含水量小于塑限，液性指数 $I_L<0$。

膨胀土一般呈灰白色、灰绿、灰黄、棕红、褐黄等斑状颜色，常出现于河谷的阶地、山前丘陵和盆地的边缘，膨胀土所处地形较平缓，无明显的自然陡坎。

膨胀土是一种非饱和的、结构不稳定的黏性土，它的黏粒成分主要由亲水性矿物组成，并具有显著的吸水膨胀和失水收缩的变形特征。在天然状态下，它的工程性质较好，呈硬塑到坚硬，强度较高，压缩性较低，因此易被误认为是良好的地基；实际上，由于膨胀土裂隙发育，吸水能力强，遇水则软化，其体积变化可达原来体积的 40%以上。在工程建筑中，如不采取一定的工程措施，除使房屋产生开裂、倾斜外，还会使道路路基发生破坏，堤岸、路堑产生滑坡，涵洞、桥梁等刚性结构物产生不均匀沉降，导致开裂等。

2. 膨胀土的工程措施

(1) 设计措施

根据工程地质和水文地质条件，结构物应尽量避免布置在浅层滑坡和地裂发育区以及地质条件不均匀的区域。主要结构物最好布置在胀缩性较小和土质较均匀的地方，道路应避免大开大挖。同时应利用和保护天然排水系统，并设置必要的排洪、截流和导流等排水措施。

结构物的体形应力求简单，基础埋置深度应考虑膨胀土的胀缩性，膨胀土层埋藏深度和厚度以及大气影响深度的因素。一般基础的埋深超过大气影响深度。当膨胀土位于地表下 3m 或地下水位较高时，基础可以浅埋。若膨胀土层不厚，则尽可能将基础埋置在非膨胀土上。

膨胀土地基也可采用地基处理方法减少或消除地基胀缩对结构物的危害，常用的方法是换土垫层、砂石垫层、土性改良和桩基础等。换土垫层可采用非膨胀性土或灰土，换土厚度可通过变形计算确定。在平坦场地上Ⅰ、Ⅱ级膨胀土地基可采用砂石垫层，垫层宽度大于基底宽度，两侧应用相同材料回填，并做好防水处理。土性改良可通过在膨胀土中掺入一定量的石灰来提高土的强度，也可以将石灰浆液压入膨胀土的裂隙中，起加固作用。当大气影响深度较深，膨胀土层较厚，选用地基加固或墩式基础施工有困难时，可选用桩基础穿越。

(2) 施工措施

在施工中可采用分段快速作业法，防止基坑（槽）暴晒或泡水。雨期施工应采取防水措施，验槽后，应及时浇混凝土垫层。当基础施工完成后，基坑应及时分层回填，工程使用期间还应加强维护管理。

9.7.3 红黏土地基

1. 红黏土地基的分布及特征

红黏土广泛分布在我国的云南、贵州、广西，广东、海南、福建、四川、湖北、湖南、安徽等省也有分布，一般在山区或丘陵地带居多。

红黏土是由石灰岩、白云岩等碳酸盐类岩石，在湿热气候条件下，经长期的风化作用而形成的高塑性黏土。红黏土的天然含水量、孔隙比、饱和度及液性指数、塑性指数都很高，其含水量几乎与液限相等，达50%以上，孔隙比在1.1～1.7之间，饱和度大于85%。但是却具有较高的力学强度和较低的压缩性。

红黏土的表层，通常呈坚硬的硬塑状态，强度高，压缩性低，为良好地基。可充分利用表层红黏土作为天然地基持力层。红黏土的底层，接近下卧基岩面附近，尤其在基岩面低洼处，因地下水积聚，常呈软塑或流塑状态，这时红黏土强度较低，压缩性较高，为不良地基。

2. 红黏土地基的工程措施

在工程建设中，应充分利用红黏土上硬下软分布的特征，基础尽量浅埋。

红黏土的厚度随下卧基层而起伏变化，常引起不均匀沉降。对不均匀地基应作处理，宜采用改变基宽、调整相邻地段基底压力、增减基础埋深、使基底下可压缩土层厚相对均匀。对外露石芽，用可压缩材料做褥垫处理。对土层厚度、状态不均匀的地段可用低压缩材料做置换处理。红黏土网状裂隙发育，对边坡和建筑物形成不利影响。边坡和基槽开挖时，避免水分渗入引起滑坡或崩塌事故。因此，应防止破坏自然排水系统和坡面植被，地面上的裂隙应加以堵塞，做好防水排水措施，以保证土体的稳定性。

由于红黏土具有干缩性，开挖基槽后，不得长久暴露使地基土干缩或浸水软化，并及时进行基础施工和回填夯实。若不能及时进行基础施工，应采取措施对基槽进行保护，如预留一定厚度的土层或对基槽进行覆盖等。

9.7.4 季节性冻土地基

1. 季节性冻土的分布及特征

季节性冻土分布在我国东北、西北、华北和青藏高原等地区。

冻土是由土颗粒、水、冰、气体等组成的多相成分的复杂体系。由于季节性冻土在冬季冻结、夏季融化，呈周期性冻结、融化。

地基的冻融对结构物产生较大的破坏，主要表现如下：

(1) 因基础产生不均匀的上抬，致使结构物开裂或倾斜。

(2) 桥墩、电塔等结构物逐年上拔。

(3) 路基土冻融后，在车辆的多次碾压下，路面变软，出现弹簧现象，甚至路面开裂翻浆。

2. 工程措施

为了防止季节性冻土对结构物带来的危害，冻工地区施工的基础工程应采取防冻胀措施。

桥梁工程的持力层尽可能选择在不冻胀或弱冻胀土层上。在冻结深度较大地区，小桥涵扩大基础或桩基础的地基土为Ⅲ～Ⅴ类冻土时，由于上部永久作用较小，当基础较浅时常会因周围土冻胀而被上抬，使桥涵遭到破坏。基桩的入土深度设在冻结线以下，加设锚固长度，且中小桥梁采用的桩径不宜过大。

目前也可从减少冻胀力和改善周围冻土的冻胀性来防治冻胀。

（1）基础四侧换土

采用较纯净的砂、砂砾石等粗颗粒土换填基础四周冻土，填土夯实。

（2）改善基础侧表面平滑度

基础必须浇筑密实，并具有平滑表面。基础侧面在冻结范围内还可用工业凡士林、渣油等涂刷以减少切向冻胀力。对桩基础也可用混凝土套管来减除切向冻胀力，如图 9-5 所示。

（3）选用抗冻性的基础断面

利用冻胀反力的自锚作用，将基础断面改变，以便增强基础的抗冻胀能力，如图 9-6 所示。

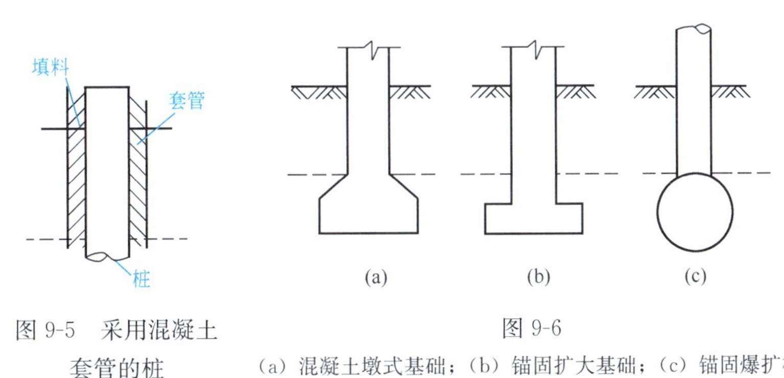

图 9-5　采用混凝土套管的桩

图 9-6
（a）混凝土墩式基础；（b）锚固扩大基础；（c）锚固爆扩桩

9.7.5　地震区地基基础

我国地处环太平洋地震带和地中海南亚地震带之间，是地震频发的国家。地震发生后由于道路和桥梁的地基与基础遭到震坏而使整个结构物严重破坏。故对地基与基础的震害，应有足够的重视，实践证明，正确地进行抗震设计，并采取有效抗震措施，就能减轻或避免损失。

1. 地基与基础的震害现象

地基的震害主要有地基的震动液化、震沉、滑坡、地裂，因而发生基础沉陷、位移、倾斜、开裂等。

（1）地基的震动液化

地基的震动液化是指地面以下一定深度范围内的饱和粉细砂土、砂质粉土层，在地震过程中出现软化、稀释、失去承载力而形成类似液体性状的现象。地基土的液化可使地面下沉，土坡滑坍，地基失效、失稳，天然地基和摩擦桩等以上的建筑物大量下沉、倾斜、水平位移等损害。

（2）震沉、滑坡以及地裂

松散的砂土和淤泥质土地基，在地震作用下，结构被扰动，强度降低，常产生不均匀的沉陷，使结构物遭到损坏。一般情况下，地基土的级配差、含水量高、孔隙比大、震沉也大；地震强度越高，震沉也越大，而且震沉也随基础埋置深度加大而减少。同一座桥梁各墩台的地基条件不同，会因震沉的不均匀而遭破坏，同一墩台的地基如土质不均匀，也会产生不良后果。

对于层理倾斜或有软弱夹层等不稳定的边坡、岸坡等，在地震时，由于附加水平力的作用或土层强度的降低而发生滑坡，从而导致修筑在其上或邻近的基础、结构物遭到破坏。

构造性地震发生时往往也出现地裂。地裂带一般在土质松软区、河堤岸边、陡坡、半挖处较易出现，它大小不一，有时长达几十千米，对工程建筑常造成破坏。

除了因地基失效、失稳、沉陷、滑动、开裂而使基础遭受损坏外，在较大的地震作用下，基础也常因其本身强度、稳定性不足抗衡附加的地震作用而发生断裂、折损、倾斜等损坏。

2. 基础工程抗震设计原则

为了防止地震灾害，应在地基基础设计中遵守以下原则：

(1) 合理地选择对抗震有利的场地

地基的地质条件、场地的水文地质和地形对地震的发生有显著的影响，在同一地震区相同的构造类型和构造物，由于地基土质的不同、层厚的不同，震害程度往往差别很大。故选择结构物场地时，应结合勘测和调查工作，并根据地震活动情况和工程地质条件，对场地作出综合评价。

(2) 加强基础的防震性能：其主要措施有：加大基础埋置深度，正确选择基础类型，使其能减轻震害引起的不均匀沉降，从而减轻上部结构的损坏，同时也可加强基础和上部结构整体性。

(3) 对地基基础的抗震强度和稳定性要按规范进行验算：地震的结构物地基基础设计应同时保证满足各种作用效应组合作用下验算的强度和稳定性要求。

3. 基础工程的抗震措施

对结构物及基础也可采取有针对性的抗震措施：

(1) 对松软地基及可液化土地基

对于小型结构物如松软或可液化土层厚度不大的地基，可采取换填砂垫层方法；对于大、中型结构物可考虑采用砂桩、碎石桩、振冲碎石桩、深层搅拌桩等方法加固地基，也可采用桩基础、沉井基础、扩大基础底面积、减轻荷载和增加结构整体性等措施。

(2) 对地震时可能会产生滑动的河岸地段

在此路段修筑大、中桥墩台时，可适当增加桥长，并应将基础埋于稳定土层上；对小桥可在两墩台基础间设置支撑梁或用中块石满床铺砌，以提高基础抗位移能力；挡土墙应位于稳定基础上，并在计算中考虑失稳土体的侧压力。

(3) 基础本身的抗震措施

在地震带的基础，一般应在结构上采取抗震措施。圬工墩台、挡土墙与基础的连接部位，可采取预埋抗剪钢筋等措施提高基础抗剪能力；桩基础宜做成低桩承台；柱式墩台、排架式桩墩在与盖梁、承台连接处的配筋不应少于桩身的最大配筋；桩身主筋应深入盖梁并与盖梁主筋焊接；柱式墩台、排架式墩应加密构件与基础连接处及结构本身的箍筋，以改善构件的抗震能力。桩基础的箍筋加密区域应从地面或一般冲刷线以上 1 倍桩径处往下延伸到桩身最大弯矩以下 3 倍桩径处。

思考题与习题

1. 什么是软弱地基？
2. 软弱地基的处理方法有哪些？
3. 砂垫层有什么作用？
4. 砂垫层设计包括哪些？
5. 砂垫层的施工要点是什么？
6. 砂石桩的加固机理是什么？
7. 砂石桩的施工要点有哪些？
8. 深层搅拌法的加固原理是什么？
9. 膨胀土地基的特征是什么？处理膨胀土时有哪些工程措施？
10. 湿陷性黄土地基的工程地质特征是什么？处理湿陷性黄土时有哪些工程措施？
11. 红黏土地基的工程地质特征是什么？处理红黏土的工程措施有哪些？
12. 季节性冻土工程地质特征是什么？处理季节性冻土的工程措施有哪些？
13. 地震区地基与基础的震害有哪些？对结构物及基础可采取哪些抗震措施？

主要参考文献

[1] 洪毓康. 土质学与土力学 [M]. 2版. 北京：人民交通出版社，1993.
[2] 刘映翀. 土力学与地基基础 [M]. 3版. 北京：中国建筑工业出版社，2019.
[3] 凌治平. 基础工程 [M]. 北京：人民交通出版社，1990.
[4] 周东久. 土力学与地基基础 [M]. 北京：人民交通出版社，2005.
[5] 唐芬，唐德兰. 土力学与地基基础 [M]. 北京：人民交通出版社，2004.
[6] 高大钊，袁聚云. 土质学与土力学 [M]. 2版. 北京：人民交通出版社，2004.
[7] 孟祥波. 土质学与土力学 [M]. 北京：人民交通出版社，2005.
[8] 王经羲. 土力学与地基基础 [M]. 北京：人民交通出版社，1997.
[9] 邓庆阳. 土力学与地基基础 [M]. 北京：科学出版社，2001.
[10] 陈兰云. 土力学及地基基础 [M]. 北京：机械工业出版社，2001.
[11] 中华人民共和国交通运输部. 公路土工试验规程：JTG 3430—2020 [S]. 北京：人民交通出版社，2020.
[12] 中华人民共和国交通运输部. 公路桥涵地基与基础设计规范：JTG 3363—2019 [S]. 北京：人民交通出版社，2019.
[13] 中华人民共和国住房和城乡建设部. 土工试验方法标准：GB/T 50123—2019 [S]. 北京：中国计划出版社，2019.
[14] 中华人民共和国住房和城乡建设部. 城市桥梁设计规范（2019年版）：CJJ 11—2011 [S]. 北京：中国建筑工业出版社，2011.
[15] 中华人民共和国住房和城乡建设部. 建筑基桩检测技术规范：JGJ 106—2014 [S]. 北京：中国建筑工业出版社，2014.
[16] 中华人民共和国交通运输部. 公路桥涵设计通用规范：JTG D60—2015 [S]. 北京：人民交通出版社，2015.